国家骨干校建设项目成果

全国高等职业教育应用型人才培养规划教材

电子电路绘图与制版项目教程

（DXP 版）

王红梅　龙钧宇　王志辉　主　编

尹海昌　梁保家　副主编

電子工業出版社

Publishing House of Electronics Industry

北京 · BEIJING

内 容 简 介

本书基于真实产品案例，从实际应用出发，设置了5个完整的产品项目，循序渐进地全面描述了电子电路绘图与制版的知识内容，主要介绍Protel DXP SP2 2004的使用，同时融入关于设计印制电路板时需要掌握的元件封装选择、安全间距设置、导线宽度及电磁兼容等相关知识，内容丰富，案例翔实。全书的项目任务包括稳压电源电路、TDA2822耳放电路、计数器电路、超声波测距系统电路、SP100微型编程器电路，前一个项目是后一个项目学习的基础，每一个项目任务都是在前一个项目任务的基础上增加了新的知识点和技能点，力求达到温故知新的效果，使学生在完成项目任务中能够熟练掌握绘制电路的技巧。

书中项目五SP100微型编程器电路是关于多层板设计内容，所有项目均来自工程实例，充分融入了工程实践元素，全面训练学生的绘制能力及创新能力。

本书可作为高职高专机电一体化专业、应用电子技术专业、电子信息工程技术专业及相近专业的教材，也可供相关技术人员参考。

图书在版编目（CIP）数据

电子电路绘图与制版项目教程：DXP版 / 王红梅，龙钧宇，王志辉主编. —北京：电子工业出版社，2015.1
全国高等职业教育应用型人才培养规划教材

ISBN 978-7-121-24495-7

Ⅰ. ①电… Ⅱ. ①王… ②龙… ③王… Ⅲ. ①印刷电路—计算机辅助设计—应用软件—高等职业教育—教材 Ⅳ. ①TN410.2

中国版本图书馆CIP数据核字（2014）第233234号

策划编辑：王昭松
责任编辑：郝黎明
印　　刷：北京虎彩文化传播有限公司
装　　订：北京虎彩文化传播有限公司
出版发行：电子工业出版社
　　　　　北京市海淀区万寿路173信箱　邮编　100036
开　　本：787×1 092　1/16　印张：13　字数：332.8千字
版　　次：2015年1月第1版
印　　次：2024年8月第13次印刷
定　　价：45.00元

凡所购买电子工业出版社图书有缺损问题，请向购买书店调换。若书店售缺，请与本社发行部联系，联系及邮购电话：（010）88254888。

质量投诉请发邮件至zlts@phei.com.cn，盗版侵权举报请发邮件至dbqq@phei.com.cn。

服务热线：（010）88258888。

前　　言

本书是根据国家高职骨干校重点建设专业的课程标准及模式，结合企业实际设计项目的工作内容，并针对学生的实践能力和再学习能力的培养而编写的基于工作过程的项目教材。

本书从工程的实际应用出发，运用 5 个项目任务的学习及设计，使学生全面地掌握应用 Protel DXP SP2 2004 软件绘制电子电路的知识和技能。本书打破传统的学科式教材的模式，针对学生循序渐进地掌握知识的认知规律，使项目的设计由浅入深、循序渐进地将软件的各种命令及电路板设计相关知识逐渐融入到各个项目任务中，每个项目任务的设计都是按照工作过程进行和实施的，每个项目都在已具备的知识基础上增加了新知识、新内容，通过不断地温故知新的方式，让学生能够较容易地完成新任务的学习，每个任务结束后的小结，让学生提纲挈领地对该任务所需掌握的知识点进行提炼，每个任务后精选的习题，能够使学生进一步对该任务所学的知识进行强化。所选项目均来自工程实践，具有很强的代表性，能够覆盖课程所需的知识点和技能点。

本书在编写时，得到了合作企业有经验的工程师的大力支持，其中有：珠海因尔科技有限公司李永祥先生，珠海鑫润达电子有限公司的连小兰女士，珠海伊万电子科技有限公司的张义辉先生，在此深表感谢！

本书由广东科学技术职业学院的王红梅、广东科学技术职业学院的龙钧宇与王志辉任主编；由广东科学技术职业学院的尹海昌、梁保家任副主编；项目 1、项目 2 由王红梅、王志辉负责编写；项目 4、项目 5 由王红梅、龙钧宇、梁保家负责编写；项目 3 由尹海昌负责编写。

由于 Protel 软件的原因，本书对电路图中不符合国家现行标准的图形、单位、符号（如二极管图形用▶|表示，符号用 D 系列表示，三极管用 Q 系列表示）等未作改动，以便于读者学习和使用实际的 Protel 软件。

限于编者的水平，书中难免有不妥之处，恳请读者批评指正。

编　者

前言

目　　录

项目一

稳压电源电路设计

1.1 设计任务与能力目标

1．设计任务

（1）绘制如图 1.1 所示的稳压电源电路原理图。

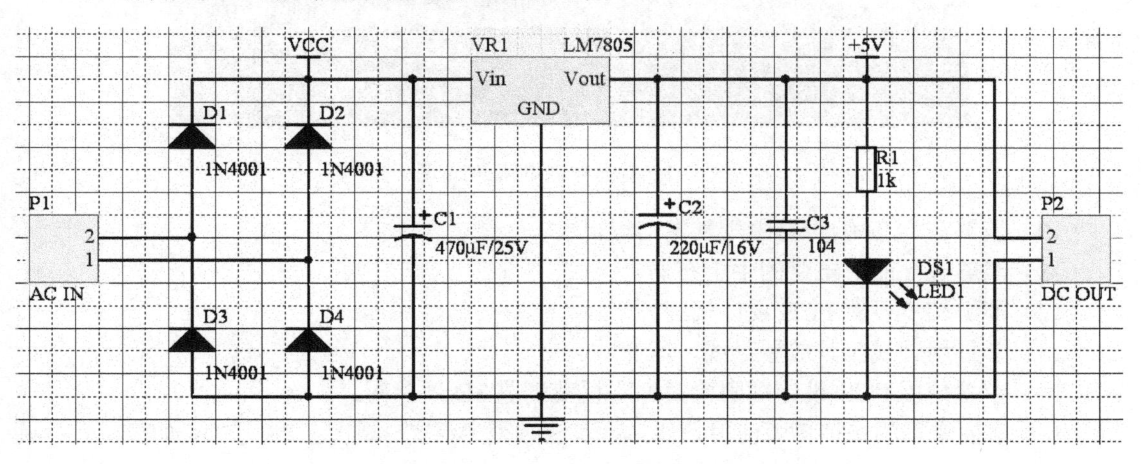

图 1.1 稳压电源电路原理图

（2）绘制如图 1.2 所示的稳压电源电路印制板图（即 PCB 图）。

2．能力目标

（1）能够设置 Protel DXP 2004 SP2 的英/汉转换。

（2）能够新建 PCB 工程（项目）文件、原理图文件、PCB 文件。

（3）能够简单设置原理图编辑器的环境。

（4）能够在原理图编辑器中加载元件库。

（5）能够在元件库中查找元件和放置元件并编辑元件属性。

（6）能够使用连线工具放置导线。

（7）熟悉两个基本元件库中的元件（①基本元件库：Miscellaneous Devices.IntLib；②连

接件元件库：Miscellaneous Connectors.IntLib）。

（8）能够初步设置 PCB 编辑器的环境。

（9）简单了解层的概念。

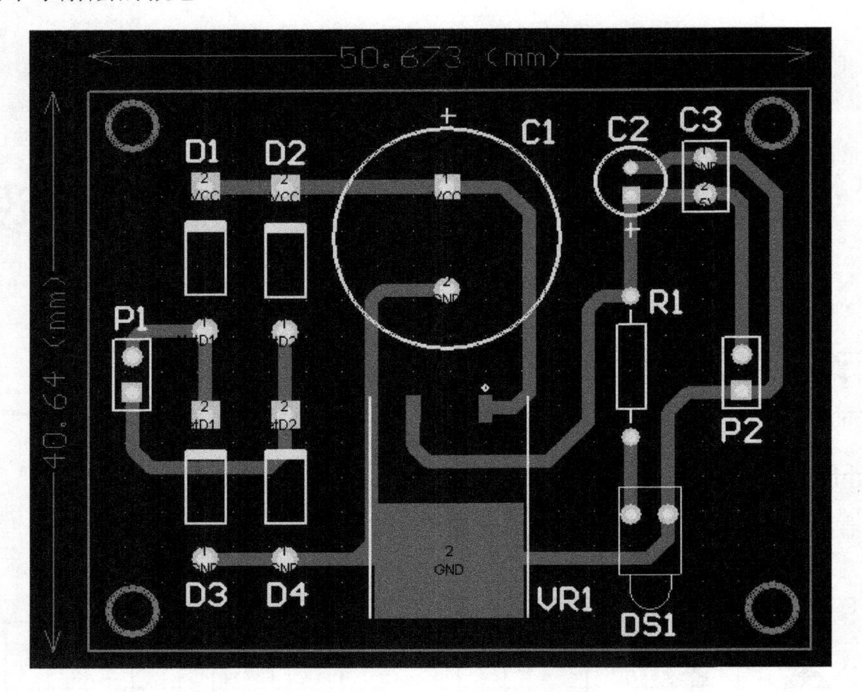

图 1.2　稳压电源电路 PCB 图

（10）能够在 PCB 编辑器中规划电路板。

（11）能够进行简单电路的手工布局。

（12）能够初步设置 PCB 设计规则。

（13）掌握用画线工具放置导线，即布线。

（14）掌握使用 PCB 设计规则检查电路板及浏览 3D 效果图。

（15）掌握常用的快捷键（使用条件：输入法必须为英文 状态才有效），如表 1.1 所示。

表 1.1　常用的快捷键

快 捷 键	作　用	快 捷 键	作　用
Space	鼠标带着的东西顺时针旋转	PageUp	放大
X	鼠标带着的东西水平翻转 180°	PageDown	缩小
Y	鼠标带着的东西垂直翻转 180°	Ctrl+鼠标滚轮	向前 放大
Delete	删除选中的东西		向后 缩小
E+D	想删除什么就单击什么	Q	英制单位与公制单位切换
Tab	显示鼠标带着的东西的属性	按住鼠标右键不放	可以拖动屏幕移动
End	刷新屏幕	Ctrl+C	复制选中的东西
L	设置板层及其颜色（PCB 环境）	Ctrl+V	粘贴

续表

快 捷 键	作　　用	快 捷 键	作　　用
V+D	显示整个文档	V+F	所有元件显示在当前屏幕
Back s pace	放置导线时删除最后一个顶点	Shift+S	切换 PCB 单层显示模式
G	原理图循环切换捕获网格设置	Ctrl+Tab	在打开的各个设计文件文档之间切换
F	“文件”下拉菜单	P	“放置”下拉菜单
T	“工具”下拉菜单	D	“设计”下拉菜单（原理图和 PCB 图有效）
T+E	PCB 加泪滴	P+P	原理图快捷放置元件
U+A	PCB 取消全部布线	Ctrl+Z	撤销上一步
U+N	PCB 单击某条网络取消该网络布线	Ctrl+Y	返回上一步
Shift+spsce	PCB 导线拐角模式切换	小键盘的+、-号	PCB 中切换层
Ctrl+S	保存	Ctrl+F4	关闭当前窗口

1.2　Protel DXP 2004 SP2 的主要特点

Protel DXP 2004 SP2 是一款基于 Windows NT/2000/XP 操作系统的完整板级设计软件，该软件集成了 FPGA 设计功能，从而允许工程师能将系统设计中的 FPGA 与 PCB 设计集成在一起。Protel DXP 2004 SP2 以项目的概念为中心，便于整个设计的所有文档的同步和整个项目的数据完整性。其主要特点如下。

（1）支持最多 32 个信号层，16 个电源/接地层和 16 个机械层；支持原理图和 PCB 双向同步和更新。

（2）完全兼容 Protel 98/Protel 99/Protel 99SE/Protel DXP，并提供对 Protel 99SE 下创建的 DDB 文件导入功能；支持 OrCad、PADS、AutoCAD 和其他软件的文件导入和导出功能。

（3）支持高速电路设计，拥有全面的集成库（所谓集成库，就是该库中的所有元件均自带封装和元件的各项仿真参数等），包括电路图符号、PCB 封装、Spice 模型和信号完整性模型；提供完善的混合信号仿真、布线前后的信号完整性分析功能。

（4）强大的过滤和对象定位功能，同时选中和编辑多个对象，即全局编辑。

（5）提供了对高密度封装（如 BGA）的交互布线功能。

（6）具有 PCB 和 FPGA 之间的全面集成，从而实现了自动引脚优化和较好的布线效果。

（7）强大的文件输出功能；支持输出类型有原理图和 PCB 版图、制造文件（Fabrication files）、网络表文件、BOM 表、仿真报表等。

（8）SP2 及以上版本支持多种语言（中文、英文、德文、法文、日文）。

1.3 设置 Protel DXP 2004 SP2 的工作环境（系统参数）

Protel DXP 2004 及以前的版本都是英文版，如果想转化成中文版需要安装另外的汉化文件，Protel DXP 2004 升级到 SP2 版本后增加了一部分功能，其中有一项非常实用的功能是“使用经本地化的资源”，只要选中该功能，重启软件后菜单就变成中文了，此项设置并不是使整个软件的英文都变成中文，只是一级菜单和二级菜单是中文，三级菜单以后还是英文。对于初学者来说，还是比较容易上手。

1.3.1 Protel DXP 2004 的主界面

单击 开始 → 所有程序(P) → Altium SP2 → DXP 2004 SP2 ，启动软件，弹出软件主界面，如图 1.3 所示。

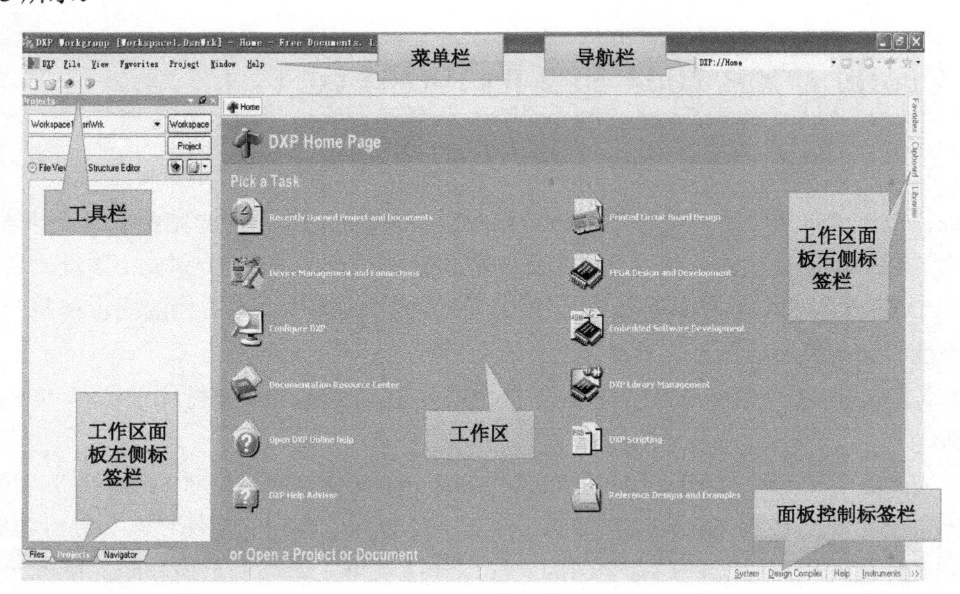

图 1.3　软件主界面

1.3.2 Protel DXP 2004 SP2 的汉化

（1）单击菜单栏的 DXP，弹出“DXP”下拉菜单，如图 1.4 所示。

（2）单击 Preferences... 后，弹出软件系统设置对话框，如图 1.5 所示，选中最下面的“Localization”栏下的“Use localized resources”复选框，弹出如图 1.6 所示的提示启用新设置对话框，单击 OK 按钮确认。

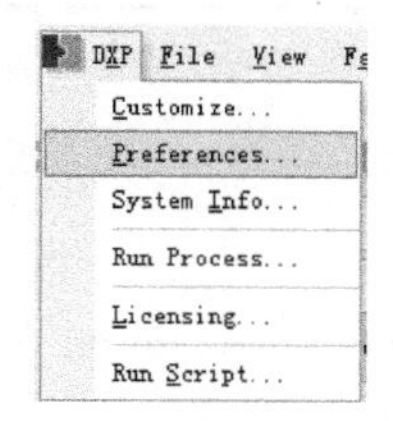

图 1.4 “DXP”下拉菜单

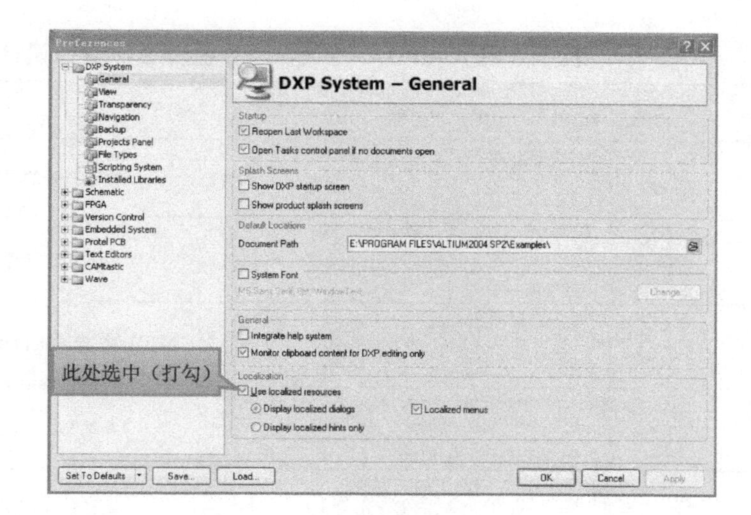

图 1.5 菜单汉化设置

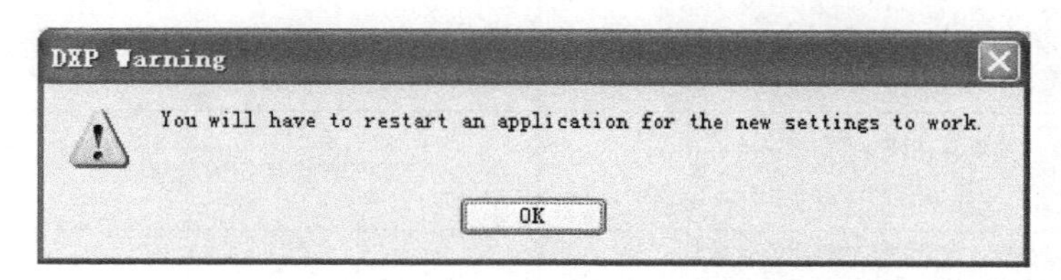

图 1.6 提示启用新设置对话框

（3）单击图1.5右下角的 Apply 按钮，再单击 OK 按钮，结束汉化设置。关闭软件，重新打开软件，汉化界面如图1.7所示。

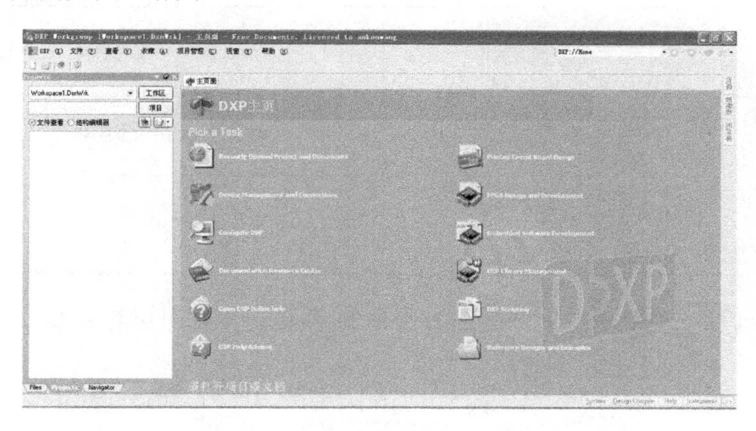

图 1.7 汉化的软件界面

1.3.3 DXP 主页工作窗口

Protel DXP 2004 SP2 启动后，工作窗口中默认的是 DXP 主页视图页面，页面上显示了设计项目的图标及说明，如表 1.2 所示，用户可以根据需要选择设计项目。但是通常较少操作这些图标，一般直接把主页面关闭。

表 1.2　Protel DXP 2004SP2 主页工作窗口设计项目说明

图　标	中 文 说 明
Recently Opened Project and Documents	最近打开的项目设计文件和设计文档
Device Management and Connections	元件管理和连接
Configure DXP	配置 Protel DXP 系统
Documentation Resource Center	帮助文档资源中心
Open DXP Online help	Protel DXP 在线帮助系统
DXP Help Advisor	Protel DXP 帮助向导
Printed Circuit Board Design	PCB 设计相关选项
FPGA Design and Development	FPGA 项目设计相关选项
Embedded Software Development	嵌入式软件开发相关选项
DXP Library Management	Protel DXP 库文件管理
DXP Scripting	Protel DXP 脚本编辑管理
Reference Designs and Examples	参考设计实例

单击菜单 查看(V) → 主页(H) 或单击右上角的图标，都可以打开 DXP 主页面。

1.4　创建稳压电源电路 PCB 项目文件

（1）启动 Protel DXP 2004 SP2。

（2）单击菜单栏的 文件(F) → 创建(N) ▸ → 项目(J) ▸ → PCB项目(B)，如图 1.8 所示。

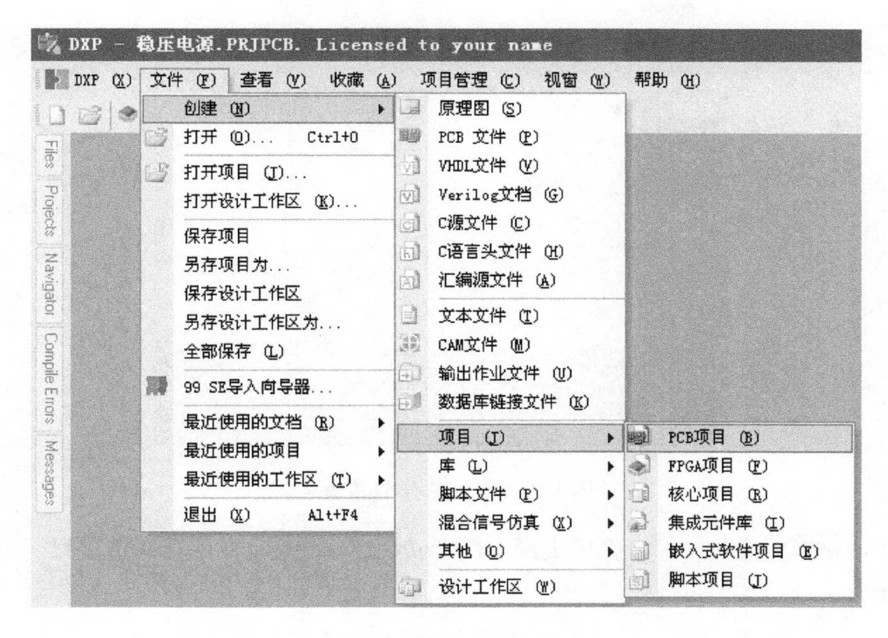

图 1.8 新建 PCB 项目操作

（3）单击 PCB项目 (B) 后，在左侧 Projects 标签栏建立了一个 PCB 项目文件，如图 1.9 所示；单击该标签栏右上角的图标，使它变成图标，此时，如果不操作该标签栏，标签栏会自动隐藏，缩进左侧。

（4）在 PCB_Project1.PrjPCB 上单击鼠标右键，在弹出的快捷菜单中选择 保存项目 选项，如图 1.10 所示；选择一个 PCB 项目的保存路径，这里选 E 盘；在 E 盘新建一个文件夹，命名为“项目一稳压电源电路”，把 PCB 项目保存在该文件夹内，并命名为“稳压电源电路.PrjPCB”，如图 1.11 与图 1.12 所示。

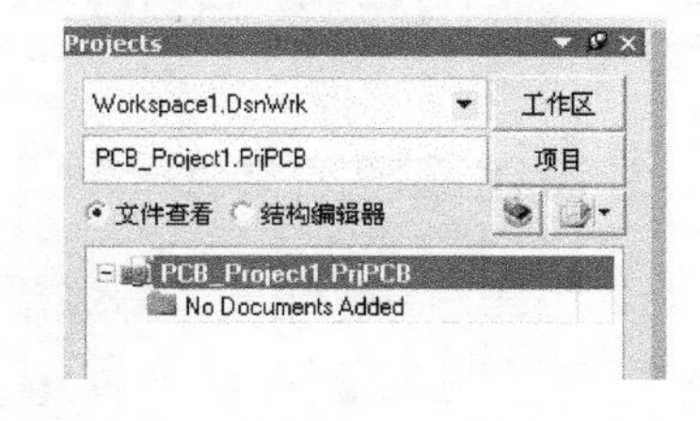

图 1.9 Projects 标签栏及 PCB 项目文件

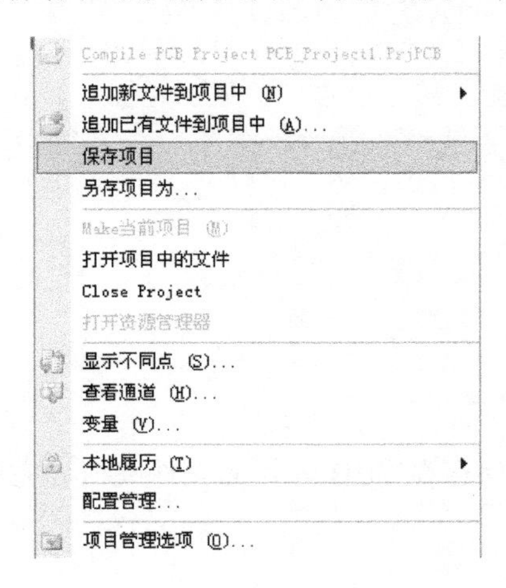

图 1.10 “保存项目”选项

图 1.11 选择保存在 E 盘“项目一稳压电源电路”文件夹

图 1.12　将 PCB 项目重命名

（5）单击保存(S)按钮，将“稳压电源电路.PrjPCB” PCB 项目保存在“项目一稳压电源电路”文件夹内。

1.5　稳压电源电路原理图设计

1.5.1　新建原理图文件

（1）在稳压电源电路.PrjPCB上单击鼠标右键，在打开的快捷菜单中选择追加新文件到项目中(N)，再单击Schematic，新建一个名称为“Sheet1.SchDoc”的原理图文件，如图 1.13 所示。

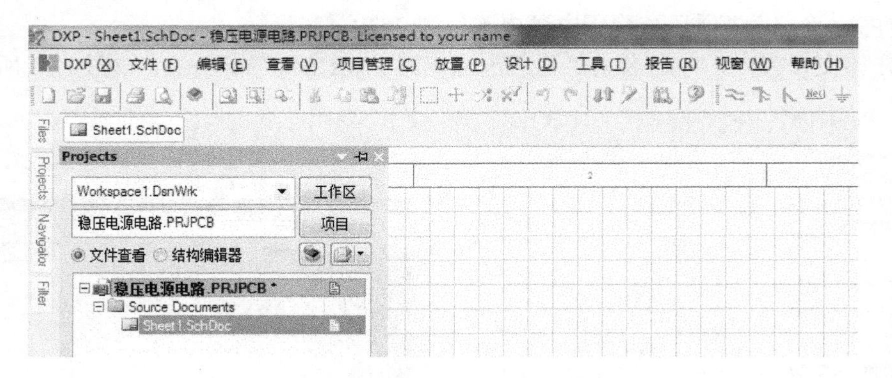

图 1.13　新建的原理图文件

（2）单击工具栏的“保存”按钮，将原理图文件保存在 PCB 项目的文件夹内，完成原理图的新建。

1.5.2　设置原理图编辑器环境参数

（1）单击菜单栏的 设计(D)，选择最后一项 文档选项(O)...，弹出“文档选项”对话框，如图 1.14 所示。

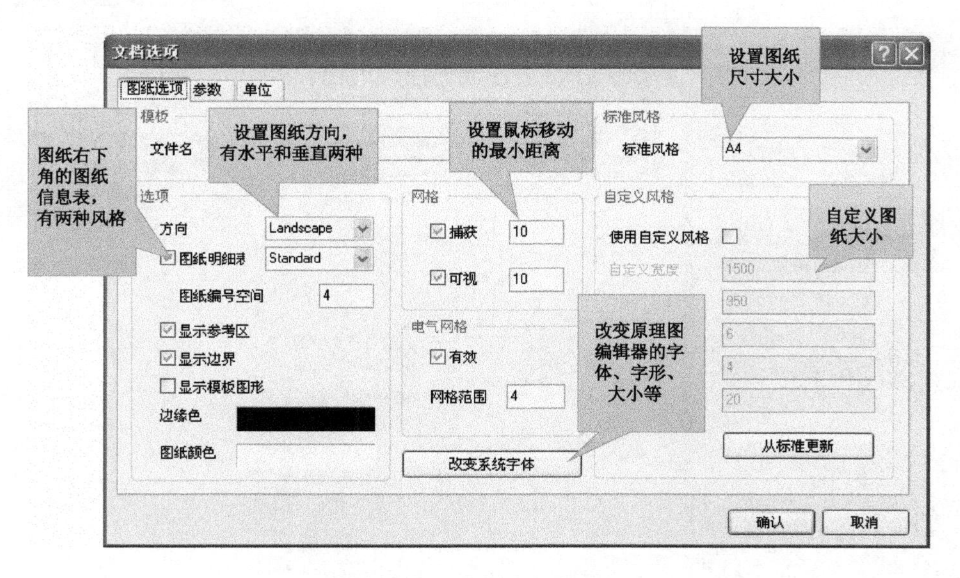

图 1.14　“文档选项”对话框

（2）在 图纸选项 选项卡中，将“捕获网格”设为 5，其他采用默认设置，单击 确认 按钮关闭对话框。

1.5.3　设置图纸规格

在此项目中原理图图纸规格采用默认。

1.5.4　安装元库

在 Protel DXP 2004 SP2 中，打开每一个原理图文件，元件库中已经自动安装了 2 个常用的集成元件库，即基本（常用）元件库—Miscellaneous Devices.IntLib 和连接件元件库—Miscellaneous Connectors.IntLib；还有多个 FPGA 集成库。绘制简单的电路图，基本上不用安装加载新的元件库，2 个常用集成库就可以满足要求。安装/删除元件库步骤如下。

（1）把鼠标移到图纸右上角的标签栏竖着的 元件库 上，“元件库”标签栏自动弹出，如图 1.15 所示。

（2）单击 元件库... 按钮，弹出“可用元件库”对话框，如图 1.16 所示。

（3）单击 安装(I)... 按钮，弹出“打开”对话框，如图 1.17 所示。在该对话框里找到要安装的元件库，然后再单击 打开(O) 按钮，元件库就安装进来了，如图 1.18 所示，安装完成，单击 关闭(C) 按钮即可。

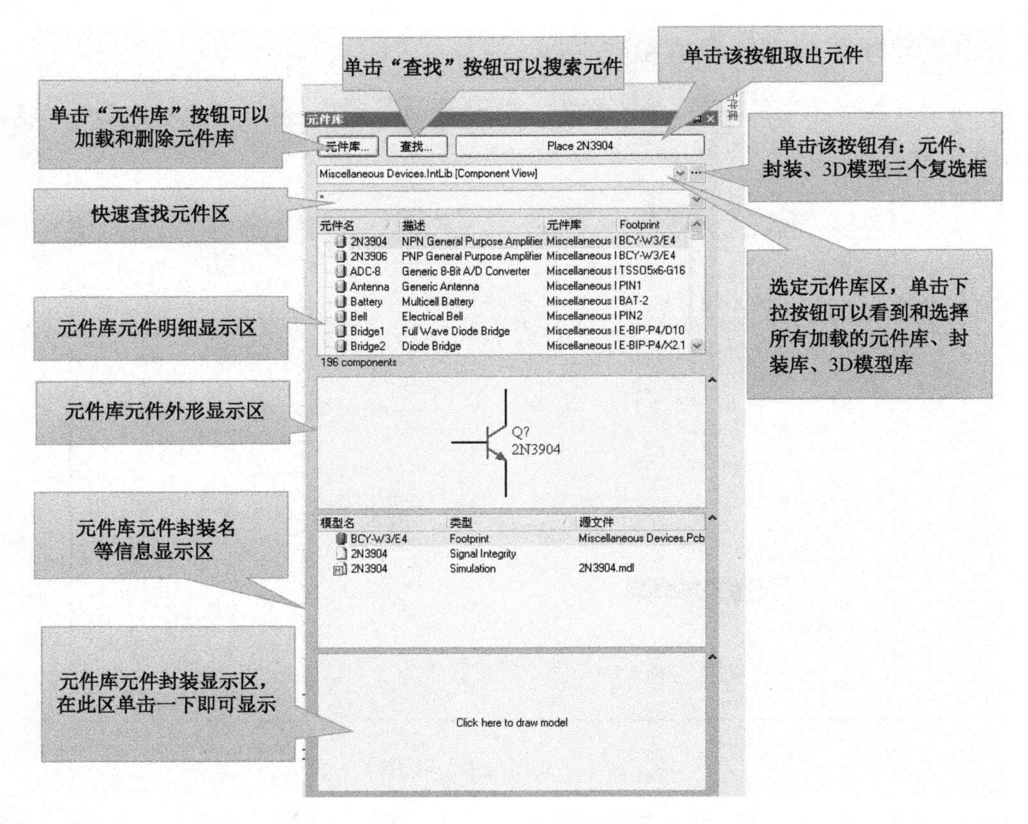

图 1.15 "元件库"标签栏

图 1.16 "可用元件库"对话框

图 1.17 "打开"对话框

（4）元件库安装加载后，该元件库将暂存在计算机内存里，如果安装的元件库多，占用内存就多，这样会影响计算机的运行速度，建议删除不需要的库。例如，默认加载的那些 FPGA 元件库，如果不绘制 FPGA 电路图或进行 FPGA 电路的仿真，建议将它们都删除。删除元件库，只要选中要删除的库，然后再单击 删除(R) 按钮即可，元件库删除后如图 1.19 所示。单击 关闭(C) 按钮退出安装元件库状态。

图 1.18　完成元件库的安装

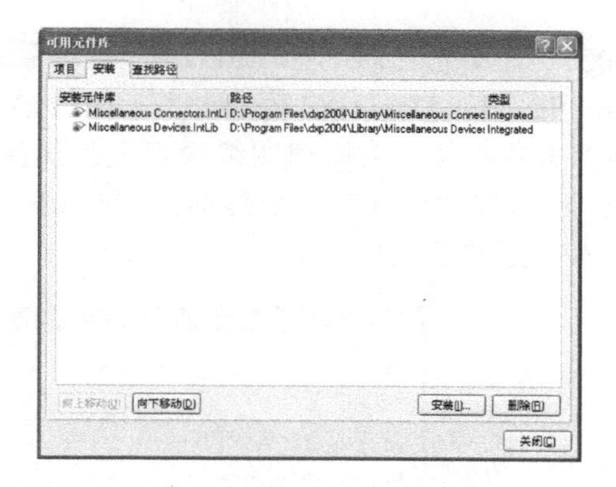

图 1.19　删除不用的元件库

1.5.5　放置元件及编辑元件属性

前期准备工作完成后，开始绘制稳压电源电路原理图。首先，把电路图需要用的元器件放置到编辑界面。如果对元器件较熟悉，找元器件就比较快，如果不熟悉就比较慢，建议先大致浏览一下两个常用元件库，看一看库里都有哪些元器件、都叫什么名字；记住一些常用的元件名称，如电阻、电容、二极管、三极管、连接件等。

放置元件的操作如下。

（1）放置 2 脚的输入/输出连接件，即“P1、P2”。该器件在连接件元件库 Miscellaneous Connectors.IntLib 里，名称为“Header 2”；在选定元件库区选中连接件元件库后，在快速查找元件区的“*”号前输入“H”，该库中以 H 命名开头的元件就全部显示在元件明细区了，这样就很容易找到“Header 2”元件了，如图 1.20 所示。单击选中该元件，再单击“Place Header 2”按钮，元件即附着在鼠标上（直接双击需要的元件也可以把元件拿出来）。

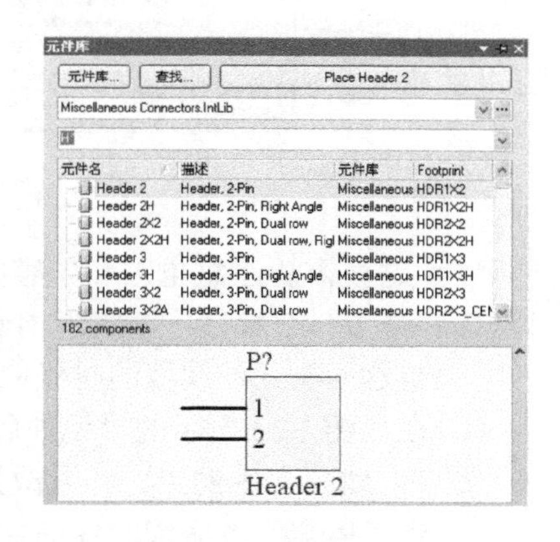

图 1.20　快速查找元器件

（2）元件附着在鼠标上时，先不用放置元件，按键盘“Tab”键，调出元件属性编辑器，将左上角“标识符”里的“P？”改为“P1”，将“注释”里的“Header 2”改为“AC IN”，默认封装，其他都不用修改，如图 1.21 所示。单击对话框右下角的 确认 按钮，退出元件属性编辑器。如果需要更改已经设置好的元件属性，双击该元件即可调出元件属性编辑器。

（3）单击鼠标左键放置元件“P1”，再按键盘“Tab”键编辑元件“P2”的属性。将“注释”里的“AC IN”改为“DC OUT”即可（“标识符”里的元件序号不用改，软件会顺序递增），封装也是默认封装即可；单击 确认 按钮，退出元件属性编辑器，单击鼠标左键放置元件“P2”。电路图中所需的 2 个连接件元件放置完成后，单击鼠标右键退出放置元件状态。

元件属性里的“标识符”就是人们常说的“元件编号”或“元件序号”；“注释”标注的是元件的参数或元件的型号。

（4）其余的电阻（Res2）、电解电容（Cap Pol1）、瓷片电容（Cap）、二极管（Diode

1N4001）、发光二极管（LED1）、三端稳压器（Volt Reg）都在基本（常用）元件库（Miscellaneous Devices.IntLib）里，在选定元件库区选中此库后，按上面的步骤把余下的元件都查找出来，按原理图编辑好元件属性放置到原理图编辑界面。电容 C1 的封装选为 CAPPR7.5-16x35，C2 的封装选为 CAPPR2-5x6.8，C3 的封装选为 CAPR2.54-5.1x3.2；其他元件的封装默认即可。

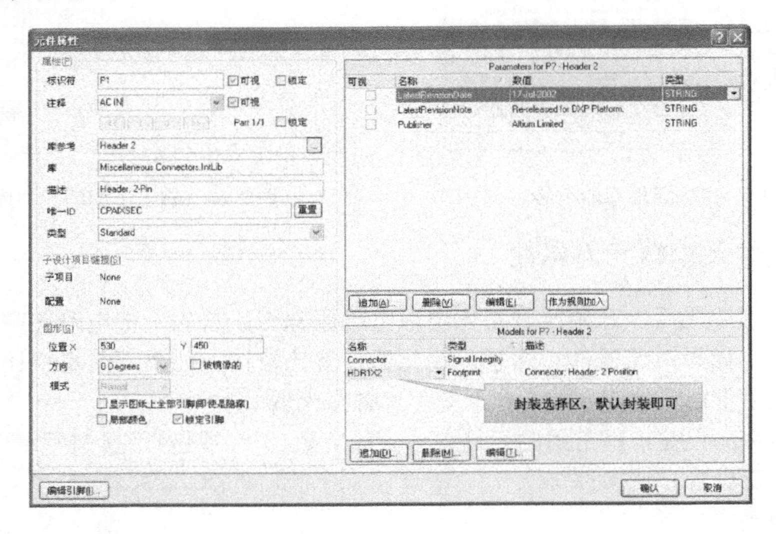

图 1.21　元件属性编辑器

（5）这里需要注意电阻和电容的属性设置，这两种元件与其他元件有一点区别：取元件时默认都带了一个参数：电阻为 1kΩ，电容为 100pF；如图 1.22 所示。

编辑这两类元件属性的时候应该按如下步骤编辑（以电阻为例）。

① 在如图 1.23 所示的“元件属性”对话框中，取消选中“Value”复选框；

② 将“R？”中的“？”号改为阿拉伯数字；

③ 将“Res2”改为该元件的实际阻值（如果是电容就改为电容的容量）。

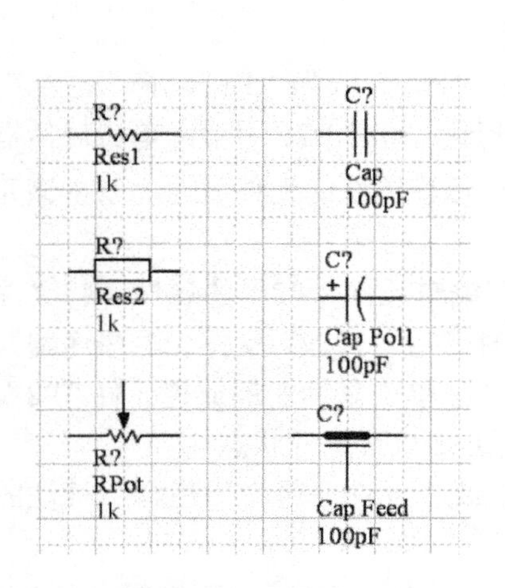

图 1.22　电阻电容默认参数示意图

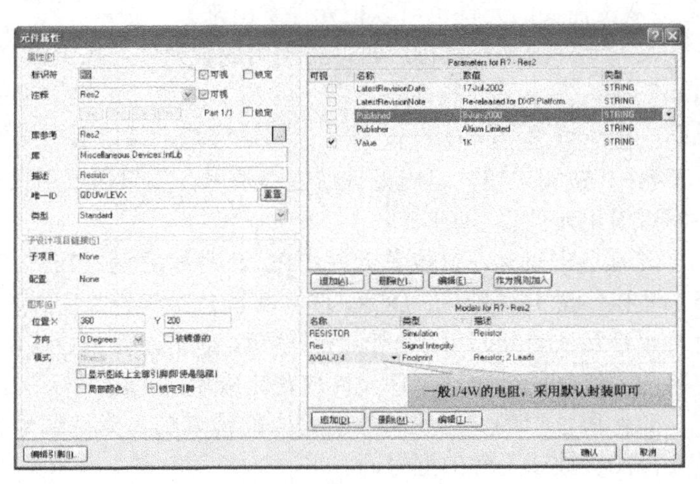

图 1.23　“元件属性”对话框

1.5.6 元件布局、线路连接及放置电源、接地端口

（1）元件布局

所有元件编辑好属性后，按照原理图样图所示位置放置好全部元件（如果元件方向不对，可以用鼠标左键按住元件不放，再按键盘的“Space”键旋转即可，也可以按“X”键将元件水平翻转或按“Y”键将元件垂直翻转，然后将元件拖到合适的位置再放开鼠标左键即可），如图 1.24 所示。

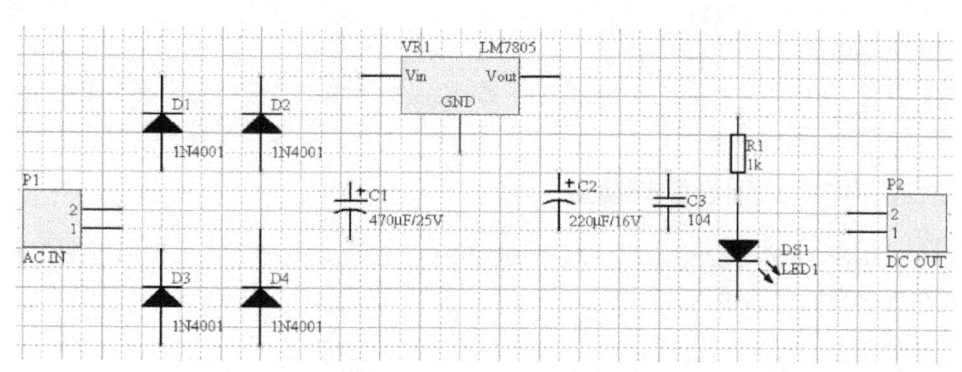

图 1.24　元件布局

（2）线路连接

单击工具栏 的放置导线符号 ，鼠标处于放置导线状态，将鼠标移到元件的一个引脚，单击左键定义导线的起点，将鼠标移到另一个引脚上再单击左键完成两点间的连线，如图 1.25 所示；这时鼠标的连线自动断开，再连接另外两个点，直到所有线都连好为止，单击鼠标右键，退出画线状态。

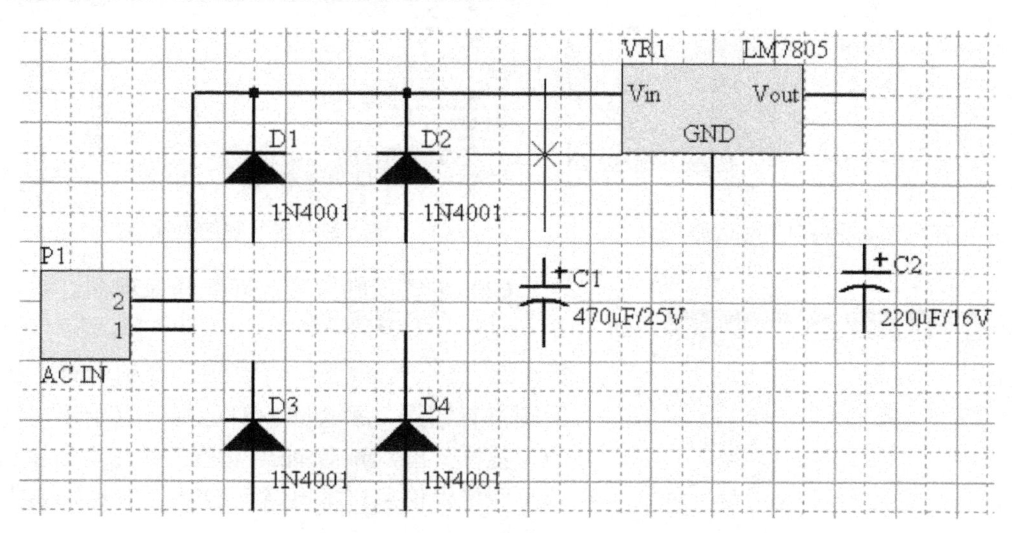

图 1.25　放置导线

在连线过程中，如果遇到有 T 形连接点，软件会自动加上节点“-●-”，如图中的 D1、D2 负极端。

在放置导线状态，按下“Tab”键，弹出“导线属性”对话框，可以修改导线的粗细和颜色，一般情况下不做修改。

（3）放置电源、接地端口：单击工具栏中的电源符号，该符号会附着在鼠标上，在 VR1 的输入端导线上单击左键放置一个 VCC 符号，定义该网络为“VCC”。

按“Tab”键打开“电源端口”对话框，将“网络”里的“VCC”改为“+5V”，如图 1.26 所示，单击 确认 按钮退出编辑；在 VR1 的输出端导线上单击鼠标左键放置一个+5V 符号，定义该网络为“+5V”。

单击工具栏中的接地符号，该符号会附着在鼠标上，在 D3、D4 正极的导线上放置一个接地符号，定义该网络为“GND”；最终效果如图 1.1 所示。

1.5.7 原理图电气规则设置与检查

在 Protel DXP 2004 SP2 中，以前版本的“ERC”检查，改成了“编译原理图”和“编译项目”来检查原理图中的错误。

（1）设置电气规则

单击菜单栏的 项目管理（C），在弹出的子菜单中选择 项目管理选项（O）...，弹出“电气规则设置”对话框，如图 1.27 所示。一般情况下都不用更改，默认设置即可。

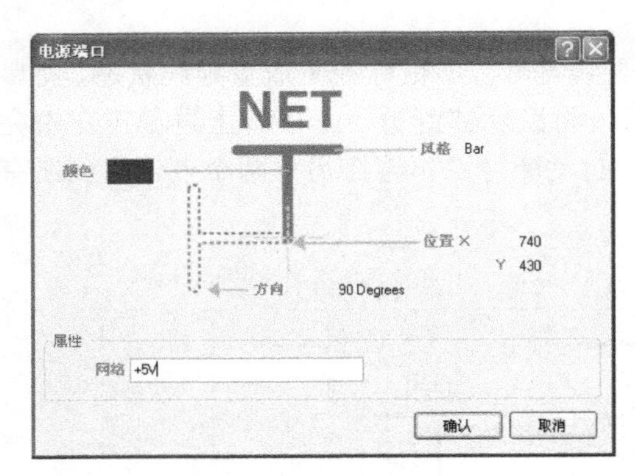

图 1.26 “电源端口”对话框

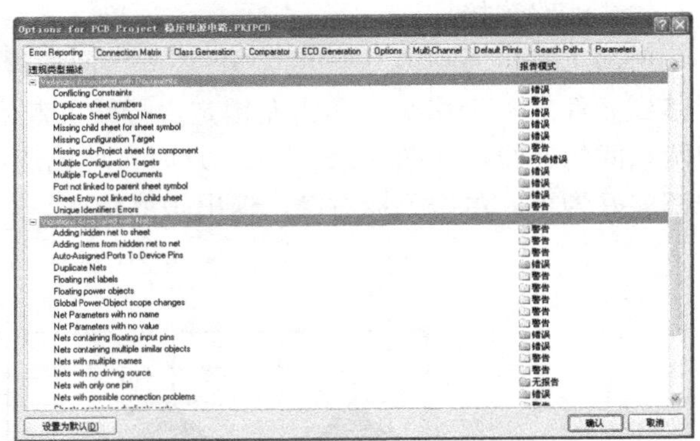

图 1.27 电气规则设置

（2）电气规则检查，即编译原理图。单击菜单栏的 项目管理（C），选择第一个 Compile Document Sheet1.SchDoc，开始检查。如果电路图没有错误，不会弹出对话框；有错误，会在左边标签栏弹出“Messages”标签，并在里面显示警告信息和错误信息。本电路无错误，“Messages”标签里为空，如图 1.28 所示。

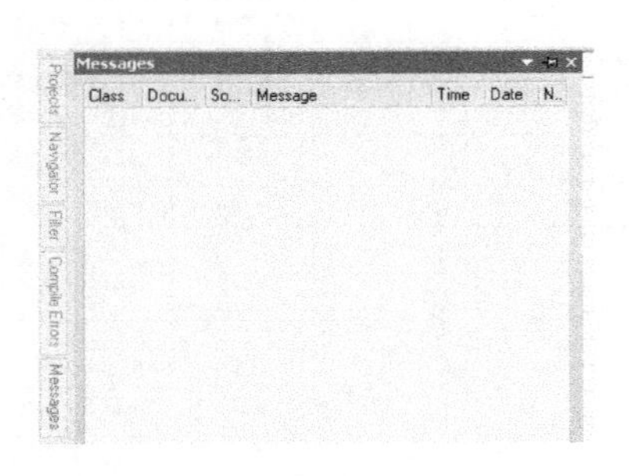

图 1.28 “Messages”标签

1.5.8 生成网络表

单击菜单栏的 设计（D），选择 文档的网络表（E）▸ 中的 Protel ，在 PCB 项目下生成 Protel 格式的网络表文件“Sheet1.NET”。生成网络表文件的同时，还生成了一个“Generated”文件夹和一个“Netlist Files”文件夹，如图 1.29 所示。双击“Sheet1.NET”文件可以打开网络表。

在 Protel DXP 2004 SP2 中，也可以不用专门生成网络表文件，因为不需要生成网络表就可以将原理图的网络和封装更新到 PCB 文件中；或者直接在 PCB 文件中导入项目文件（相当于网络表），就可以得到网络和封装。

1.6 PCB 基础知识

在实际电路设计中，最终需要将电路中的实际元件安装在印制电路板（Printed Circuit Board，简称 PCB 板）上。原理图的设计解决了电路中元件的逻辑连接，而元件之间的物理连接则是靠 PCB 上的铜箔实现。

绘制原理图的目的是为了画 PCB 版图，画 PCB 版图的目的是为了制作可以焊接元件的电路板。

图 1.29　生成的网络表文件

1.6.1　印制电路板结构

目前的印制电路板一般以铜箔覆在绝缘板（基板）上，故通常称为覆铜板，如图 1.30 所示。

图 1.30　覆铜板

1．绝缘板的分类

（1）纸基板：价格低廉，性能较差，一般用于低频电路和要求不高的场合。

（2）电木板：价格低廉，性能比纸基板稍好，一般用于低频电路和要求不高的场合。

（3）玻璃布板：价格较贵，性能较好，常用作高频电路和高档家电产品中。

（4）合成纤维板：用于高频电路和高档家电产品中。

（5）当频率高于数百兆赫兹时，必须用介电常数和介质损耗更小的材料，如聚四氟乙烯和高频陶瓷作基板，价格会贵很多。

此外，还有铝基板和用软性绝缘材料为基材的柔性印制板。

2．印制电路板的结构

一般来说，印制电路板的结构分为单面板、双面板和多层板 3 种。

（1）单面印制板（Single Sided Print Board）：是指仅有一面覆有铜箔的覆铜板做成的电路板，一般用于元器件不多的较简单的电路，如图 1.31 所示。

（2）双面印制板（Double Sided Print Board）：是指两面都覆有铜箔的覆铜板做成的电路板，一般用于元器件较多较复杂或体积较小的电路，如图 1.32 所示。

（3）多层印制板（Multilayer Print Board）：是由交替的导电层（铜箔）及绝缘材料层层压黏合而成的一块印制板，层数在 4 层以上；一般用于计算机主板和计算机板卡中，如图 1.33 所示。

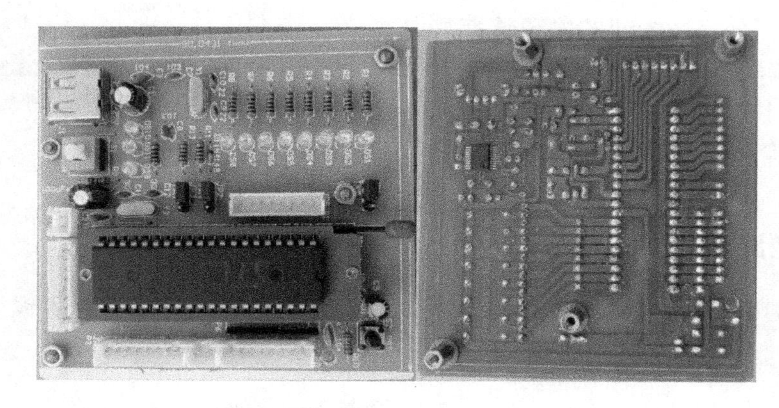

图 1.31　单面印制板

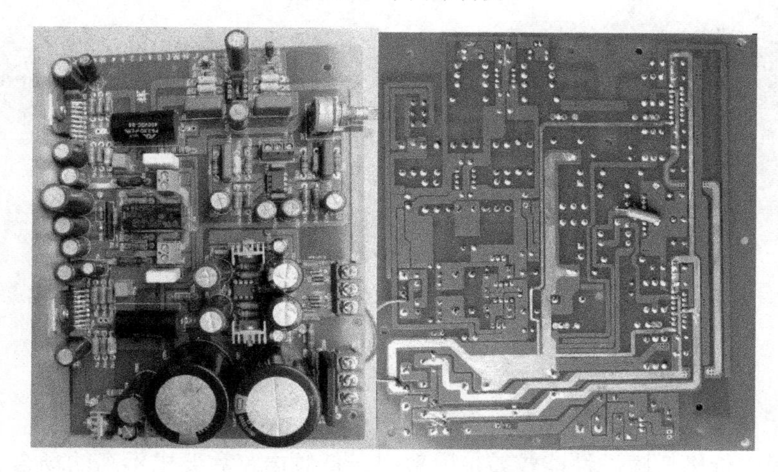

图 1.32　双面印制板

（a）计算机主板

（b）多层板制作

图 1.33　多层印制板

1.6.2　元件封装

元件封装其实就是俯视水平放置的元件绘出来的 1∶1 的平面图，也称为元件的外形轮廓。元件封装大体分为直插和贴片两种。常见的直插封装和贴片封装有以下几种。

（1）电阻，如图 1.34 所示。

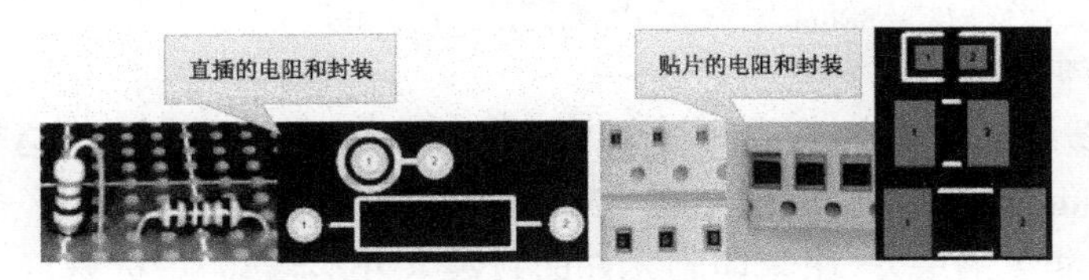

图 1.34　电阻元件和封装

（2）电容，如图 1.35 所示。

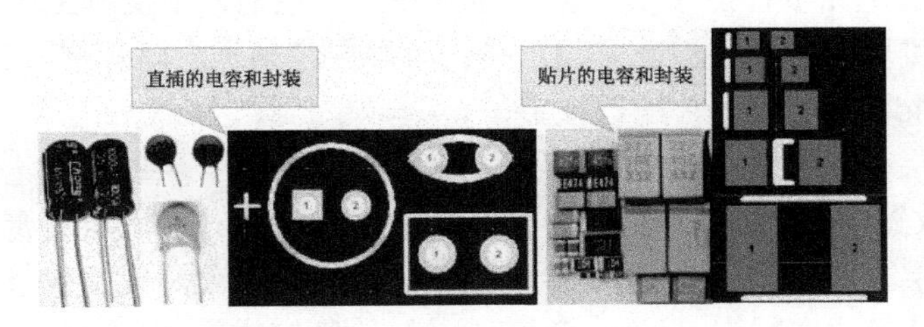

图 1.35　电容元件和封装

（3）二极管、三极管，如图 1.36 所示。

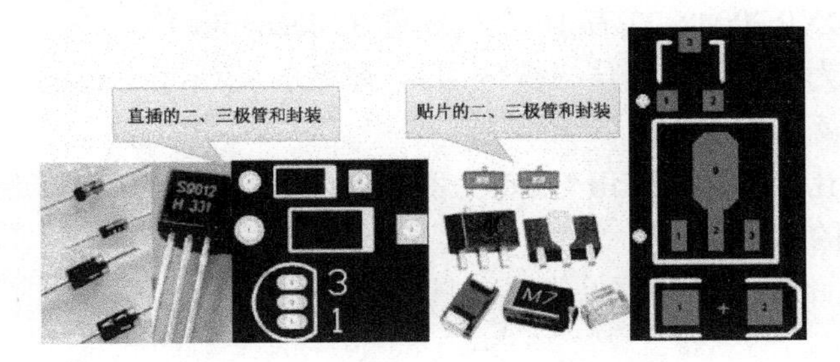

图 1.36　二极管、三极管元件和封装

（4）集成块（IC），如图 1.37 所示。

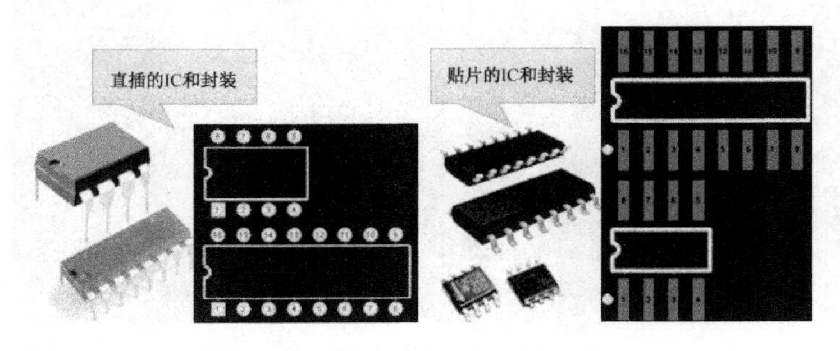

图 1.37　集成块（IC）元件和封装

直插封装也称为通孔式元件封装；贴片封装也称为表面安装式封装。

1.6.3　层的概念与结构

印制电路板中的“层”不是虚拟的，而是印制板材料本身实实在在的。印制板的层分为覆铜层和非覆铜层，平常所说的几层板是指覆铜层的层面数。

常用的层有以下几种

（1）信号层（覆铜层）：用来放置导线、焊盘、过孔。信号层包括顶层信号层（Top Layer）、底层信号层（Bottom Layer）、中间信号层（Mid Layer）、内部电源/接地层（Internal Plane）。

（2）丝印层（非覆铜层）：用来印制元件的封装（外形轮廓）、标识符、注释和其他图形和文字。丝印层包括顶层丝印层（Top Overlay）和底层丝印层（Bottom Overlay）。

（3）阻焊层（非覆铜层）：用来铺设（刷）一层阻焊剂，阻焊剂一般有绿色、蓝色、红色等；对于一块完整的电路板，除了要焊接的地方外，其他地方都要刷上阻焊剂，这样不但可以快速焊接，而且可以防止焊锡溢出引起短路。阻焊层包括顶层阻焊层（Top Solder）和底层阻焊层（Bottom Solder）。

（4）锡膏防护层或称助焊层（非敷铜层）：在焊盘上镀上一层助焊剂，一般是焊锡，对于贴片的焊盘，用于放置锡膏。锡膏层包括顶层锡膏层（Top Paste）和底层锡膏层（Bottom Paste）。

（5）禁止布线层（非覆铜层）：用于绘制禁止布线区域也就是定义电气布线的可布线区域的大小；如果没有在禁止布线层（Keep-Out Layer）绘制布线区域，“自动布线功能无效”。在没有绘制机械层的情况下，以此层作为 PCB 板的外形。

（6）机械层（非覆铜层）：用来绘制 PCB 印制板的外形，及需挖孔部位，也可用来做注释 PCB 尺寸等；Protel DXP 2004 SP2 有 16 个机械层（Mechanical）。

（7）焊盘层也称为多层或复合层（覆铜层）。焊盘层（Multi-Layer）穿过所有覆铜层，一般单双面的插件焊盘就在这层。

（8）此外还有钻孔导引层（Drill Guide）和钻孔位置层（Drill Drawing ），这两层主要用于绘制钻孔图和钻孔的位置。

图 1.38 所示的电路板为部分可见的层。

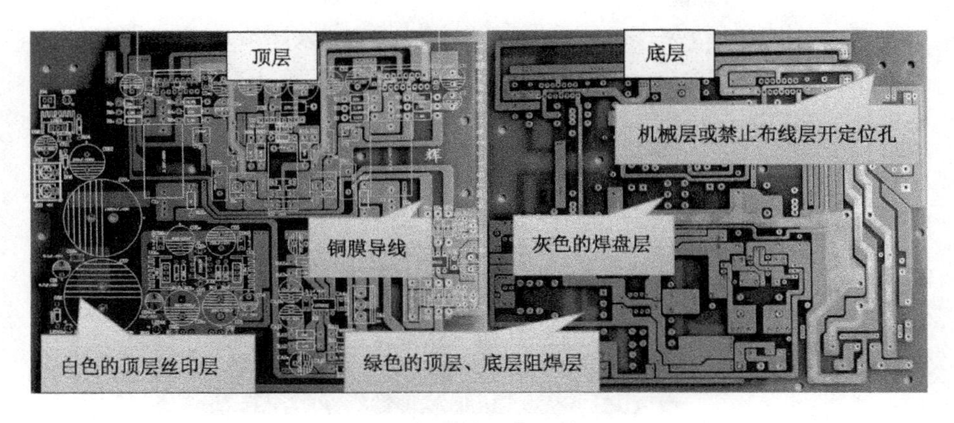

图 1.38　电路板板层

1.6.4　导线、焊盘与过孔

（1）导线也称交互式布线（Track）

印制导线是实现印制板上两个焊盘（或过孔）间的电气连接的铜膜线条，简称导线；是印制电路板最重要的部分。

（2）焊盘（Pad）

焊盘用于固定元件引脚或用于引出连线、测试线等；它有圆形、方形等多种形状；它的参数有焊盘编号、X 方向尺寸、Y 方向尺寸、钻孔孔径尺寸等；焊盘可分为通孔式和表面贴片式两大类。

（3）过孔也称金属化孔（Via）

在双面板和多层板中，为连通各层之间的印制导线，通常在各层需要连通的导线的交汇出钻一个公共孔，这就是过孔；过孔的孔内壁要镀上一层金属，用于连通各层间的铜箔导线。过孔有 3 种：从顶层贯穿到底层的称为穿透式过孔；从顶层穿到中间层或从中间层穿到底层的称为半盲孔；穿过两个中间层而外面看不到的称为盲孔或埋孔。

1.7　稳压电源电路 PCB 图设计

在了解了 PCB 的基础知识后，开始设计稳压电源电路的 PCB 图。

1.7.1　新建 PCB 文件

（1）在 稳压电源电路.PrjPCB 上单击鼠标右键，在弹出的快捷菜单中选择 追加新文件到项目中 (N)，再单击 PCB，新建一个名称为“PCB1.PcbDoc”的 PCB 编辑器文件，如图 1.39 所示。

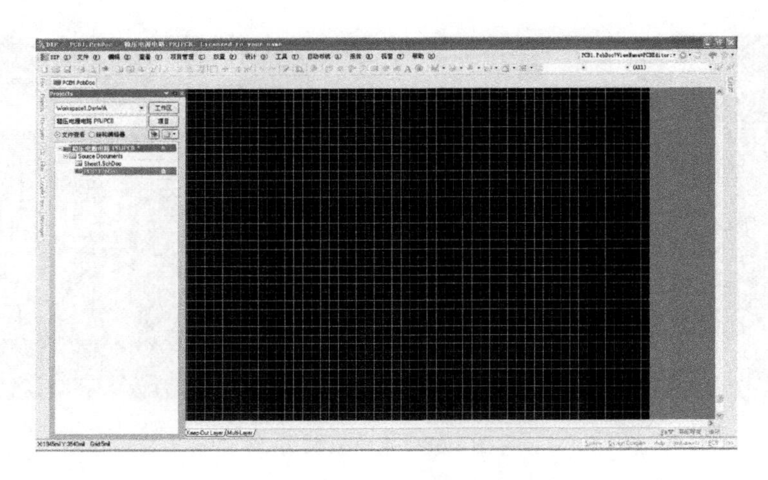

图 1.39　新建 PCB 文件

（2）单击工具栏的“保存”按钮，将 PCB 编辑器文件保存在 PCB 项目的文件夹内，完成 PCB 文件的新建。

1.7.2　安装封装库文件

与安装元件库一样，只要找到封装库文件所在的路径，选中要安装的封装库，单击 打开(O) 按钮即可安装进来。如果只是用到软件所带的元件库则不需要再安装封装库了，因为软件所带的元件库都是集成了封装的集成库，这里只需在右侧“元件库”标签的选定元件库区的 ··· 按钮上单击，再选中“封装”复选框就可以显示封装库了，如图 1.40 所示。

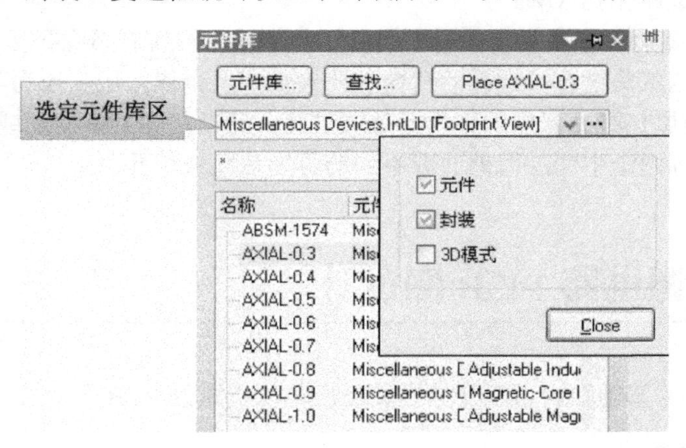

图 1.40　显示封装库

1.7.3　设置 PCB 编辑器环境参数

（1）单击菜单栏的 设计(D)，选择 PCB板选择项(O)...，弹出“PCB 板选择项”对话框，如图 1.41 所示。

图 1.41　“PCB 板选择项”对话框

（2）设置测量单位为 Metric ，元件网格 X、Y 均为 5mil ，其他项默认设置，单击 确认 按钮，退出“PCB 板选择项”对话框。

（3）单击菜单栏的 设计 (D) ，选择 PCB板层次颜色 (L)... 命令，弹出“板层和颜色”对话框，在该对话框内可以设置需要显示的板层或不需要显示的板层，还可以自定义设置各板层的颜色。

这里设置信号层显示顶层和底层、机械层显示第一层、丝印层显示顶层、显示禁止布线层和焊盘层；设置显示飞线（Connections and From Tos）、在线 DRC 错误检查有效（DRC Error Markers）、显示可视网格 2（Visible Grid 2）、显示焊盘孔（Pad Holes）、显示过孔（Via Holes）。所有设置完成后如图 1.42 所示，单击 确认 按钮，退出“板层和颜色”对话框。

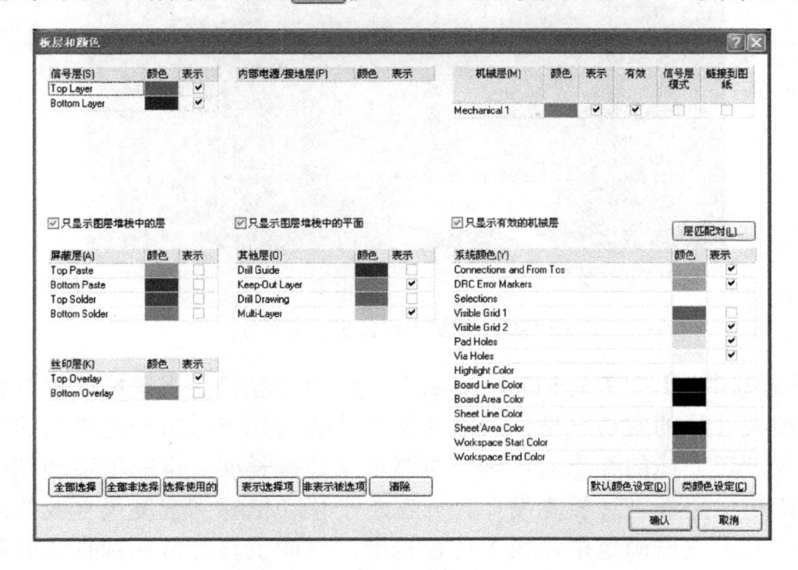

图 1.42　“板层和颜色”对话框

1.7.4　规划电路板

规划电路板的长为 50.6mm，宽为 40.6mm，在禁止布线层用“放置直线”工具画一个印制电路板边框。

（1）放置标准尺寸线

单击工具栏中的图标，单击“放置标准尺寸”图标，鼠标变成十字形处于放置标尺状态。

在 PCB 编辑器中选择“Keep-Out Layer”（禁止布线层），在任意地方单击确定电路板长度标尺的起点，水平移动鼠标，当标尺显示约为 50.6mm 时单击确定标尺的终点，电路板的长度就确定了，此时鼠标还处于放置标尺状态；将鼠标移到长度标尺的起点，在离起点往左移一格、再向下移一格，单击鼠标左键放置电路板宽度标尺的起点，垂直向下移动鼠标，当标尺显示约为 40.6mm 时单击鼠标左键确定标尺的终点，如图 1.43 所示；单击鼠标右键退出放置标尺状态。

（2）放置直线确定电路板边

单击工具栏中的图标，然后单击“放置直线”图标，鼠标变成“十”字形处于放置直线状态。

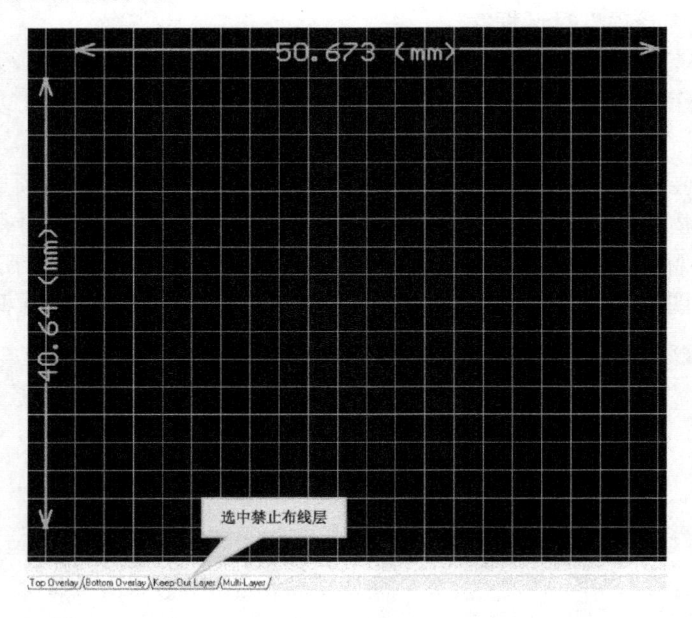

图 1.43　放置电路板长、宽尺寸

在 PCB 编辑器中选中“Keep-Out Layer”（禁止布线层），将鼠标放置在长度尺寸线的下方一格，宽度尺寸线的右边一格，对准两条尺寸线的起点单击确定直线的起点，水平移动鼠标到右边长度尺寸线的终点双击确定电路板上边板长度，再向下移动到对准宽度尺寸线的终点双击确定电路板右边板宽度，再向左水平移动鼠标到宽度尺寸线的终点（上对准长度尺寸线的起点）双击确定电路板下边板长度，再向上移动鼠标到直线的起点双击确定电路板左边宽度；至此一个完整的电路板边就画好了，单击鼠标右键退出放置直线状态，如图 1.44 所示。

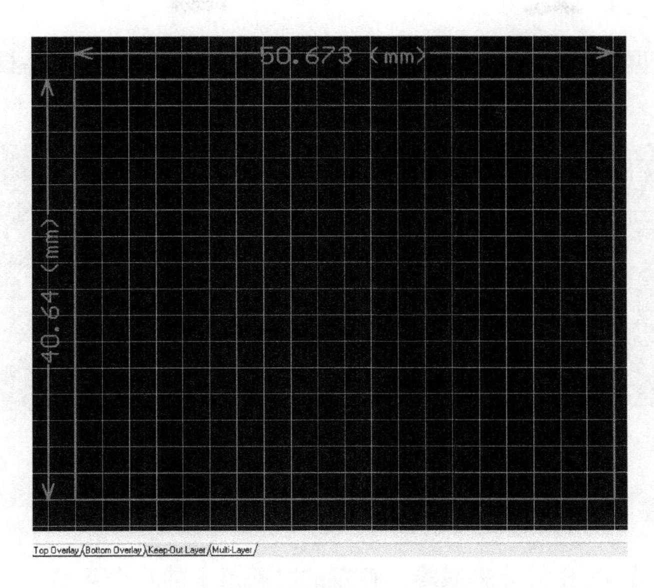

图 1.44　绘制好的电路板边框

1.7.5　加载网络表

单击菜单栏中的 设计 (D) 按钮，选择 Import Changes From 稳压电源电路.PRJPCB 菜单，弹出“工程变化订单（ECO）”对话框，如图 1.45 所示；单击 使变化生效 按钮，检查所有元件是否装入、检查是否有网络和元件封装不能装入，确认没问题后单击 执行变化 按钮，装入网络表和元件封装，如图 1.46 所示。

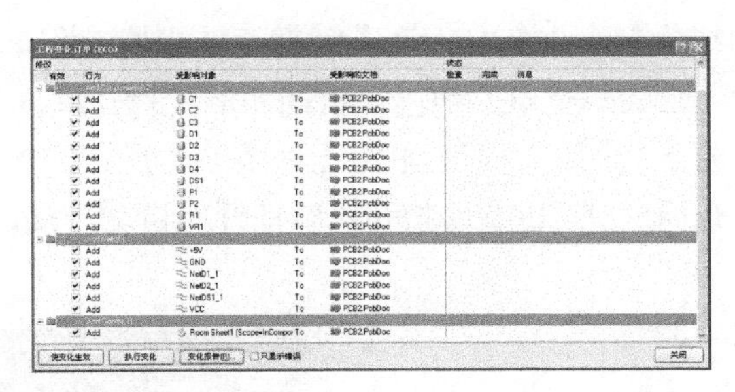

图 1.45　“工程变化订单（ECO）”对话框

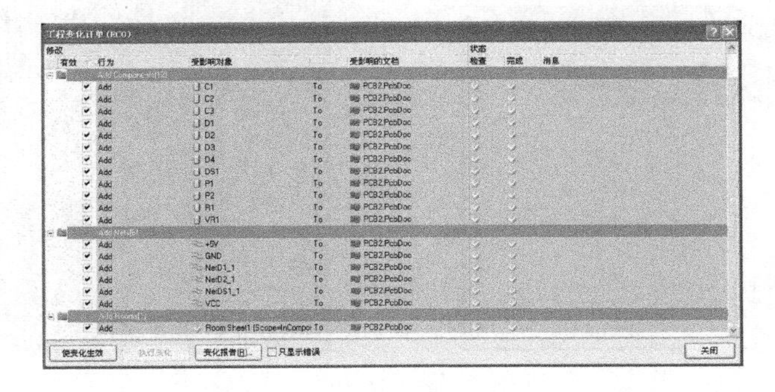

图 1.46　执行变化

单击对话框右下角的 关闭 按钮，退出“工程变化订单（ECO）”对话框，网络表和元件封装便导入 PCB 文件，如图 1.47 所示。

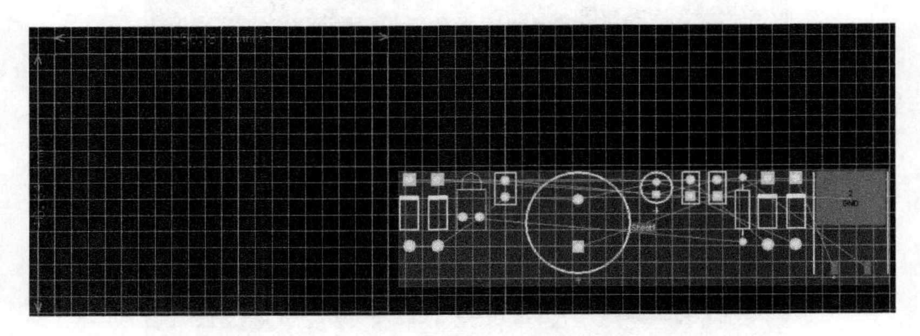

图 1.47　导入的网络表和元件封装

1.7.6　元件布局

元件的布局是整个 PCB 设计中最难、花费的时间最多的一个环节，元件布局的好坏直接影响后面布线的时间。如果元件布局合理，后面布线所花的时间可能只有十几分钟甚至几分钟；但如果元件布局不合理，在后面布线时会发现有的网络怎么走线都走不通，特别是布单面板的时候，还有就是布的线特别多。元件的布局不是布好就不动的，当后面布线时发现有些走线走不通，或者走得过长，还要调整元件，所以元件的布局也贯穿于整个布线的过程。

软件自带了自动布局功能，虽然 Protel DXP 2004 SP2 的自动布局功能比以前的版本智能很多，但是终究不如手工布局，也就是说计算机始终不如人脑。这里简单介绍一下自动布局。

（1）自动布局

单击覆盖元件封装的红色框，再按“Delete”键把该框删掉。单击菜单栏的 工具（T） 按钮，选择 放置元件（L）▸ → 自动布局（A）... 菜单，弹出“自动布局”对话框，如图 1.48 所示。

如果电路元件少，则选择“分组布局”，电路元件多（大于 100 个）则选择“统计式布局”。本电路选择第一个“分组布局”，单击 确认 按钮，软件开始自动布局，完成后的效果如图 1.49 所示。

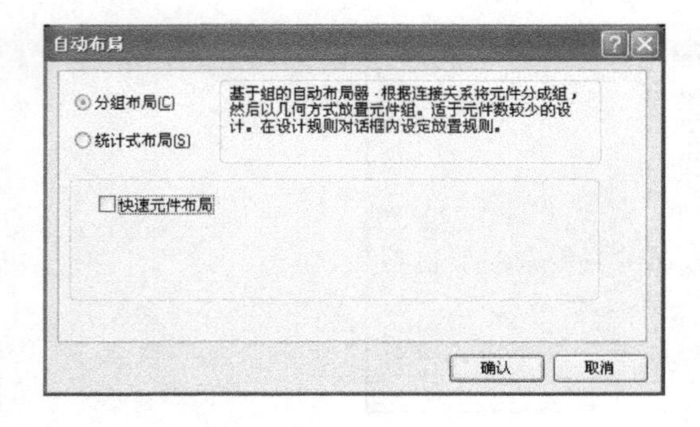

图 1.48　“自动布局”对话框

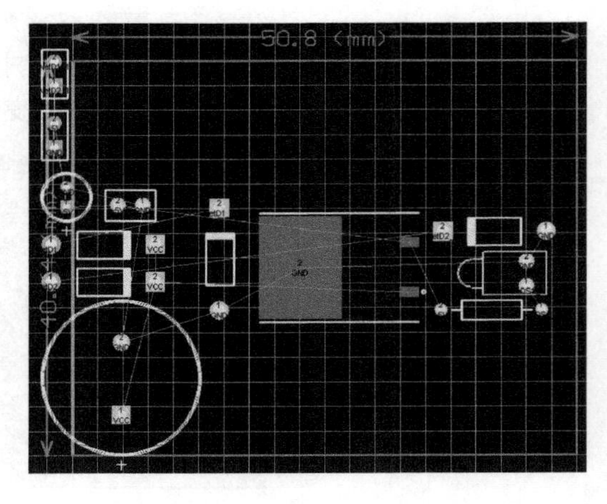

图 1.49　自动布局完成后的效果图

由图中可以看出元件放得非常乱，有些元件放到了板的外面，需要进行手工调整元件，因此，绘制 PCB 图一般不采用自动布局。

（2）手工布局

单击覆盖元件封装的红色框，再按“Delete”键把该框删掉，然后按图 1.50 所示，将元件的位置放好。

具体操作为：使用鼠标左键按住要移动的元件不放，移动元件到要放置的位置后，放开鼠标左键即可；如果元件的方向需要调整，在按住元件的同时，按“space”键旋转元件即可。

注意：在 PCB 手工布局时要谨慎使用快捷键“X”（水平翻转）和“Y”（垂直翻转），因为有些元件水平或垂直翻转后它的引脚顺序就和实际元件引脚对不上了。

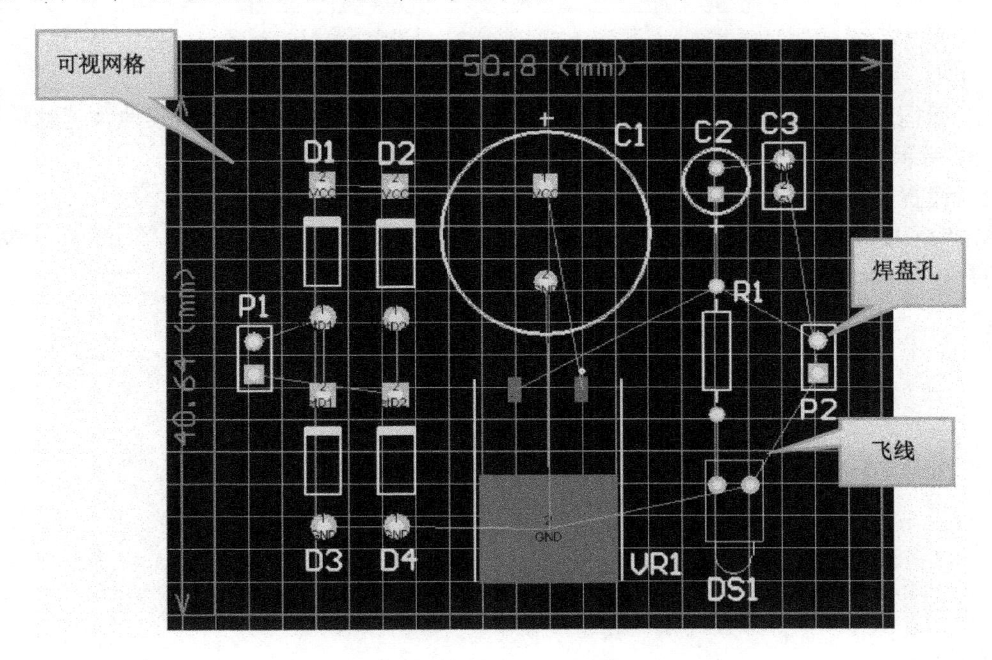

图 1.50　手工布局完成后的图

1.7.7　设置 PCB 设计规则

设置 PCB 的设计规则，可以在导入网络表后就设置，也可以布局完成后再设置。另外设置规则可以手工单个设置，也可以使用规则向导设置；本电路因为比较简单，所以只要简单手工设置一下全部对象的“安全间距”和“布线线宽”即可。

将“安全间距”设为 0.2mm，“布线线宽”设为 1mm。

（1）设置安全间距

单击菜单栏中的 设计 (D) ，选择 规则 (R)... 菜单，弹出“PCB 规则和约束编辑器”对话框，单击左侧目录树“Electrical”前面的+号，再单击“Clearance”前面的+号，然后单击“Clearance”的下级菜单“Clearance”，如图 1.51 所示。

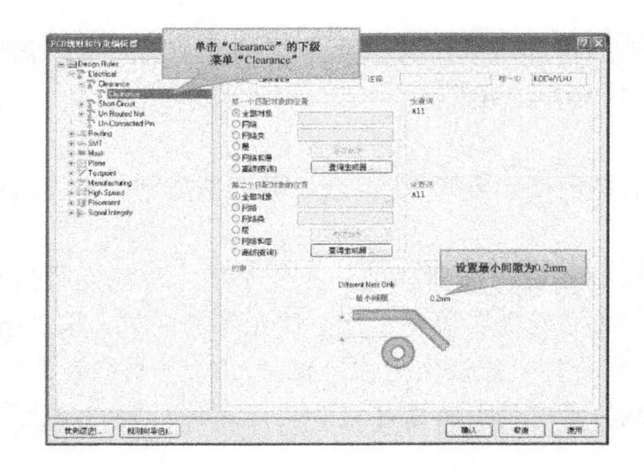

图 1.51　设置安全间距

将对话框下面焊盘与导线间距图片上的“最小间隙”设置为 0.2mm，其他设置默认即可，如图 1.51 所示。

（2）设置布线线宽

单击“PCB 规则和约束编辑器”对话框的左侧目录树“Routing”前面的+号，再单击“Width”前面的+号，然后单击“Width”的下级菜单“Width”，如图 1.52 所示。

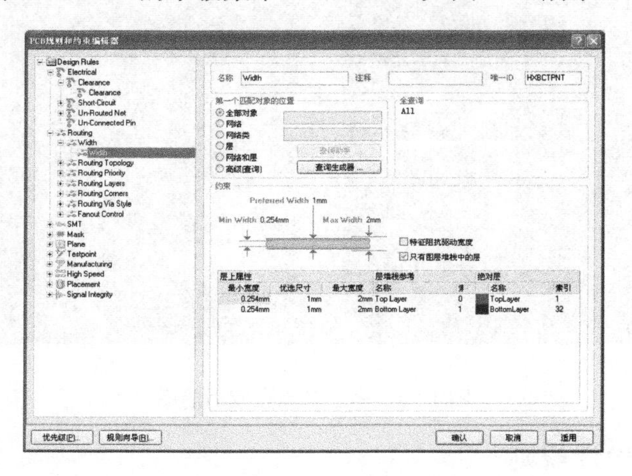

图 1.52　设置布线线宽

将约束项下的“Max Width（最大线宽）”设置为“2mm”，“Preferred Width（首选线宽）”设置为“1mm”，“Min Width（最小线宽）”设置为“0.254mm”，如图 1.52 所示。单击 适用 按钮，使规则生效，单击 确认 按钮，退出“PCB 规则和约束编辑器”对话框。

1.7.8　进行 PCB 单面板手工布线及放置定位孔

一般绘制单面 PCB 板都是在底层信号层绘制导线，顶层用于放置元器件。本电路由于 VR1（LM7805）采用的是贴片封装，贴片封装元件一般默认放置在顶层信号层，所以本电路绘制导线时在顶层信号层绘制。

（1）进行 PCB 单面板手工布线

将 PCB 编辑器切换到“Top Layer”(顶层信号层)，如图 1.54 所示。单击工具栏中的“交互式布线”图标，鼠标变成“十”字形处于放置导线状态，如图 1.53 所示。

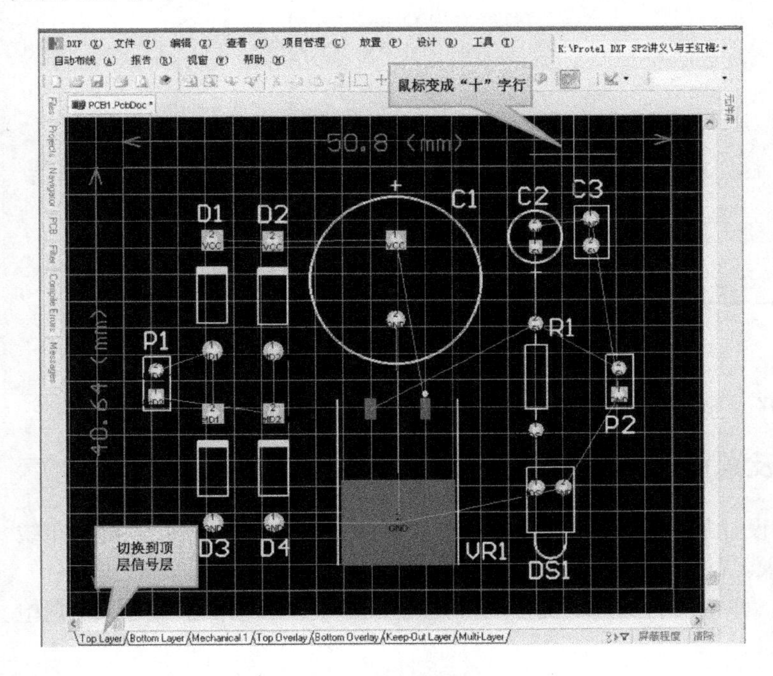

图 1.53　放置导线界面

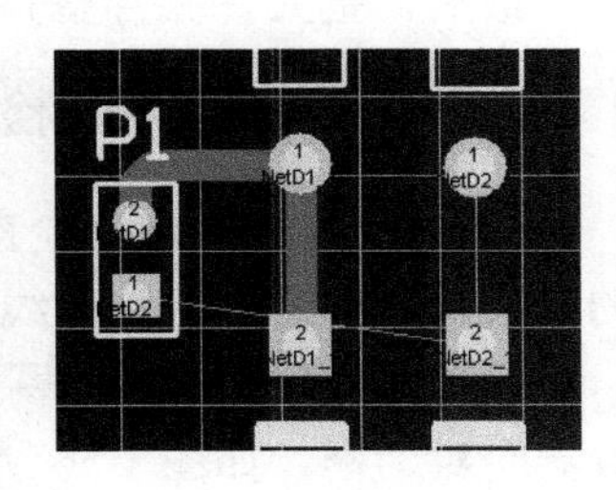

图 1.54　放置的导线

绘制导线时，最好按顺序绘制，例如，按左右顺序有从左到右或从右到左；按网络则先画信号网络后画电源/地网络。

本电路为电源电路，没有信号网络，只有电源和地网络，按照从左到右、先画电源网络后画地网络的顺序来绘制导线。

单击 P1 的 2 脚焊盘放置导线的起点，将鼠标移到与它由飞线相连的 D1 的 1 脚焊盘双击，再将鼠标移到 D2 的 2 脚焊盘双击，放置本网络导线的终点，单击鼠标右键，切断导线，完成本网络导线的绘制，如图 1.54 所示。

按上述方法，参考图 1.2，绘制其他导线。全部导线放置完成后，单击鼠标右键退出放置“交互式布线”状态。

（2）放置定位孔

将 PCB 编辑器切换到“Mechanical1”（机械层 1）或“Keep-Out Layer”（禁止布线层），单击工具栏中的图标，然后单击“放置圆”图标，鼠标变成“十”字形处于放置圆状态。按“Tab”键调出“圆弧”对话框，将半径设置为 1.7mm，如图 1.55 所示。单击确认按钮，退出设置；最后单击两下鼠标左键（注意间隔要 1s 以上）放置一个圆，单击鼠标右键退出放置圆状态。此时圆处于选中状态，按“Ctrl+C”组合键复制，鼠标变成“十”字形，把鼠标移到圆心位置单击，确定复制的中心点，再按“Ctrl+V”组合键粘贴 3 个圆。把四个圆分别放到电路板的四个角上合适的位置。

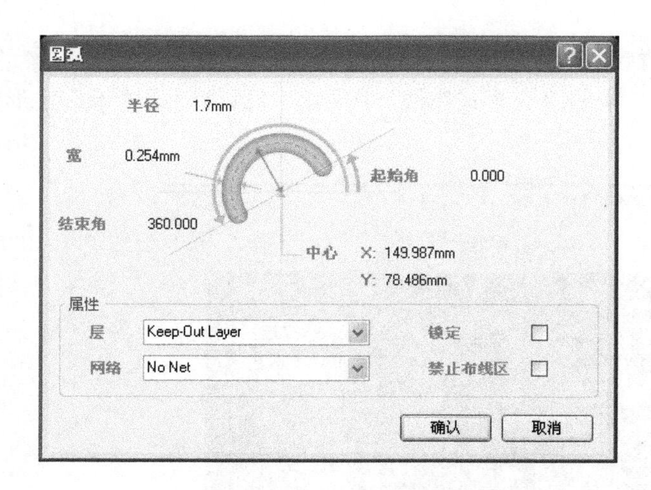

图 1.55 设置圆弧属性

最后，把元件编号整齐放好。至此，一块完整的 PCB 电路板设计完成。

1.7.9 PCB 设计规则检查及浏览 3D 效果图

（1）PCB 设计规则检查。设计规则检查主要是自动布线（或手工布线）结束后检验布线的结果是否满足设定的布线要求。

单击菜单栏的 工具(T) 菜单，弹出下拉菜单，选择 设计规则检查(D)... 选项，弹出“设计规则检查器”对话框，如图 1.56 所示。

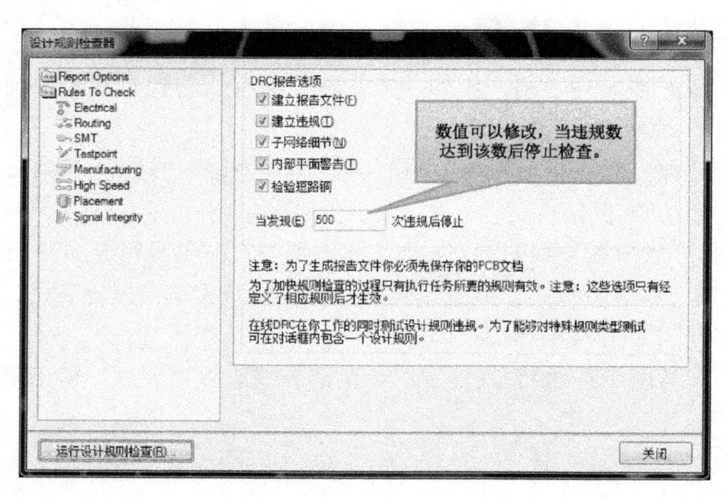

图 1.56 “设计规则检查器”对话框

单击图 1.56 的 Rules To Check 选项卡，可以更改要检查的规则和约束项，本例均采用系统默认参数，直接单击 运行设计规则检查(R)... 按钮，开始检查。检查结束后，会产生一个检查情况报表和一个“Messages”面板，如果有错误，将错误项显示在“Messages”面板上。本例“Messages”面板为空，即无错误，可以关掉该面板。

检查情况报表具体内容如下所示：

① 表头，包括检查时间，电路板名称，所选规则等内容。

```
Protel Design System Design Rule Check
PCB File : \项目一：稳压电源\PCB1.PcbDoc
Date     : 2014/7/28
Time     : 10:26:54
```

② 检查是否有短路情况存在。

```
Processing Rule : Short-Circuit Constraint (Allowed=No) (All),(All)
Rule Violations :0
```

③ 检查是否有断开的网络。

```
Processing Rule : Broken-Net Constraint ( (All) )
Rule Violations :0
```

④ 检查安全间距是否满足要求。

```
Processing Rule : Clearance Constraint (Gap=0.2mm) (All),(All)
Rule Violations :0
```

⑤ 检查走线宽度是否合理。

```
Processing Rule : Width Constraint (Min=0.254mm) (Max=2mm) (Preferred=1mm)
(All)
Rule Violations :0
```

⑥ 检查元件高度是否合理。

```
Processing Rule : Height Constraint (Min=0mm) (Max=25.4mm) (Prefered=12.7mm)
(All)
Rule Violations :0
```

⑦ 检查孔径（包括焊盘孔和过孔的孔径）是否合理。

```
Processing Rule : Hole Size Constraint (Min=0.0254mm) (Max=2.54mm) (All)
Rule Violations :0
```

⑧ 违规的数量和检查所用的时间。

```
Violations Detected : 0
Time Elapsed        : 00:00:00
```

利用布线规则检查功能对电路板进行检查，可以帮助用户更好地制作电路板，实现完美、优良的设计。

（2）浏览 3D 效果图。该软件从 Protel 99 版本开始就有浏览三维（3D）PCB 效果图的功能，但这一功能并不是很实用，且有一部分元件没有三维模型，所以显示效果一般，在这里简单介绍一下。

单击菜单栏的 查看 (V) 按钮，选择 显示三维PCB板 (3) 菜单，弹出“DXP Information”信息对话框，如图 1.57 所示。单击 OK 按钮，生成电路板的 3D 效果图，如图 1.58 所示。

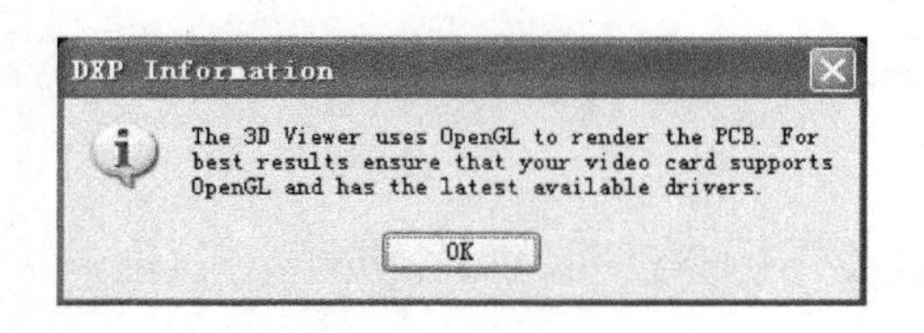

图 1.57 “DXP Information”信息对话框

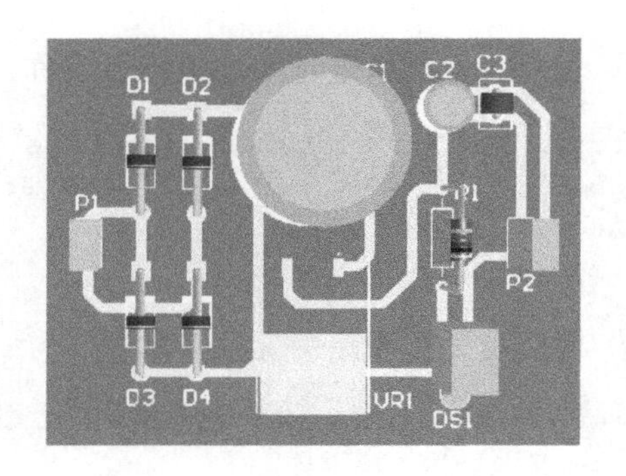

图 1.58 电路板 3D 效果图

单击左侧栏的 PCB3D 标签，弹出“PCB3D”标签栏，如图 1.59 所示；把鼠标放在显示区的彩图上可以 360° 翻转 3D 效果图。

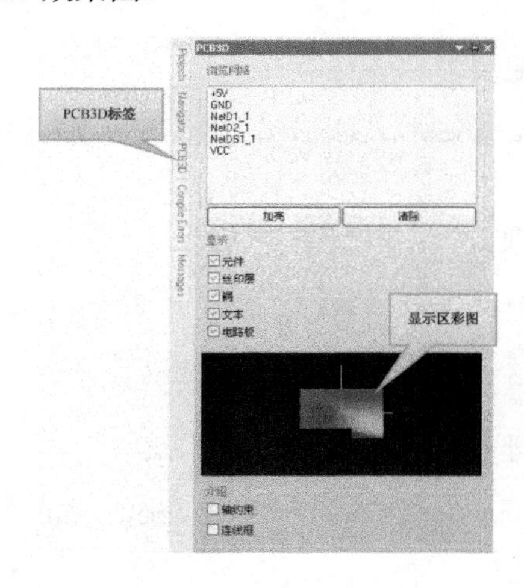

图 1.59 “PCB3D”标签栏

1.8 小结与习题

1．小结

（1）设置软件的中英文转换。

（2）PCB 项目文件、原理图文件的新建。

（3）原理图编辑器的工作环境简单设置。

（4）安装元件库和元器件的属性编辑。

（5）画线工具的使用；原理图的编译。

（6）PCB 文件的新建和工作环境的简单设置。

（7）规划电路板边。

（8）网络表导入 PCB 文件。

（9）铜膜导线、直线、尺寸线、圆等工具的使用。

（10）常用快捷键的运用。

2．习题

（1）绘制图 1.60“双路直流稳压电源电路”原理图和 PCB 图。

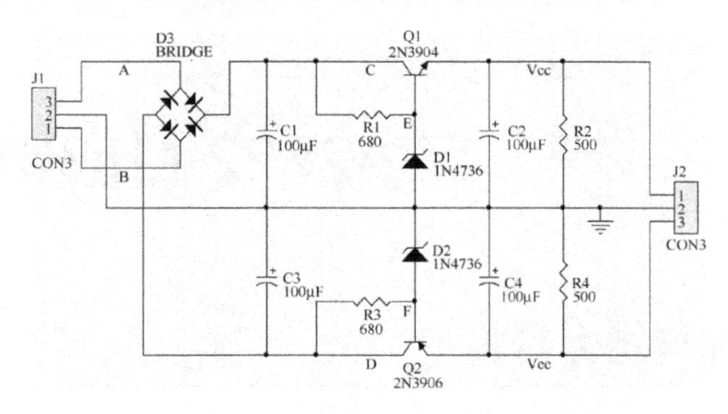

图 1.60　双路直流稳压电源电路

（2）绘制图 1.61“两级放大电路”原理图和 PCB 图。

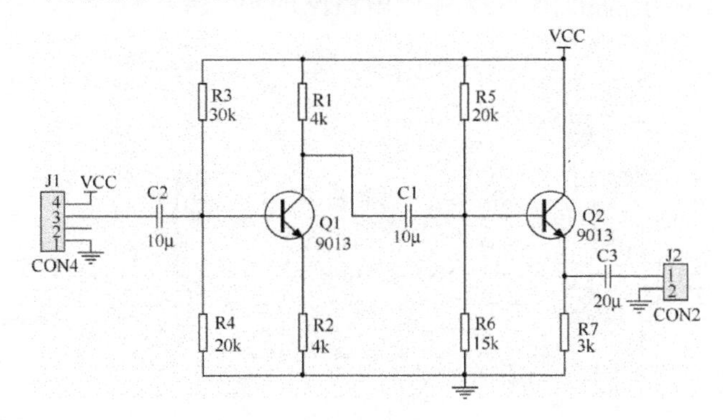

图 1.61　两级放大电路

TDA2822 耳放电路设计

2.1 设计任务与能力目标

1. 设计任务

（1）绘制如图 2.1 所示的 TDA2822 耳放电路原理图

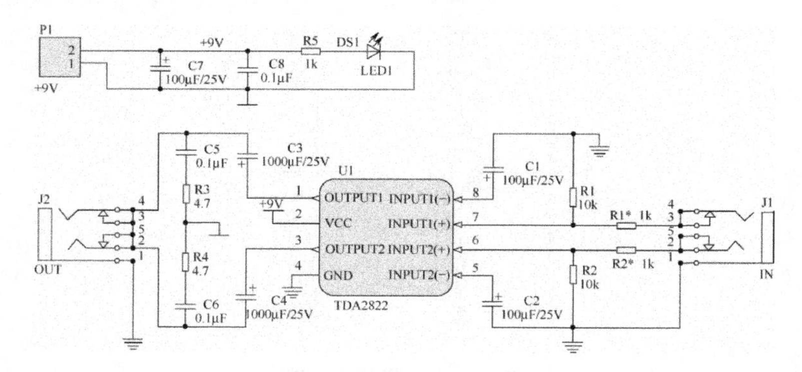

图 2.1　基于 TDA2822 的耳放电路原理图

（2）绘制如图 2.2 所示的 TDA2822 耳放电路的印制电路板图（即 PCB 图）。

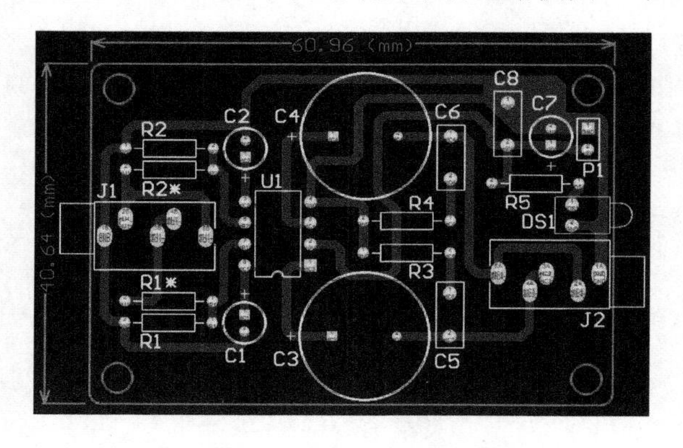

图 2.2　基于 TDA2822 的耳放 PCB 图

2．能力目标

（1）能够在 PCB 工程（项目）文件中追加（新建）原理图库文件。
（2）能够在原理图库编辑器中绘制简单的元器件。
（3）能够给新建的元器件添加属性。
（4）能够熟练设置原理图编辑器的环境。
（5）学会设置显示特殊字符串功能并会放置特殊字符串。
（6）学会制作原理图文件模板并调用。
（7）能够熟练使用原理图编辑器中的常用绘图工具绘制原理图。
（8）会进行原理图的编译（电气规则检查）。
（9）能够给元器件选择合适的封装。
（10）能够较熟练地设置 PCB 编辑器的系统参数。
（11）能够熟练地进行手工布局。
（12）会对单独的网络进行规制设置。
（13）掌握常用的快捷键（使用条件：输入法必须为英文状态才有效）。

2.2 创建 TDA2822 耳放电路工程文件

（1）打开 DXP 2004 SP2 软件，关闭主页面，如图 2.3 所示。

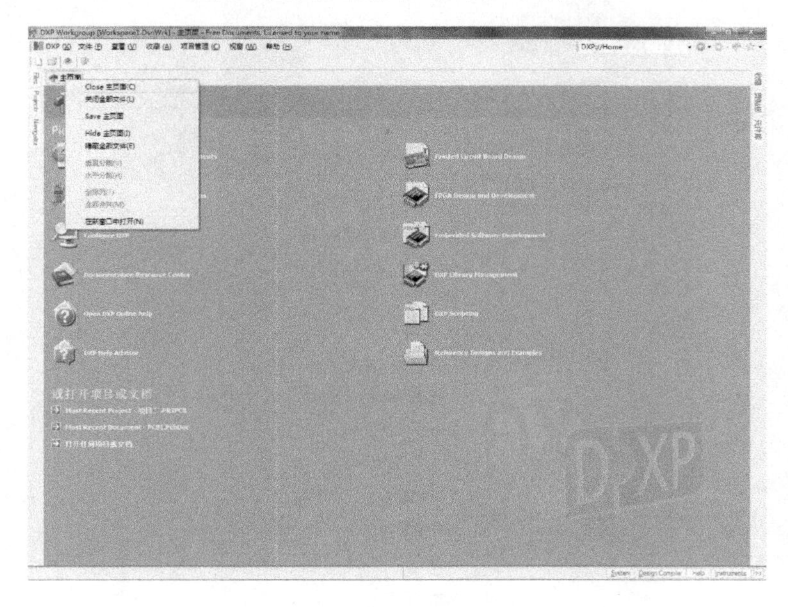

图 2.3 关闭主页面

（2）单击菜单栏的 文件（F） → 创建（N） → 项目（J） → PCB项目（B），如图 2.4 所示。
（3）单击 PCB项目（B） 后，在左侧 Projects 标签栏建立了一个 PCB 项目文件，在

PCB_Project1.PrjPCB 上单击鼠标右键，然后在弹出的快捷菜单中选择“保存项目”选项，如图 2.5 所示。

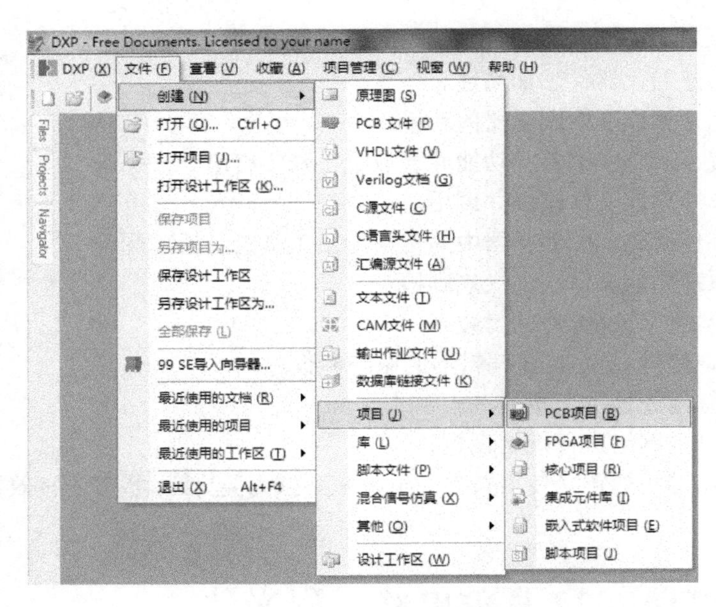

图 2.4　创建 PCB 项目文件

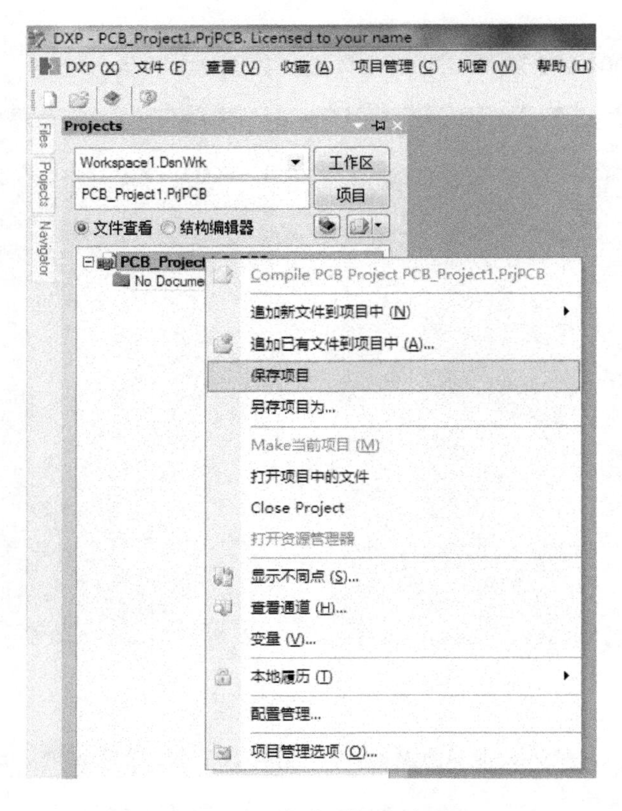

图 2.5　“保存项目”选项

（4）选择一个 PCB 项目的保存路径，这里选 E 盘；在 E 盘新建一个文件夹，命名为“项目二 TDA2822 耳放”，把 PCB 项目保存在该文件夹内，重命名 PCB 项目为“TDA2822 耳放.PrjPCB”，最后单击保存(S)按钮，完成 PCB 项目文件的创建，如图 2.6 所示。

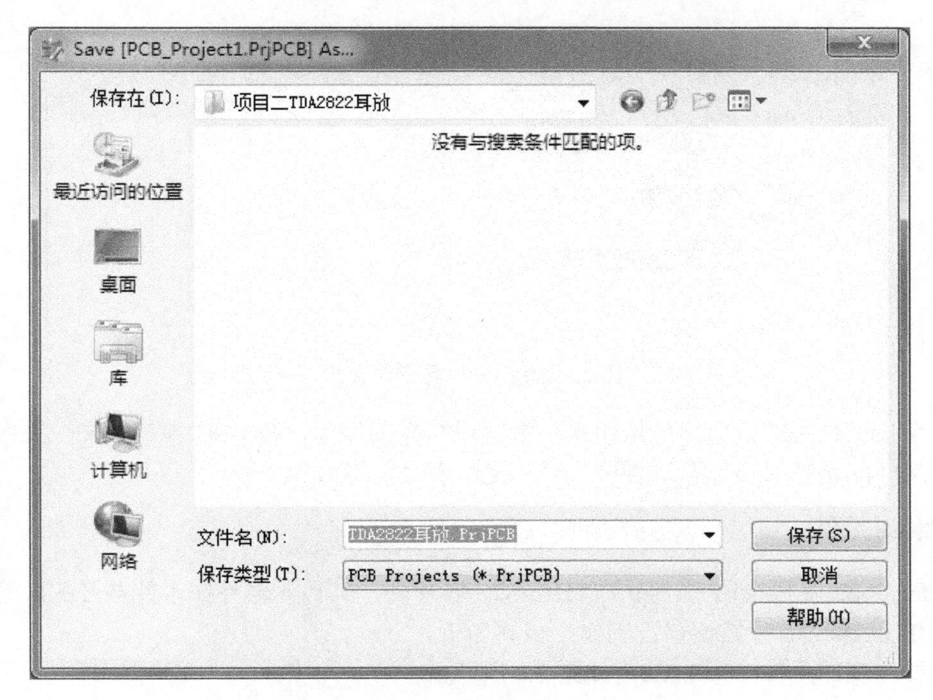

图 2.6　重命名 PCB 项目名称并保存

2.3　原理图元件库设计

由于新型元器件的不断产生，Protel DXP 2004 SP2 系统尽管具有庞大的元件库，仍无法将所有的元器件都包罗进去。为方便设计者使用，Protel DXP 2004 SP2 提供了一个功能强大的创建原理图元件的工具，即原理图元件库编辑器 Schematic Library。

2.3.1　新建原理图元件库文件

（1）在 TDA2822耳放.PrjPCB 上单击鼠标右键，在弹出的快捷菜单中选择 追加新文件到项目中(N)，再单击 Schematic Library，新建一个名称为“Schlib1.SchLib”的原理图库文件，如图 2.7 所示。

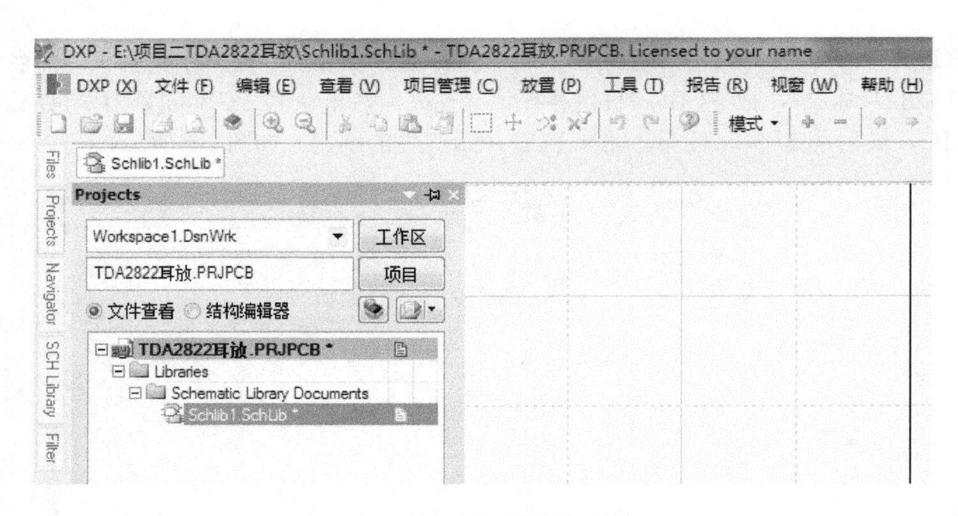

图 2.7　新建的原理图库文件

（2）单击工具栏的“保存”按钮，将原理图库文件保存在 PCB 项目的文件夹内，完成原理图库文件的新建（在保存过程中也可以更改库文件名）。

2.3.2　绘制元件

在 TDA2822 耳放电路中，除了 TDA2822 芯片外，其他元器件在软件自带的库里都能找到，所以 TDA2822 芯片需要自己制作，步骤如下。

（1）要绘制的元件 TDA2822，如图 2.8 所示。

（2）放置元件主体。元件主体用矩形来表示，首先单击菜单栏的 放置 (P) 菜单，选择 圆边矩形 (O) 选项，如图 2.9 所示。

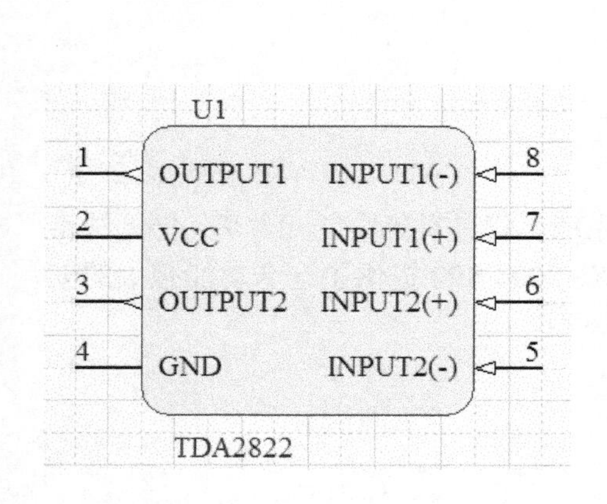

图 2.8　TDA2822 引脚图

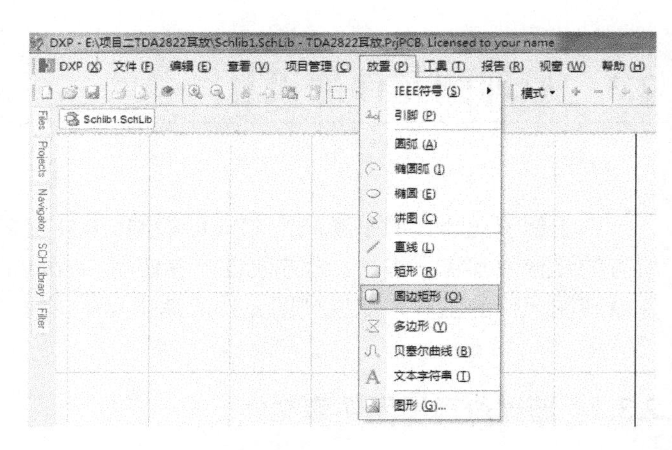

图 2.9　放置元件主体一

此时鼠标上带着一个圆边矩形，在原理图库编辑器的“十”字中心位置单击，确定矩形的起点；鼠标跳到对角，斜拉一个宽 5 大格、长 5 大格的圆边矩形后单击，确定矩形的终点，完成一个矩形的放置，如图 2.10 所示；然后单击右键退出放置矩形状态。

图 2.10　放置元件主体二

（3）放置元件引脚。首先单击菜单栏的放置(P)菜单，选择引脚(P)选项，如图 2.11 所示。

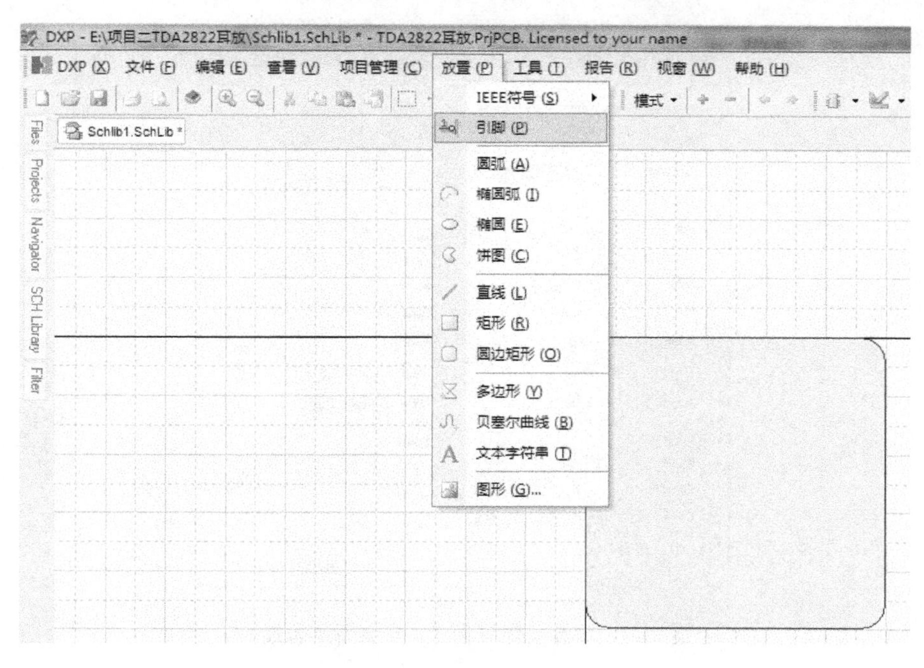

图 2.11　放置元件引脚一

单击引脚(P)后，有一条黑线出来，这条黑线就是元件的引脚，引脚上有两个数字：在引脚上的表示引脚编号，在引脚外面的表示引脚的名称；引脚编号向外，引脚名称向元件里面，如图 2.12 所示。

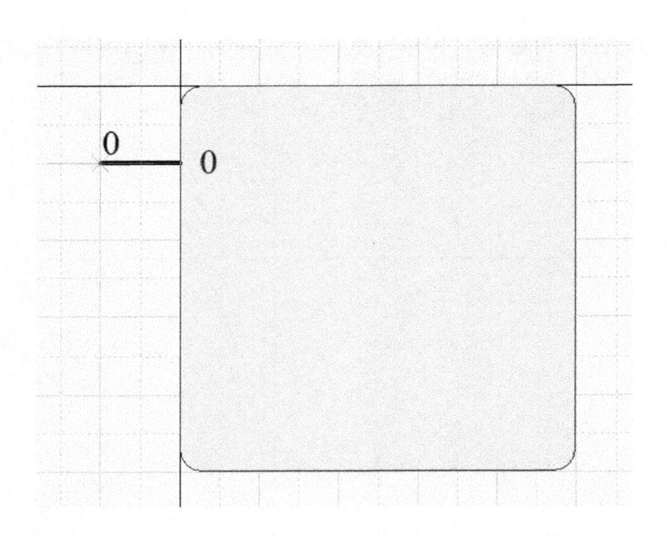

图 2.12　放置元件引脚二

按“Tab”键可以调出“引脚属性”对话框。设置“显示名称”为“OUTPUT1”；设置“标识符”为“1”；“设置电气类型”为“Output”；设置引脚“长度”为“20”；其他设置默认即可，如图 2.13 所示。

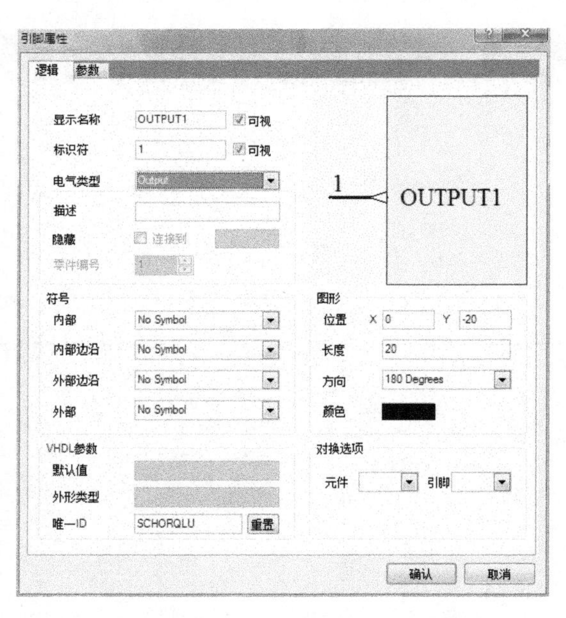

图 2.13　放置元件引脚三（设置引脚属性）

放置第一个引脚后，鼠标还处于放置引脚状态，再按“Tab”键，调出第二个“引脚属性”对话框，将显示“名称”改为“VCC”，“标识符”不用改，自动递增为 2；因为这个是电源引脚，所以将“电气类型”设为“Power”，其他设置默认即可，如图 2.14 所示。

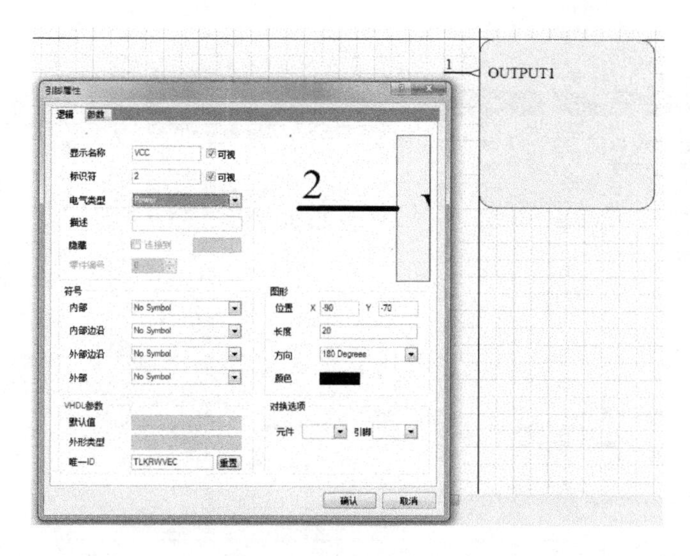

图 2.14　放置元件引脚四

按上述方法将最后一个引脚（8 脚）放好后，单击鼠标右键退出放置引脚状态。

注意：① 4 脚是“GND”，即接地脚，“电气类型”也设为“Power”；② 5～8 脚都是输入脚，“电气类型”都设为“InPut”。

2.3.3　添加元件属性

所有引脚都放置好后，设置元件的属性。单击菜单栏的工具(T)菜单，选择元件属性(I)...选项，如图 2.15 所示。

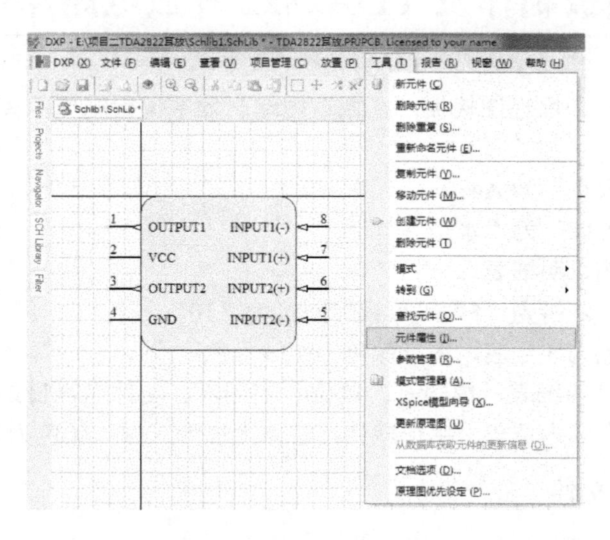

图 2.15　调出元件属性操作

此时弹出如图 2.16 所示“元件属性设置”对话框。将“Default Designator”设置为“U？”；“注释”设置为“TDA2822”；“库参考”设置为“TDA2822”；给元件追加一个“DIP-8”封装，这个元件在原理图编辑环境放置时就会自带封装；设置完成后，单击确认按钮退出设置，如

图 2.16 所示。

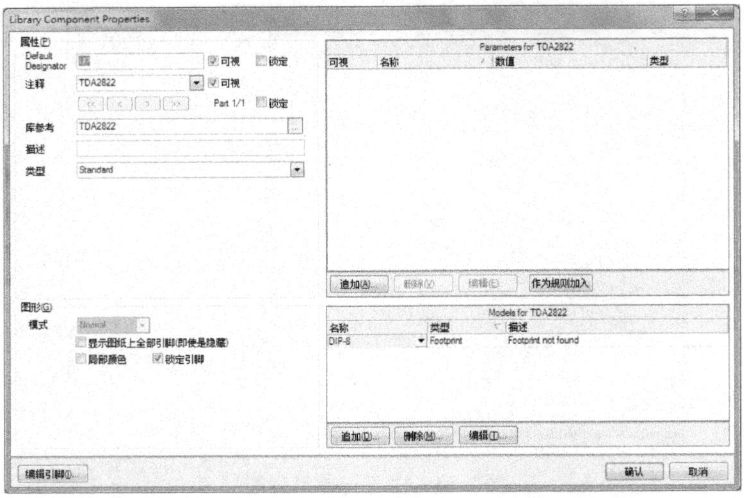

图 2.16 “元件属性设置”对话框

新建的元器件通常设置“Default Designator（标识符）”、“注释”、“库参考”、追加封装四项就可以。

元件制作好后，单击按钮，将绘制好的元件保存在库里。

2.4 原理图模板制作及 TDA2822 耳放电路原理图设计

要求：设计制作一个原理图模板，在原理图编辑器中调用制作的模板绘制原理图。设置模板参数如下。

（1）设置“图纸大小”为 A4；

（2）设置“图纸方向”为“水平”；

（3）取消“系统图纸明细表”；

（4）设置“捕获”网格为“5”，“可视”网格为“10”；

（5）设置边框颜色为 4 号色，图纸颜色为 126 号色；

（6）自己绘制图纸明细表，内容有：单位、制图者、文件名、日期四项明细；内容要求用特殊字符串放置，字体为仿宋，字形默认，字体大小为三号，颜色为 236 号。

2.4.1 新建原理图文件

在 TDA2822耳放.PrjPCB 上单击鼠标右键，在弹出的快捷菜单中选择 追加新文件到项目中 (N)，再单击 Schematic，新建一个名称为“Sheet1.SchDoc”的原理图文件，如图 2.17 所示。

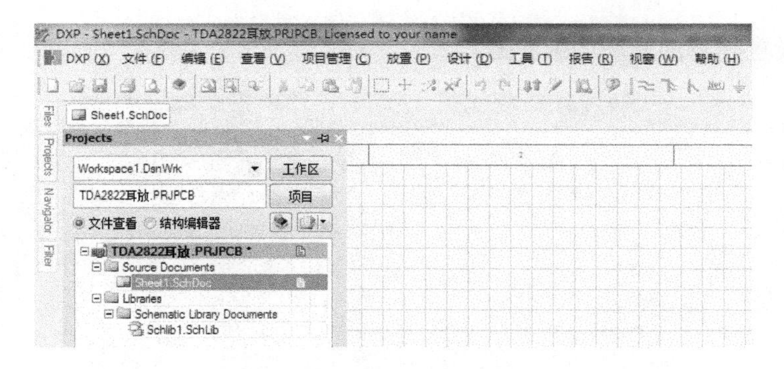

图 2.17　新建的原理图

2.4.2　设计原理图模板文件并设置原理图系统参数

（1）设置原理图参数。单击菜单栏的 设计(D) 菜单或按“D”键，弹出设计项的下拉菜单，如图 2.18 所示。

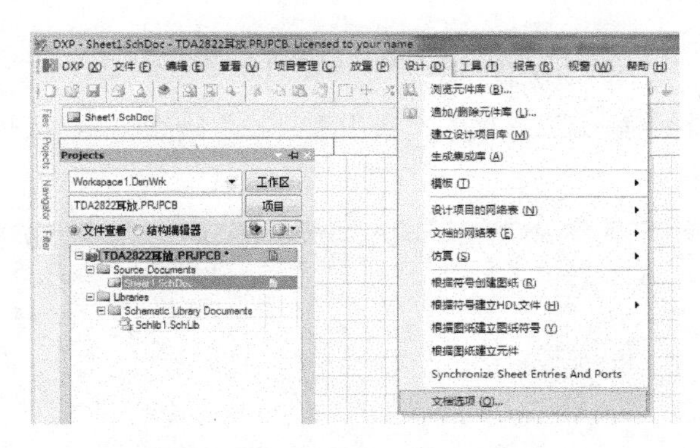

图 2.18　“设计”项的下拉菜单

选择 文档选项(O)... 或按“O”键，弹出“文档选项”对话框。将图纸大小设置为“A4”；图纸方向设置为“水平”；不选中“图纸明细表”复选框，取消图纸明细表；设置“捕获”网格为“5”，“可视”网格为“10”；单击“边缘色”颜色框，选择 4 号色；单击“图纸颜色”的颜色框，选择 126 号色；如图 2.19 所示；设置完成后单击 确认 按钮退出“文档选项”对话框。

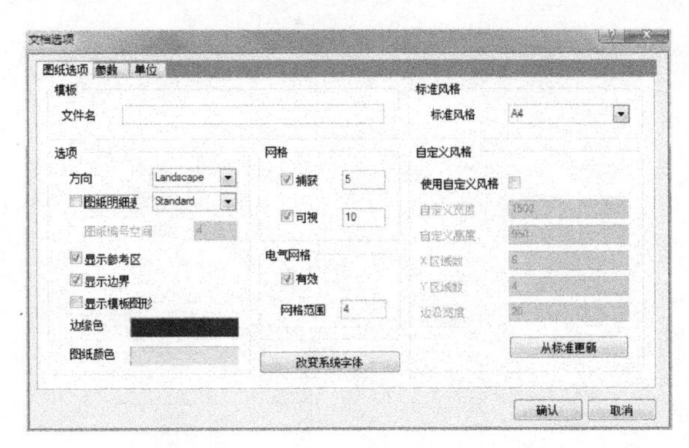

图 2.19　“文档选项”对话框

图 2.20 为设置好后的原理图编辑器。

图 2.20　设置好后的原理图编辑器

（2）绘制图纸标题栏。单击工具栏的“实用工具栏”按钮，选择“放置直线”工具并单击，如图 2.21 所示。

图 2.21　“放置直线”工具

鼠标处于放置直线状态，绘制一个宽 4 大格、长 13.5 大格的表格，再把表格分成 4 栏 2 列，如图 2.22 所示。

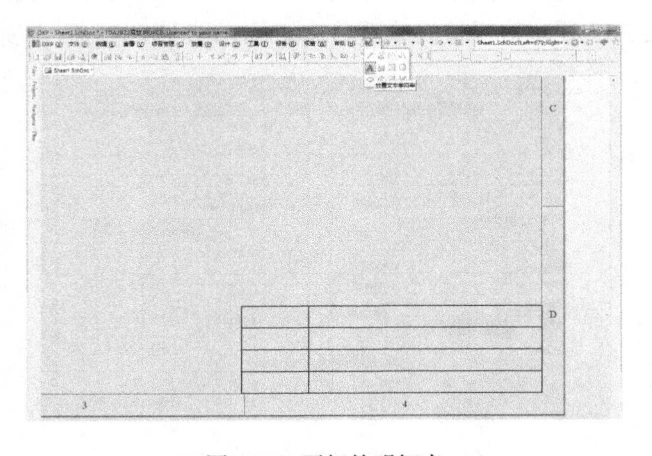

图 2.22　画好的明细表

（3）放置文本字符串。单击工具栏的“实用工具栏”按钮，选择“放置文本字符串”工具并单击，鼠标处于放置文本字符串状态，按“Tab”键可以调出“字符串设置”对话框，如图 2.23 所示；单击颜色框，设置字体颜色为 236 号色；在“文本”栏输入文字“单位”；单击“字体”后的按钮，弹出“字体”对话框，设置“字体”为“仿宋”、字形默认（常规）、字体大小为三号字，设置好后单击确定按钮；所有设置都完成后，单击确认按钮，退出字符串设置，如图 2.23 所示。

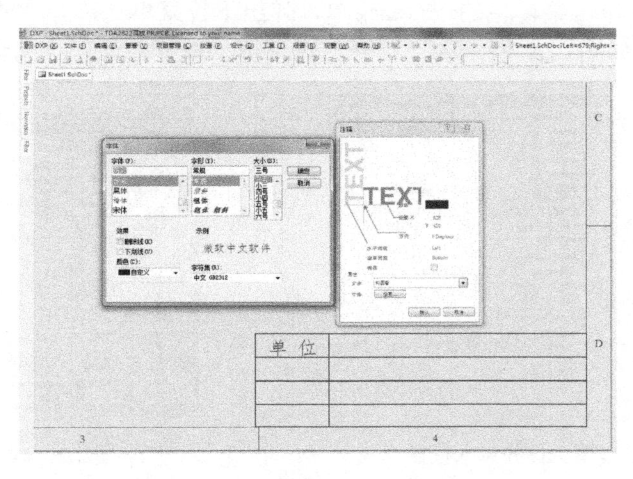

图 2.23　设置文本字符串参数

退出字符串设置后，文字附着在鼠标上，在第一栏上单击左键放置“单位”文本后，鼠标仍处于放置字符串状态，继续按“Tab”键，调出“文本字符串设置”对话框，在“文本”栏输入其他文字，其他项不需要再设置，系统默认第一次的设置，按图 2.24 放置好其余文字，最后单击鼠标右键退出放置字符串状态。

制作好图纸标题栏后，单击工具栏的“保存”按钮，弹出“保存”对话框，系统默认保存在 PCB 项目文件所在的文件夹内；将文件名改为“mydot1”，保存类型选择后缀为“.schdot”的文件，最后单击保存(S)按钮结束模板制作，如图 2.25 所示。

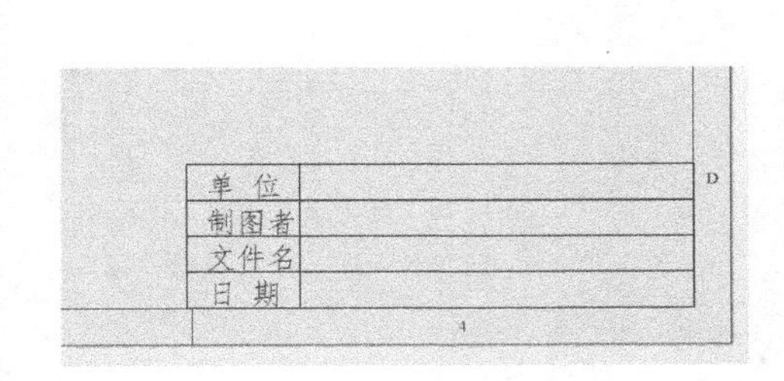

图 2.24　制作好的标题栏明细表

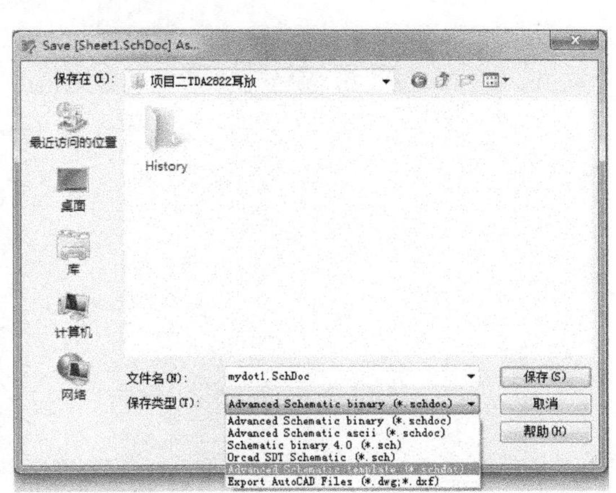

图 2.25　保存为模板文件

2.4.3 调用原理图模板文件并设置图纸规格

在 TDA2822 耳放.PrjPCB 中追加一个原理图文件，并将上面制作好的模板文件调入到原理图中。

（1）在 TDA2822耳放.PrjPCB 上单击鼠标右键，然后弹出的快捷菜单中选择 追加新文件到项目中(N)，再单击 Schematic，新建一个名称为“Sheet1.SchDoc”的原理图文件。

如图 2.26 所示，单击菜单栏的 设计(D) 菜单，弹出下拉菜单，选择 模板(T)，弹出二级菜单，单击 设定模板文件名...，弹出如图 2.27 所示的“打开”对话框，选择前面保存的设计模板。

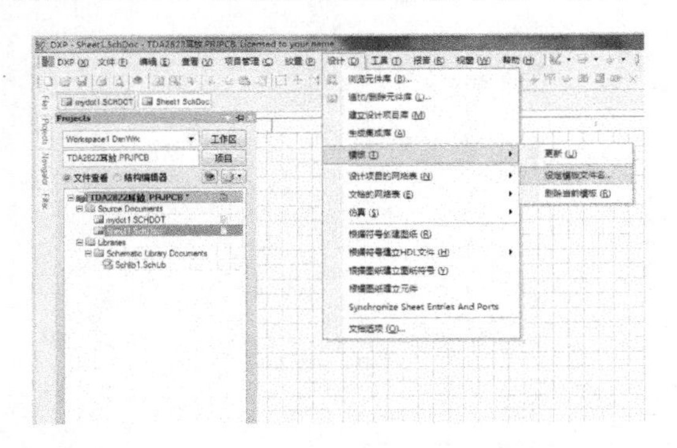

图 2.26 追加原理图文件并调入模板

图 2.27 调入模板文件

单击图 2.27 中的 打开(O) 按钮后弹出“更新模板”对话框，如图 2.28 所示，设置更新模板参数；然后单击 确认 按钮后，弹出如图 2.29 所示更新成功提示信息，单击 OK 按钮结束模板导入。最后单击工具栏的“保存”按钮，保存更换模板后的原理图编辑器，如图 2.30 所示。

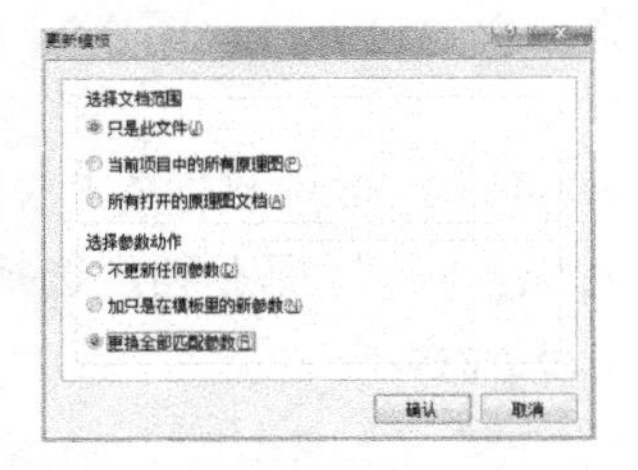

图 2.28 更新模板参数设置

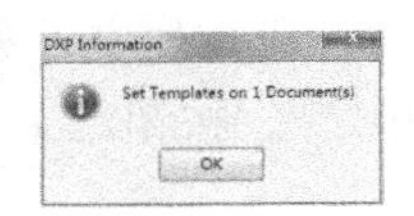

图 2.29 更新成功一个文件

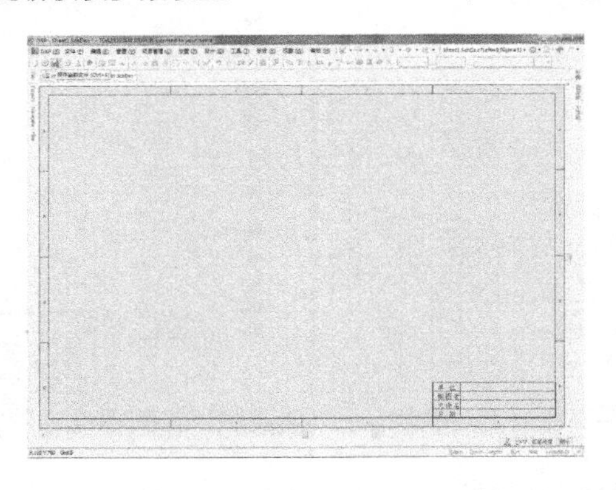

图 2.30 更新模板后的效果

2.4.4　加载元件库

在 Protel DXP 2004 SP2 中，在 PCB 项目下新建的原理图库文件会自动添加到元件库中，不需要自己加载，如图 2.31 所示。

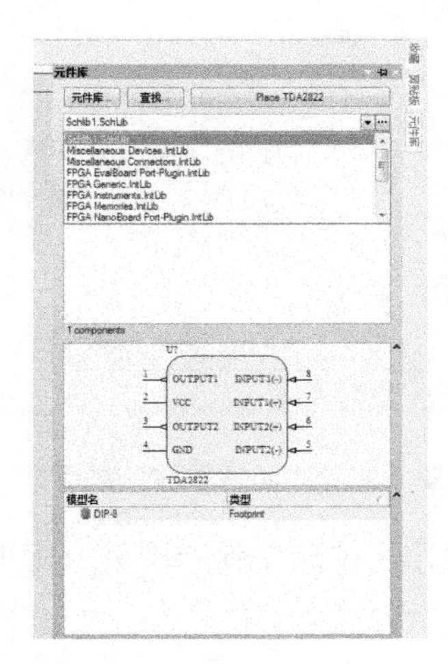

图 2.31　元件库

2.4.5　放置元件及编辑元件属性

由图 2.1 可以统计整个电路的元器件有：1 块芯片；1 个 2P 连接件；1 个发光二极管；2 个耳机座；3 个无极性电容；5 个电解电容；7 个电阻器。

统计好后就可以按顺序依次从库里把元件调出来。

（1）首先调入芯片，芯片在新建的元件库里，如图 2.32 所示。

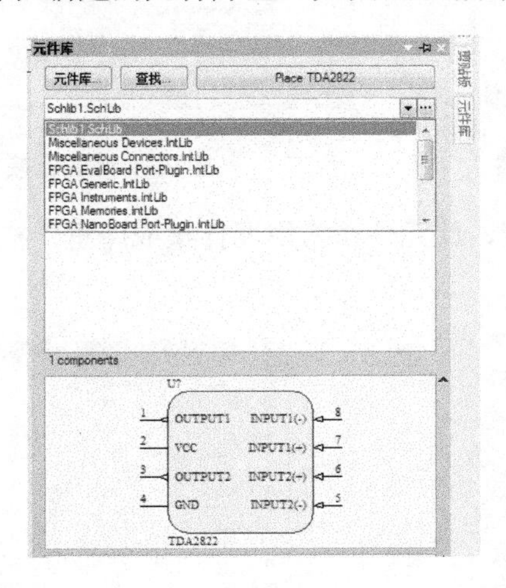

图 2.32　查找芯片

选择芯片 TDA2822，按“Tab”键调出“元件属性”对话框，将“标识符”改为“U1”，其他参数不变，单击 确认 按钮结束设置，如图 2.33 所示，然后单击放置一个芯片，再单击鼠标右键退出放置芯片状态。

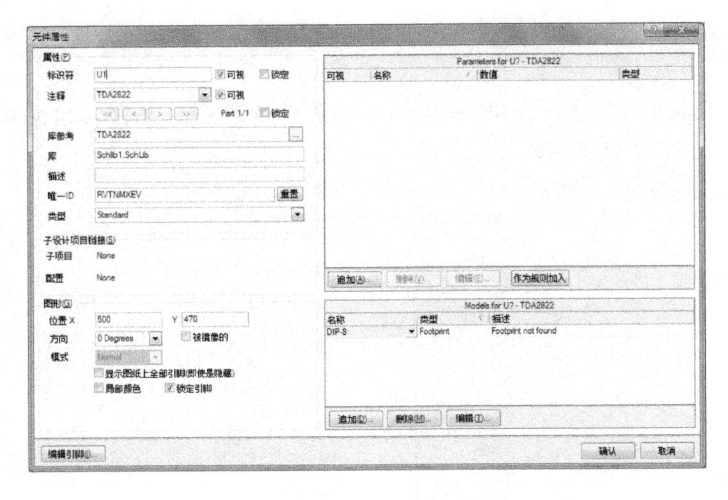

图 2.33　“元件属性”对话框

（2）放置 1 个 2P 连接件，此元件在连接件专用集成库里，按图 2.34 和图 2.35 所示将元件调出来并设置好属性。

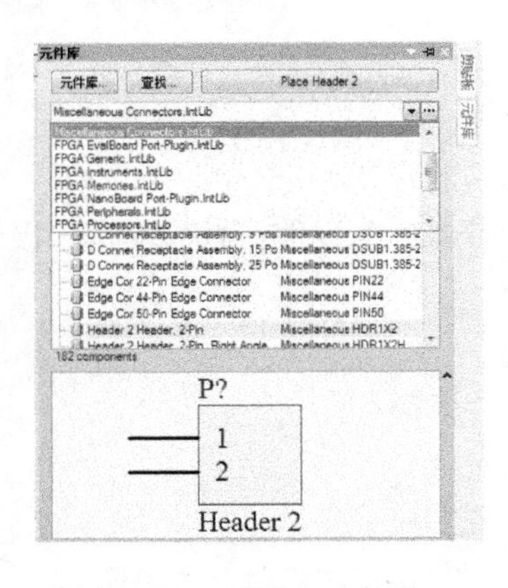

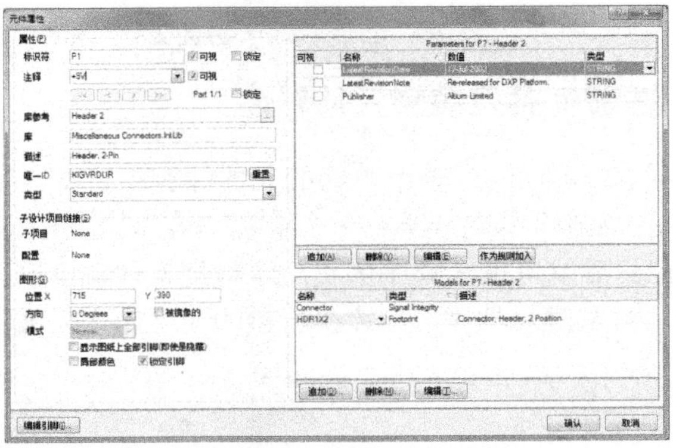

图 2.34　查找 2P 连接件

图 2.35　2P 连接件属性设置

（3）放置 1 个发光二极管，此元件在常用元件集成库里，按图 2.36 和图 2.37 所示将元件调出来并设置好属性。

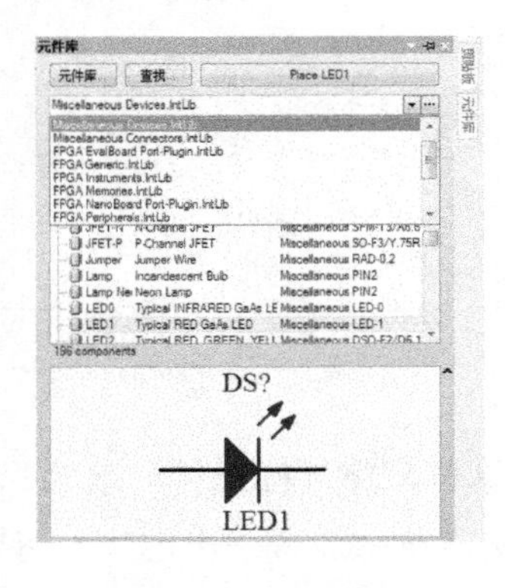

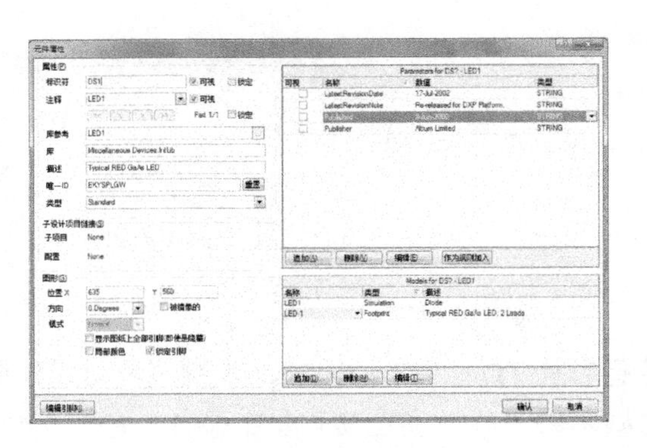

图 2.36　查找发光二极管

图 2.37　发光二极管属性设置

（4）放置 2 个耳机座，此元件在连接件专用集成库里，按图 2.38 和图 2.39 所示将元件调出来并设置好属性。放置第二个耳机座时，将其属性的注释改为“OUT”，标识符的序号会自动递增为 J2，所以标识符不用修改。

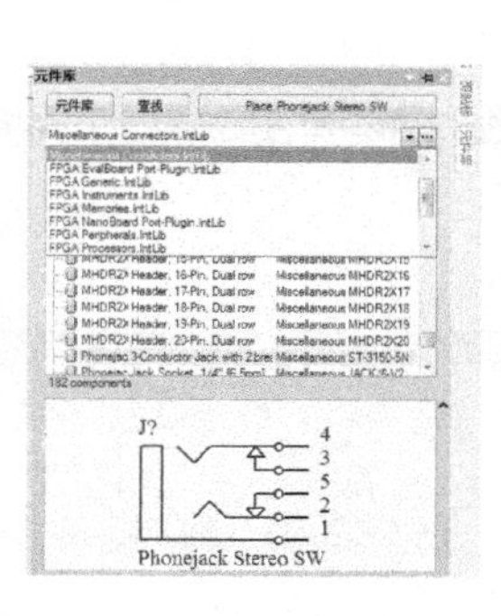

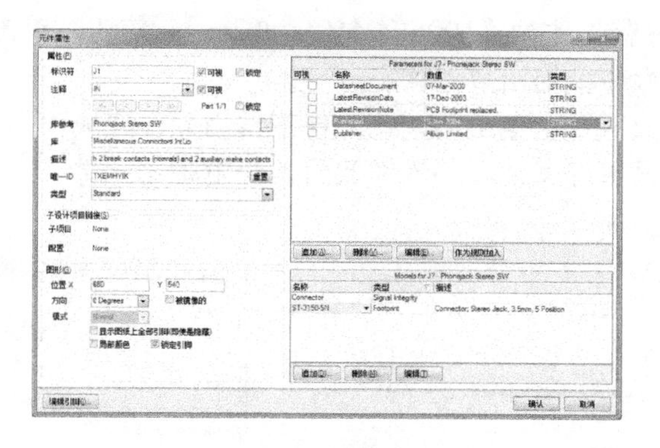

图 2.38　查找耳机座　　　　图 2.39　耳机座属性设置

（5）放置 3 个无极性电容，此元件在常用元件集成库里，按图 2.40 和图 2.41 所示将元件调出来并分别设置好属性，连续放置 3 个电容。

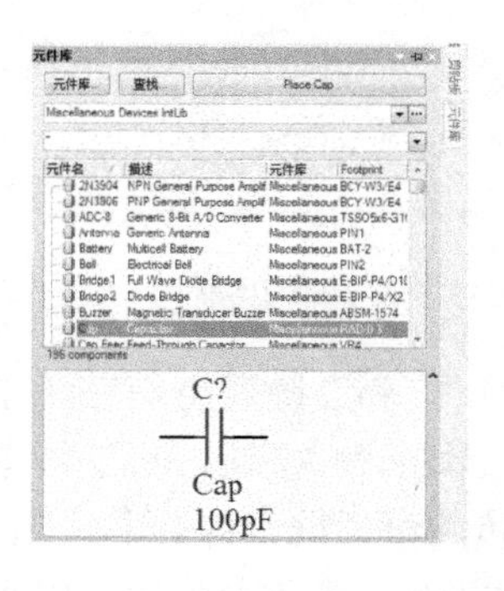

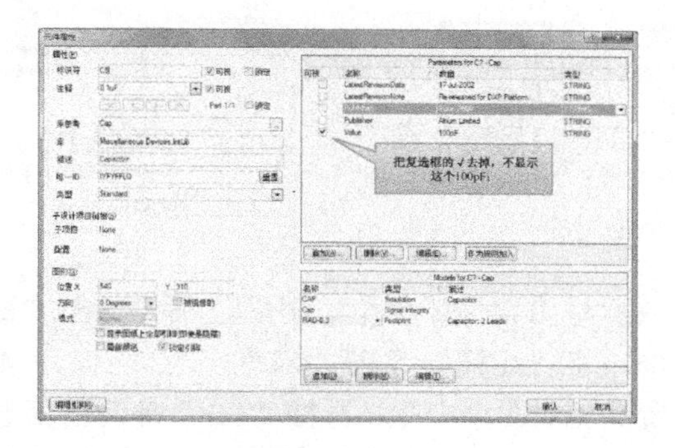

图 2.40　查找无极性电容　　　　图 2.41　电容属性设置

（6）放置 5 个电解电容，此元件在常用元件集成库里，按图 2.42 和图 2.43 所示将元件调出来并分别设置好属性，连续放置 5 个电解电容。

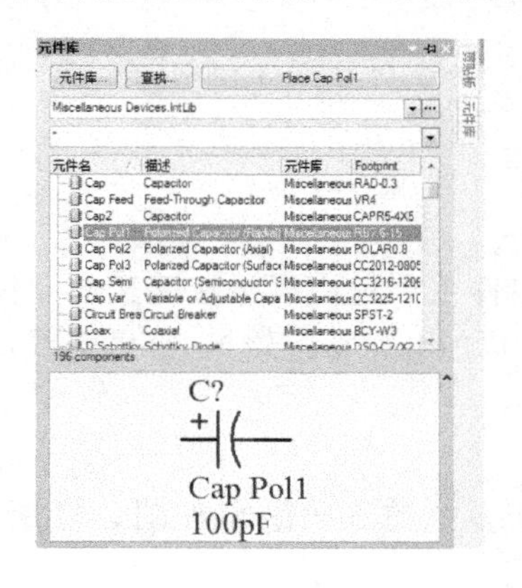

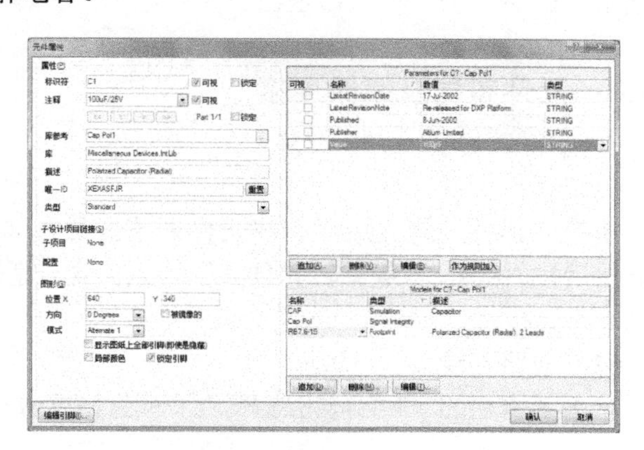

图 2.42　查找电解电容　　　　图 2.43　设置电解电容属性

放置好 C1、C2 两个电解电容后，不要退出放置状态，再按“Tab”键调出第三个电容的属性对话框，将“注释”改成“1000μF/25V”，然后单击确认按钮，再连续单击两下左键放置第三、四个电解电容；再按“Tab”键调出第五个电解电容的属性对话框，将“标识符”改为“C7”，“注释”改为“100μF/25V”，单击确认按钮，单击一下鼠标左键放置最后一个电容；最后单击鼠标右键退出放置状态。

（7）放置 7 个电阻器，此元件在常用元件集成库里，按图 2.44 和图 2.45 所示将元件调出来并分别设置好属性，并连续放置 7 个电阻器元件。

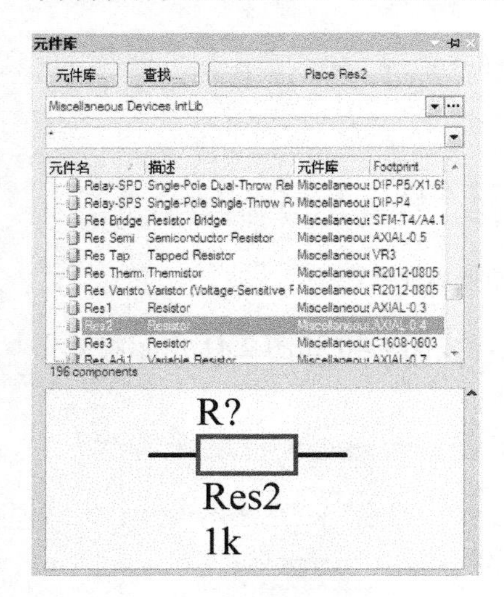

图 2.44　查找电阻器

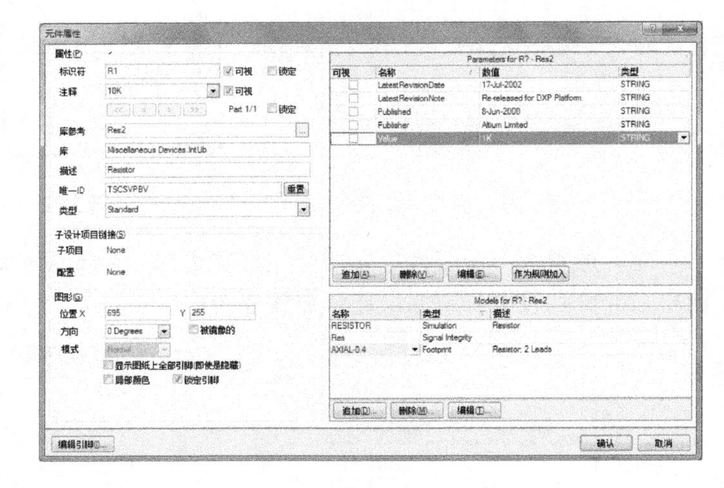

图 2.45　设置电阻属性

放置好 R1、R2 两个电阻后，不要退出放置状态，再按“Tab”键调出第三个电阻的属性对话框，将“注释”改成“4.7”（表示阻值为 4.7Ω），然后单击确认按钮，再连续单击两下左键放置第三、四个电阻；再按“Tab”键调出第五个电阻的属性对话框，将“注释”改为“1k”，单击确认按钮，单击一下鼠标左键放置第五个电阻；再按“Tab”键调出第六个电阻的属性对话框，将标识符改为“R1*”，单击确认按钮，单击一下鼠标左键放置第六个电阻；再按“Tab”键调出第 7 个电阻的属性设置对话框，将“标识符”改为“R2*”，单击确认按钮，放置第 7 个电阻；最后单击鼠标右键退出放置状态。

2.4.6　元件布局及线路连接

（1）元件布局

所有元器件放置完成后，将元件调整好位置（调整元器件主要是用鼠标左键按住元件不放，然后按“Space”键旋转元件，拖动元件到合适的位置，再放开鼠标左键），准备连线，如图 2.46 所示。

（2）线路连线

单击菜单栏的放置(P)按钮选择导线(W)并单击（或单击工具栏的按钮），如图 2.47 所示。

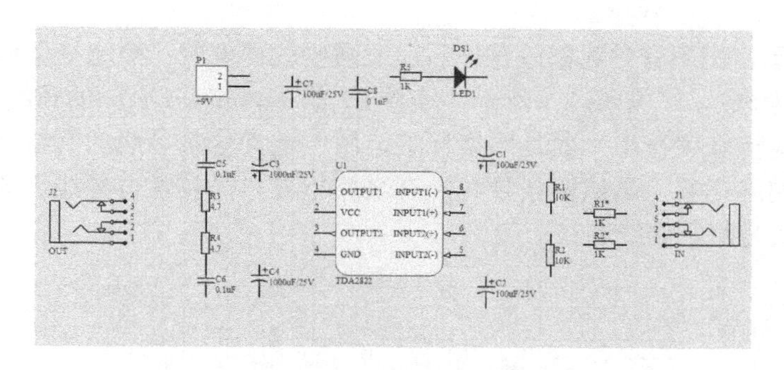

图 2.46　调整好后的元器件

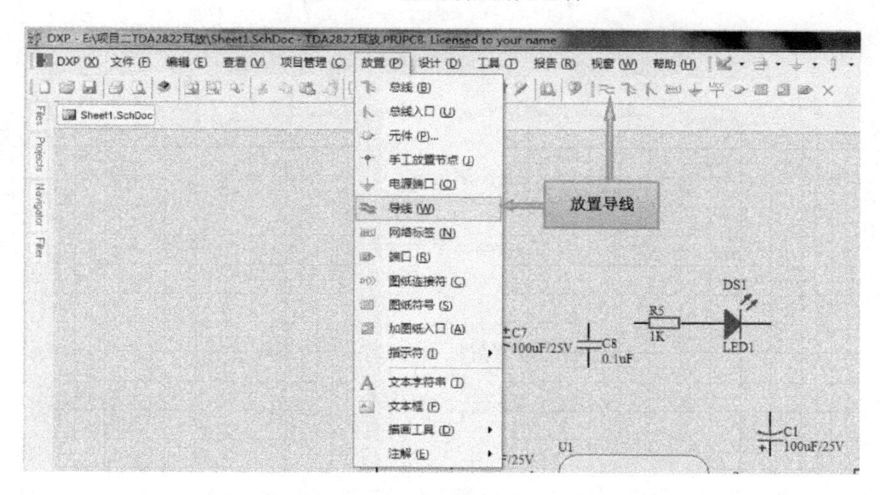

图 2.47　放置导线一

此时鼠标处于放置导线状态，将鼠标移到其中一个元件的引脚末端，鼠标会出现一个红色的“米”字形，表示鼠标已和元件引脚连接，单击确定导线起点，然后把鼠标移到另一个元件的引脚上，鼠标变成“米”字形后单击确定导线终点，导线会自动剪短，一条导线放置完成（如果导线要转弯，只要在转弯的地方单击一下即可，默认是 90° 转弯），如图 2.48 所示；鼠标仍处于放置直线状态，按图 2.1 把所有导线都连接好后再单击鼠标右键退出放置导线状态。若中途不小心单击鼠标右键退出了放置导线状态，只要按图 2.47 操作重新单击放置导线工具即可。

（3）放置网络标签和电源、接地端口。

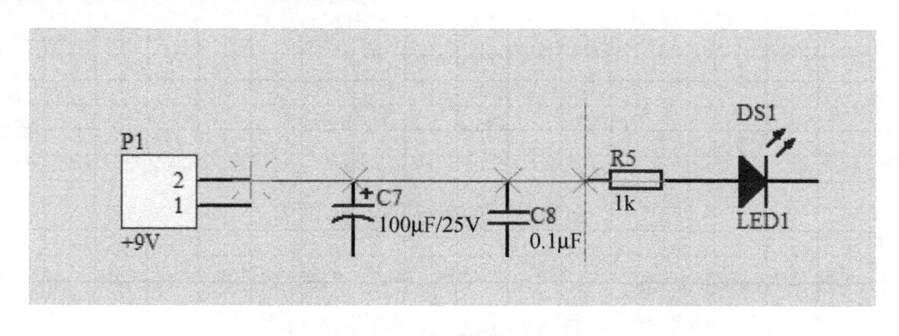

图 2.48　放置导线二

如图 2.49 所示，把所有导线都放置好后，还需要放置电源、接地符号和网络标签。

① 放置网络标签。　如图 2.1 所示，连接 P1 的 2 脚和 R5 引脚的导线上有一个“+9V”的字符，这个不是特殊字符串，而是网络标签，用于定义这条导线的网络名称，如果其他导线上也有同名的网络标签，虽然两条导线没有直接相连，只要各自导线上放置的网络标签相同，系统会自动认为两条导线连在一起。

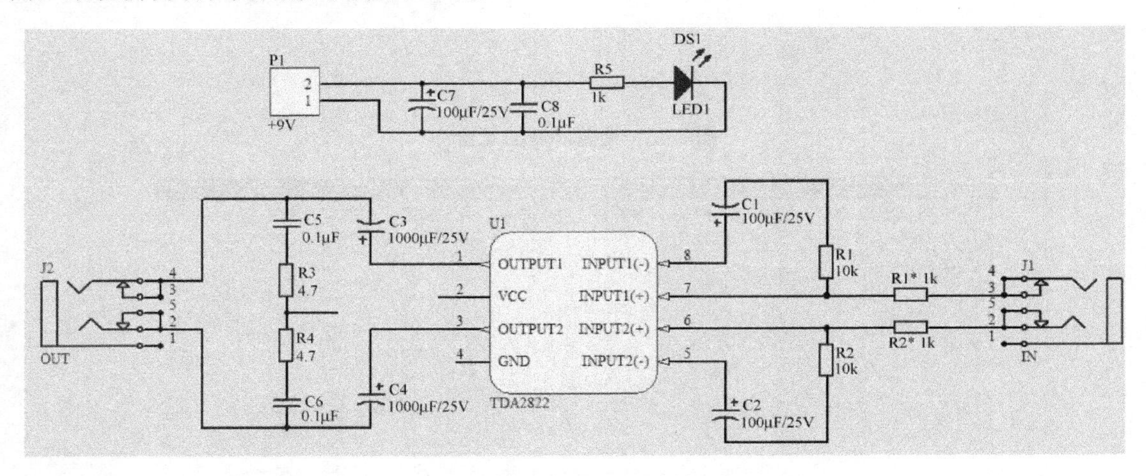

图 2.49　放置好所有导线后的效果图

单击菜单栏的 放置(P) 菜单，选择 网络标签(N) 并单击（或单击工具栏的 按钮），如图 2.50 所示。

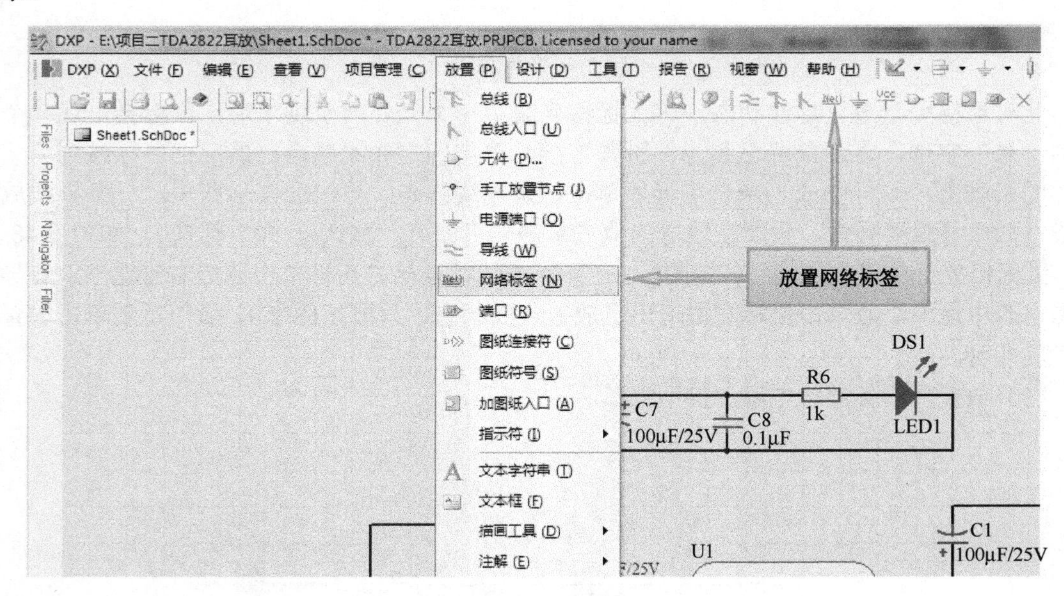

图 2.50　放置网络标签一

鼠标处于放置网络标签状态，按“Tab”键，弹出“网络标签”对话框，将“网络”后的文字输入框输入“+9V”，然后单击 确认 按钮退出，如图 2.51 所示。

设置好网络标签属性后，“+9V”字符会附着在鼠标上，将鼠标移到P1的2脚到R5引脚的导线上，当鼠标中心的叉变成红色后，表示+9V 的网络标号已和导线连接，此时单击鼠标左键将网络标签放置在导线上，如图 2.52 所示。如果没有第二个地方要放置网络标签了，就可以单击鼠标右键退出网络标签放置状态。

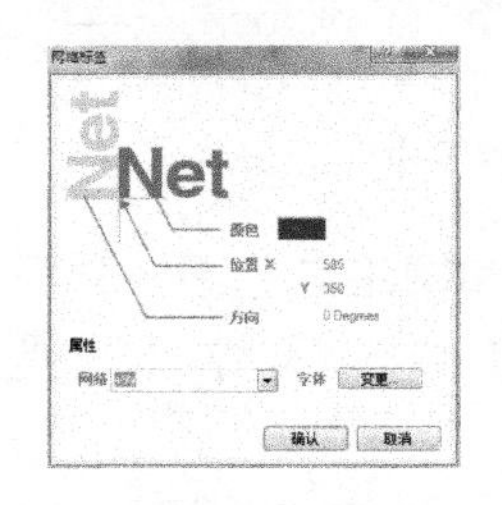

图 2.51　网络标签属性设置

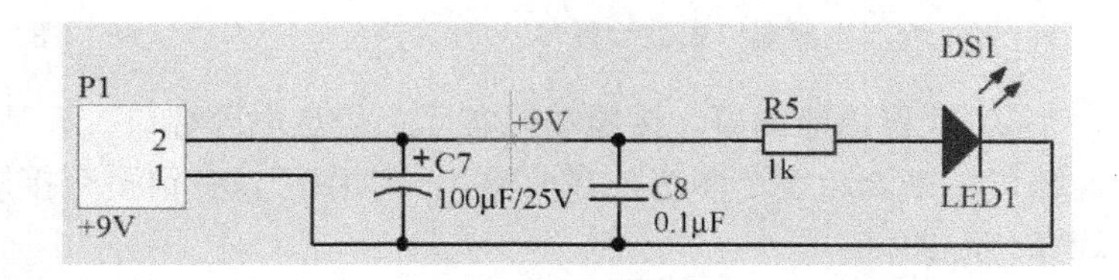

图 2.52　放置网络标签二

② 放置电源符号。在图 2.1 中，连接在 U1 的 2 脚上的+9V符号即为电源端口。单击菜单栏的放置(P)菜单，选择电源端口(O)（或单击工具栏的VCC按钮），如图 2.53 所示。

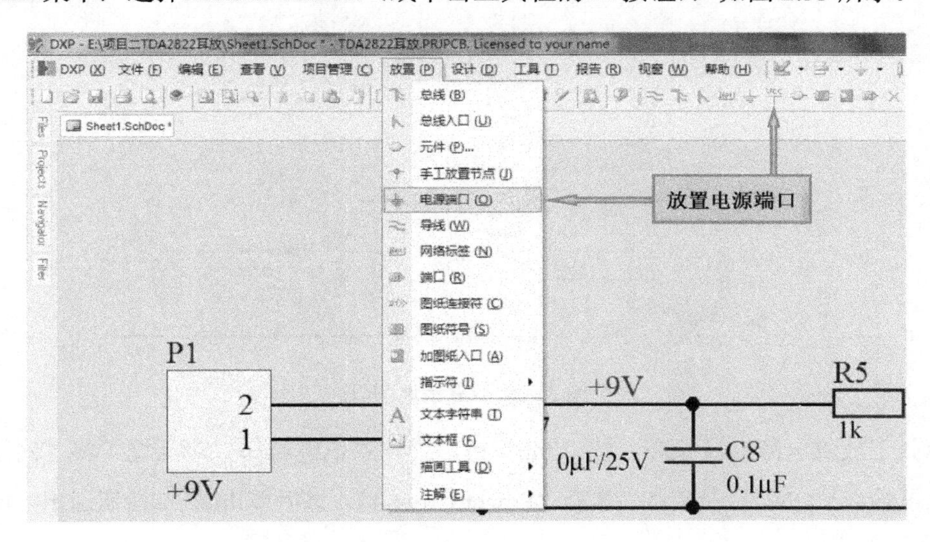

图 2.53　放置电源端口一

鼠标处于放置电源端口状态，按“Tab”键，弹出“电源端口”对话框，将“网络”后的文字输入框输入“+9V”，然后单击确认按钮退出，如图 2.54 所示。

设置好电源端口属性后，电源端口符号会附着在鼠标上，将鼠标移到 U1 的 2 脚的导线上，当鼠标中心的叉变成红色后，表示+9V 的电源端口已和导线连接，此时单击鼠标左键将电源端口放置在导线上，如图 2.55 所示。如果没有第二个地方需要放置电源端口，则单击鼠标右键退出放置状态；如果有第二个电源端口，但网络名称不一样，可以按“Tab”键将网络改为其他的名称然后按“确认”按钮，再放置即可。

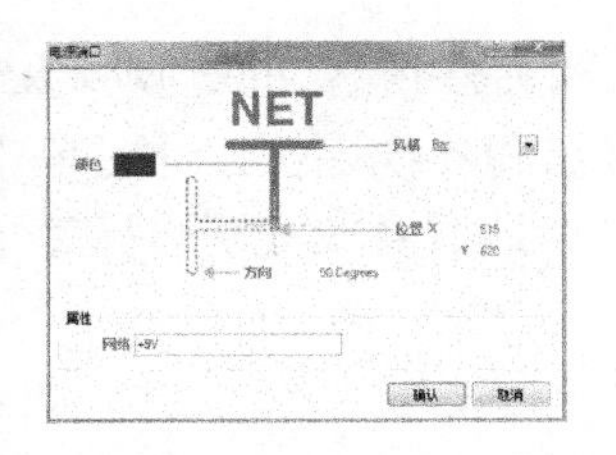

图 2.54 电源端口属性设置

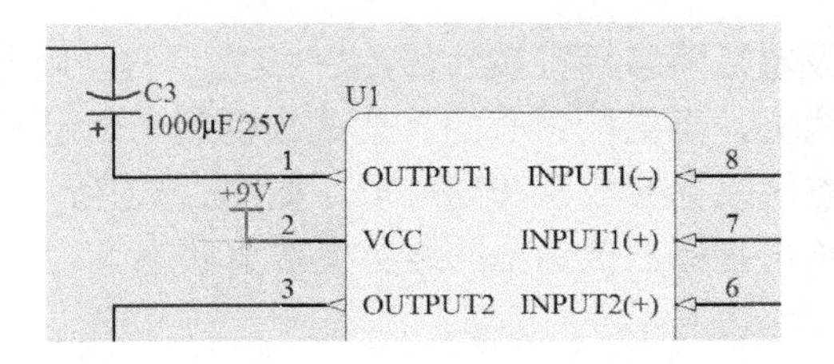

图 2.55 放置电源端口二

③ 放置接地端口。接地端口实际上也是电源端口，只是符号和网络名称不一样而已；接地端口用来表示整个图的公共地端，一个图可以有很多个接地端口（接地符号），但是最终是连在一起的。

单击菜单栏的 放置(P) 菜单，选择 电源端口(O) 并单击（或单击工具栏的按钮），如图 2.56 所示。

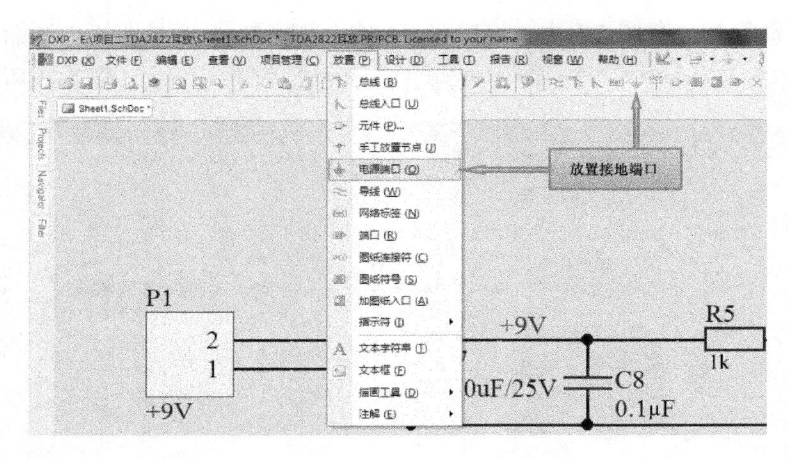

图 2.56 放置接地端口

鼠标处于放置电源端口状态，按“Tab”键，弹出“电源端口”对话框，将“网络”后的文字输入框输入“GND”，“风格”选择“Power Ground”，然后单击 确认 按钮退出，如图 2.57 所示。

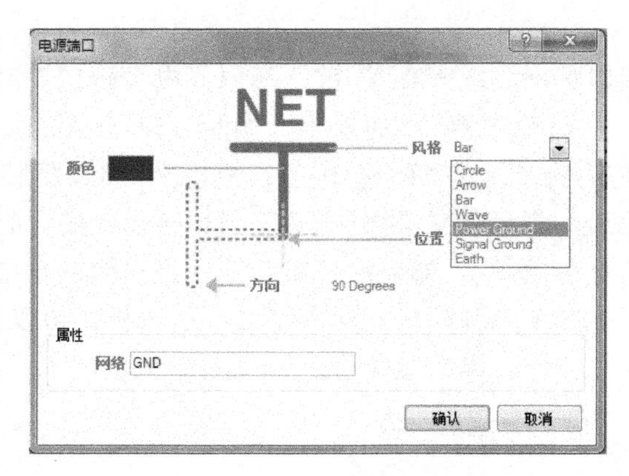

图 2.57 电源端口属性

设置好电源端口属性后，接地符号会附着在鼠标上，按“Space”键将接地符号旋转成后，按图 2.1 将所有接地符号放好。

2.4.7 设置元件封装

给元器件选择合适的封装，是制作 PCB 板关键的一步，要求设计者要熟悉常用的一些元器件的物理尺寸，否则，就需要查元器件的技术资料，通常在资料里都会给出元件的物理尺寸，再根据尺寸选择合适的封装。但是软件并不能包含所有元器件的封装，如果软件自带封装库里没有，或者库里没有合适的封装，则需要自己绘制元件封装，在后面的项目会具体介绍封装的制作。在本项目只介绍选择库里已有的封装。

放置完接地符号后的原理图如图 2.58 所示；看起来图 2.58 与图 2.1 有个别地方的画法有所不同，其实它们是一样的。

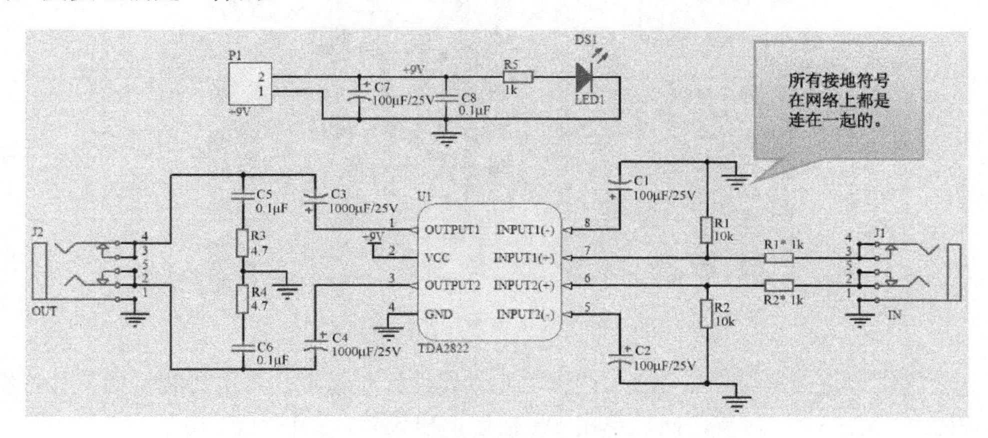

图 2.58　完成后的原理图

在本电路中，假设所有元件都采用直插封装，在本项目原理图中，除了无极性电容和电解电容自带了多个封装需要选择外，其他元器件都只自带了一个封装，所以无须选择。

（1）无极性电容的封装选择

无极性电容的封装有三种，分别为 CAPR2.54-5.1x3.2、CAPR5.08-7.8x3.2 和 RAD-0.3，封装大小如图 2.59 所示。

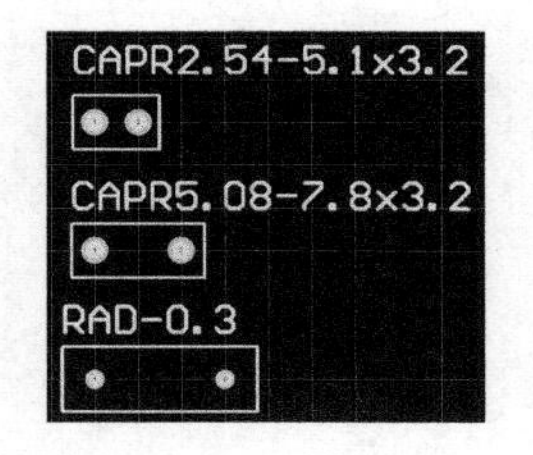

图 2.59　三种无极性电容的封装形式

从图 2.59 中可以看出三种封装的名称不一样，大小也不一样，那它们的名称和大小有什么联系呢？关系如下：

CAPR2.54-5.1x3.2：2.54 表示封装的两个焊盘的中心间距为 2.54mm，5.1 表示封装的长度为 5.1mm，3.2 表示封装的宽度为 3.2mm。

CAPR5.08-7.8x3.2：5.08 表示封装的两个焊盘的中心间距为 5.08mm，7.8 表示封装的长度为 7.8mm，3.2 表示封装的宽度为 3.2mm。

RAD-0.3：这个名称所带的信息较少，只有一个 0.3，这是个英制数字，表示焊盘的中心间距为 300mil，也就是 0.3 英寸；它是三个封装中最大的一个。

在这里选择哪个封装合适呢？这主要依据元件以及电路的相关参数来进行选择。在本电路中所有无极性电容的容量都是 0.1μF，但是没有给出耐压，可以依据电路的电压进行选择。电路中最高电压只有+9V，则选择一个耐压高于 2 倍 9V 的电容即可。一般常见的 0.1μF 的瓷片电容（无极性电容）的耐压都是 50V 的，如果选这种普通的瓷片电容，选择“CAPR2.54-5.1x3.2”封装较合适，但是如果选择的是 0.1μF 的涤纶电容，封装就需要选择“RAD-0.3”；在这里选普通的瓷片电容，所以所有无极性电容的封装都选择“CAPR2.54-5.1x3.2”；两种电容如图 2.60 所示。

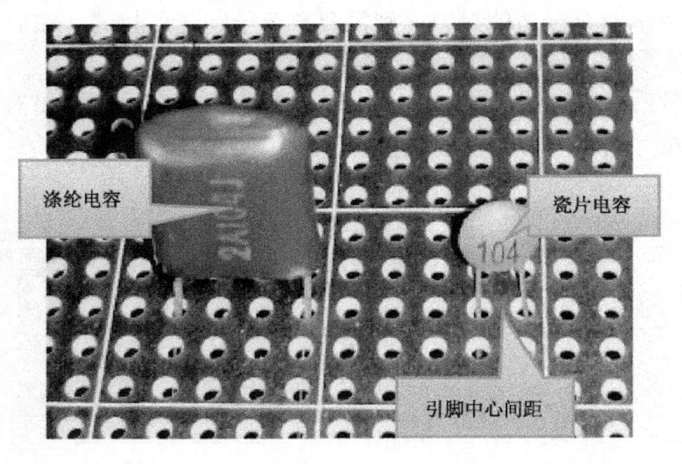

图 2.60　涤纶电容与瓷片电容

给无极性电容更改封装。双击 C5 调出“元件属性”对话框，单击封装栏的下拉按钮，选择“CAPR2.54-5.1x3.2”封装，然后单击确认按钮退出设置，如图 2.61 所示。

按上述步骤设置 C6、C8 的封装。

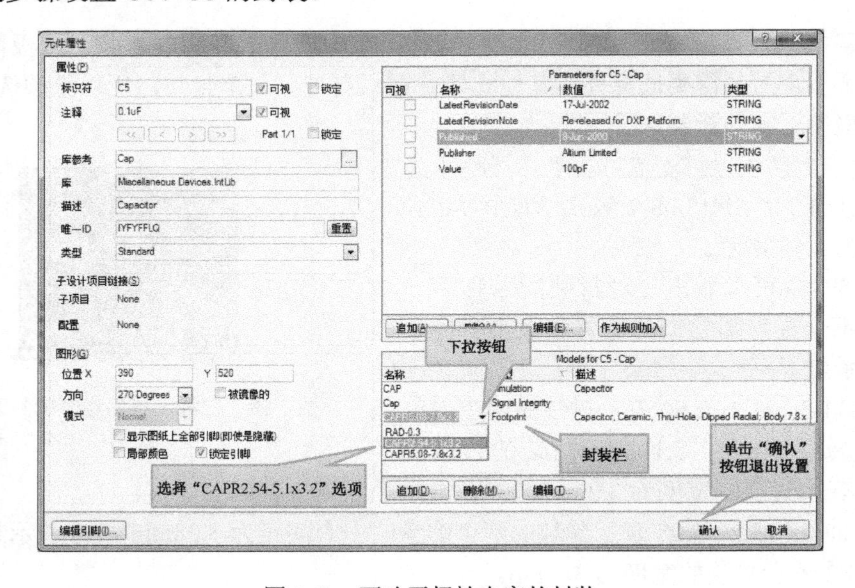

图 2.61　更改无极性电容的封装

（2）选择电解电容的封装

电解电容符号自带的封装有 6 种，分别为 CAPPR1.27-1.7x2.8、CAPPR1.5-4x5、CAPPR2-5x6.8、CAPPR5-5x5、CAPPR7.5-16x35、CAPPR7.6-15，封装大小如图 2.62 所示。

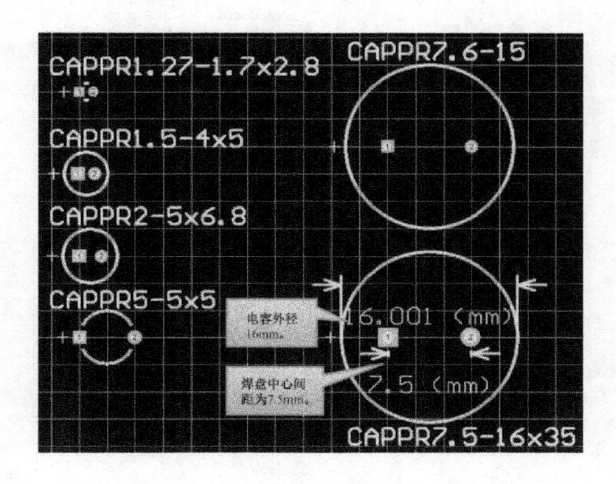

图 2.62　6 种电解电容封装形式

和无极性电容不同，电解电容是有极性的，一般把“+”号标出，并且 1 脚为正极，它们的名称表示的意思如下：

CAPPR1.27-1.7x2.8：1.27 表示两个焊盘中心间距为 1.27mm，1.7 表示电容的外径 1.7mm，2.8 表示电容的高度为 2.8mm；

其他五个电容名称的意思也是一样的。

本图中只有两种规格的电解电容，分别为 100μF/25V 的 3 个，1000μF/25V 的两个。因每个厂家生产的电容体积和引脚间距都不一样，所以当实际元件与库里的封装大小对不上时，要按实际元件的尺寸重新绘制元件封装。也可以选择相近大小的。常见的 100μF/25V 和 1000μF/25V 的电解电容如图 2.63 所示。

图 2.63　常见的 100μF/25V 和 1000μF/25V 的电解电容

在图 2.63 中，100μF/25V 的电解电容封装选择“CAPPR2-5x6.8”，1000μF/25V 的电解电容封装选择“CAPPR7.5-16x35”。

更改电解电容的封装。双击 C1 调出“元件属性”对话框，单击封装栏的下拉按钮，选择“CAPPR2-5x6.8”封装，然后单击确认按钮退出设置，如图 2.64 所示。

按上述步骤将 C2、C3 的封装更改为“CAPPR2-5x6.8”；将 C4、C5 的封装更改为

“CAPPR7.5-16x35”。

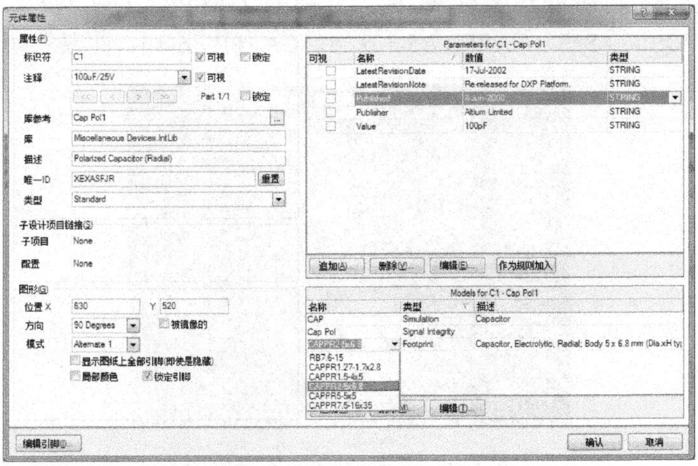

图 2.64　更改电解电容封装

2.4.8　原理图编译（电气规则检查）

在 Protel 2004 DXP SP2 中，电气规则检查不再有“ERC”检查了，换成了编译文件（Compile Document），效果是一样的。

单击菜单栏的 项目管理(C) 菜单，选择 Compile Document Sheet1.SchDoc 菜单并单击，如图 2.65 所示；如果没有弹出窗口，表示电路图中没有违反电气规则，也就是没有错误。如果有弹出窗口，窗口中会列出违反电气规则的错误项，和错误所在的坐标。本电路没有弹出窗口，表示无错误。

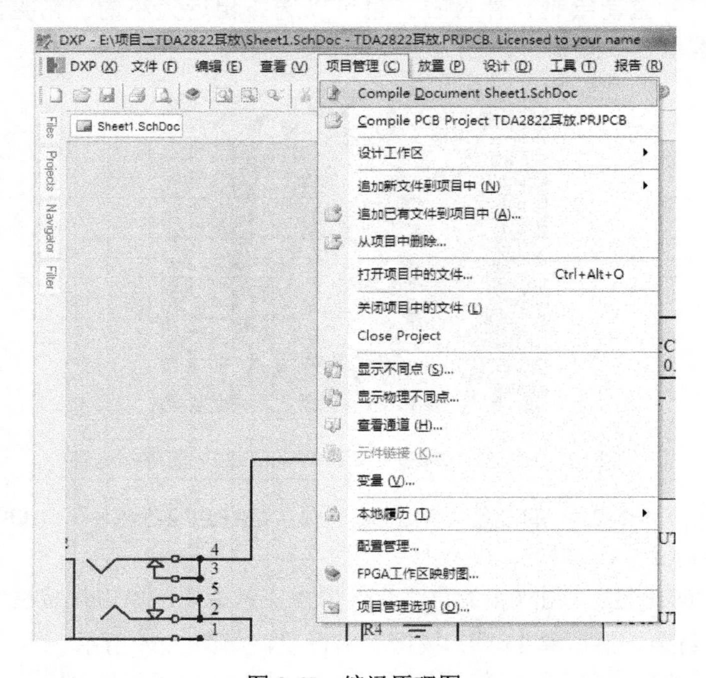

图 2.65　编译原理图

2.4.9 用转换特殊字符串放置标注

绘制完原理图后，一般要在原理图右下角的“图纸标题栏”里填上相关的信息，例如原理图的绘制日期、原理图的设计者、公司等。

在本图中，图纸标题栏一共有四栏，分别是单位、制图者、文件名、日期。现在用特殊字符串在“单位”一栏放上“班级”，在“制图者”一栏放上“张三”，在“文件名”一栏放上“Sheet1.SchDoc”，在“日期”一栏放上“2014-7-22”。

单击菜单栏的 设计(D) 菜单，弹出下拉菜单，单击 文档选项(O)... 菜单，弹出“文档选项”对话框，如图 2.66 和图 2.67 所示。

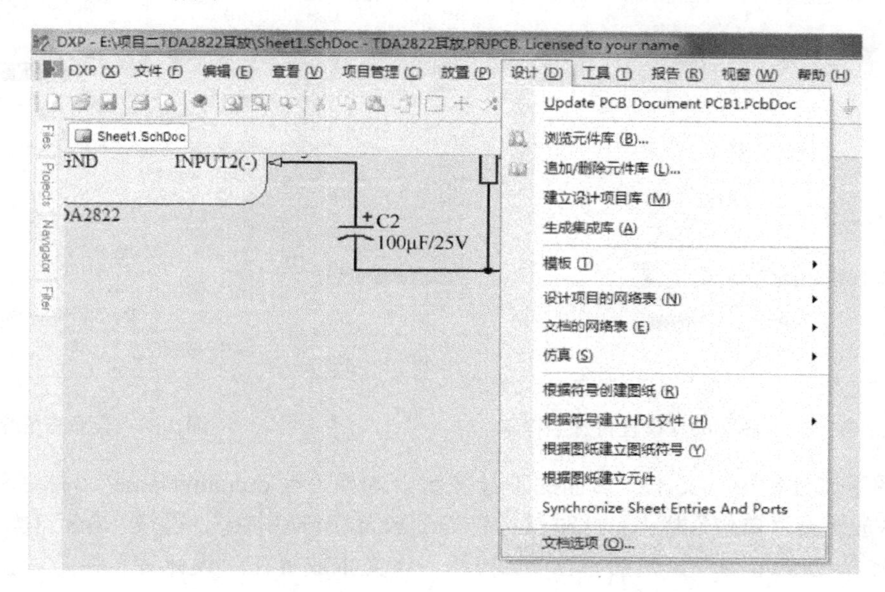

图 2.66 设计菜单

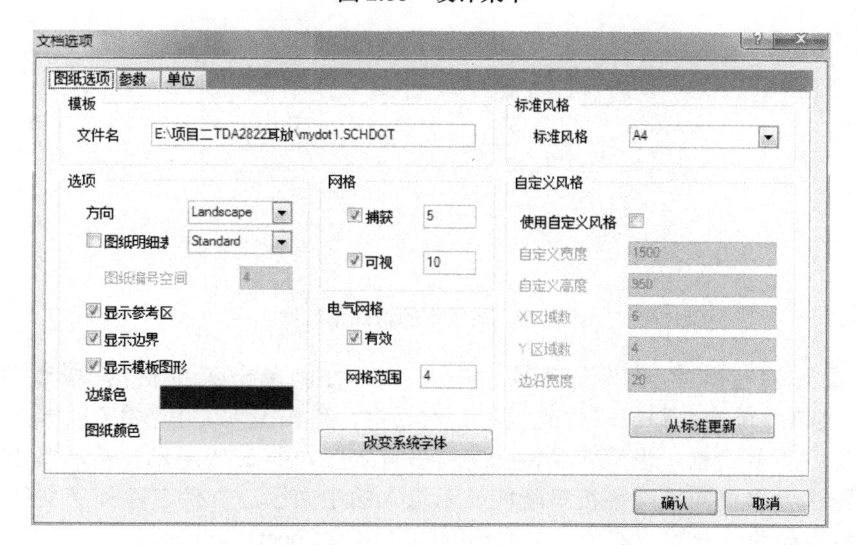

图 2.67 “文档选项”对话框

单击“文档选项”对话框的“参数”选项卡，在“CompanyName”栏输入“班级”，在“Drawn By”输入“张三”，在“Date”输入“2014-7-22”，如图 2.68 所示。录入完后单击确认按钮退出设置。

单击菜单栏的放置(P)菜单，弹出下拉菜单，单击文本字符串(T)菜单，鼠标处于放置字符串状态，按“Tab”键，弹出“注释”对话框，如图 2.69 所示。

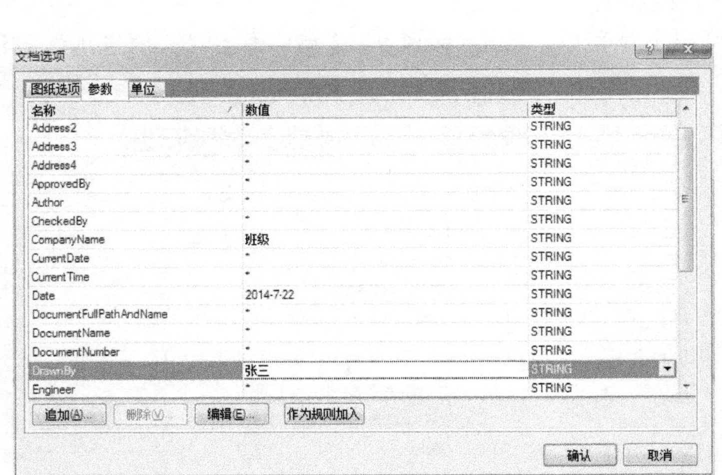

图 2.68　设置特殊字符串

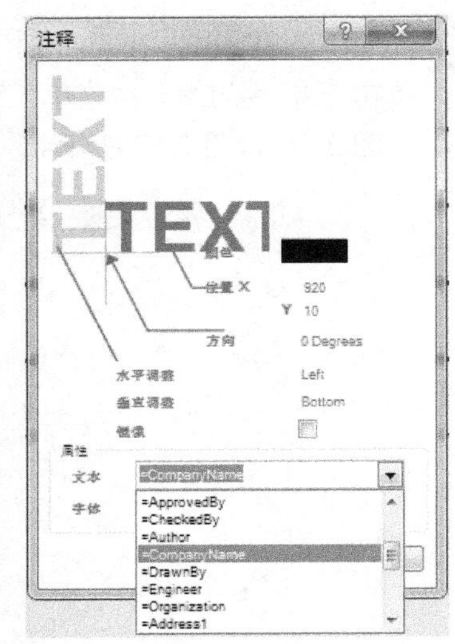

图 2.69　设置特殊字符串

单击图中属性栏中“文本”后面的下拉按钮，选择“=CompanyName”，然后单击确认按钮，将文本放置在“单位”栏上；此时鼠标仍处于放置字符串状态，再按“Tab”键，设置“文本”属性为“=Drawn By”，然后单击确认按钮，将文本放置在“设计者”栏上。按此方法将“=Document Name”放置在“文件名”栏上，将“=Date”放置在“日期”栏上。最终效果如图 2.70 所示。

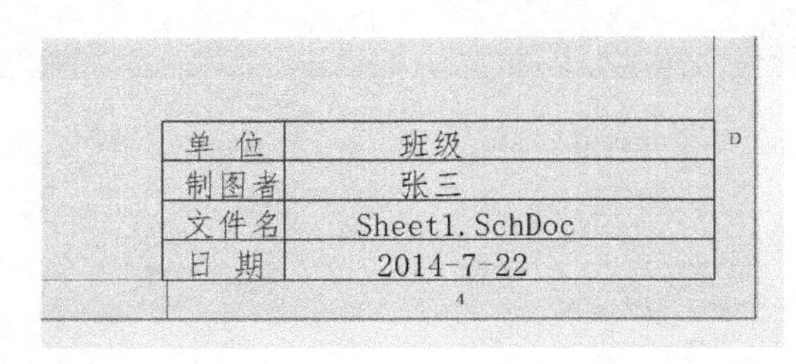

图 2.70　放置好的特殊字符串

如果放置好的特殊字符串没有显示中文字，可以单击菜单栏的工具(T)菜单，选择原理图优先设定(P)...菜单并单击，弹出“优先设定”对话框，单击Graphical Editing选项卡，选中“转换特殊字符串（V）”复选框，设置转换特殊字符串有效，如图 2.71 所示。然后单击确认按钮退出，图纸标题栏上放置的特殊字符串就能显示录入的中文了，文件名除外（文件名是根据原理图文件的名称自动改变的，本项目中原理图的名称为 Sheet1.SchDoc）。

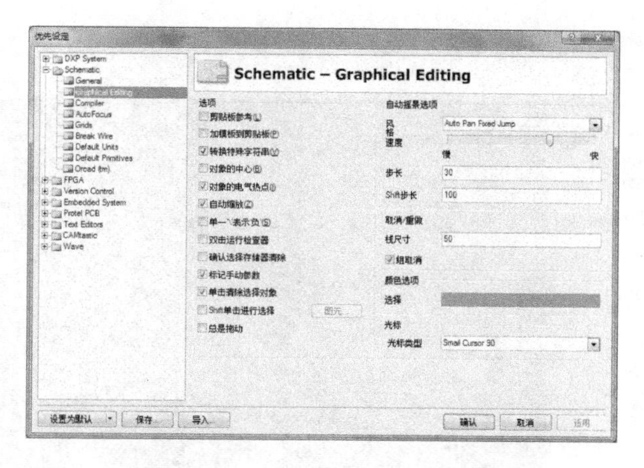

图 2.71 “优先设定”对话框

2.5 TDA2822 耳放电路 PCB 图设计

绘制原理图的最终目的就是用来绘制 PCB 文件，然后用 PCB 文件把电路板制作出来。

2.5.1 新建 PCB 文件

在 TDA2822耳放.PRJPCB * 上单击鼠标右键，在弹出的快捷菜单中选择 追加新文件到项目中 (N) ，再单击 PCB ，新建一个名称为“PCB1.PcbDoc”的 PCB 编辑器文件，如图 2.72 和图 2.73 所示。

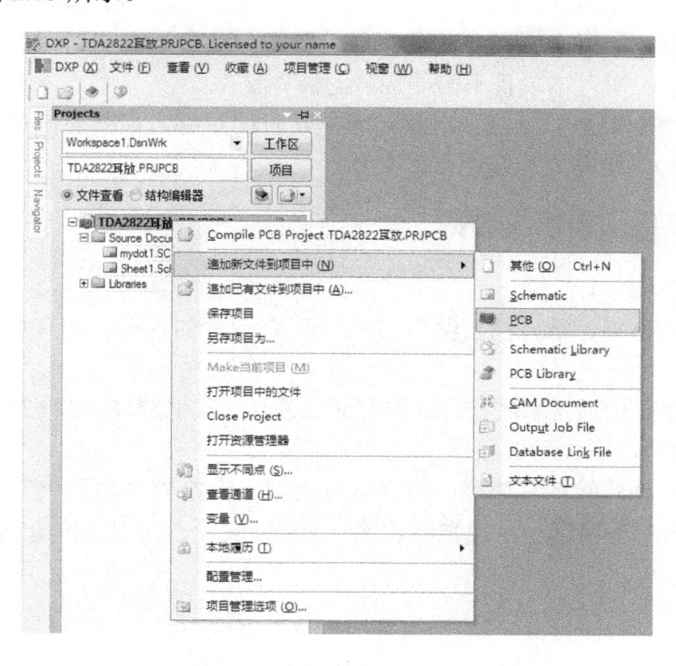

图 2.72 新建 PCB 文件操作

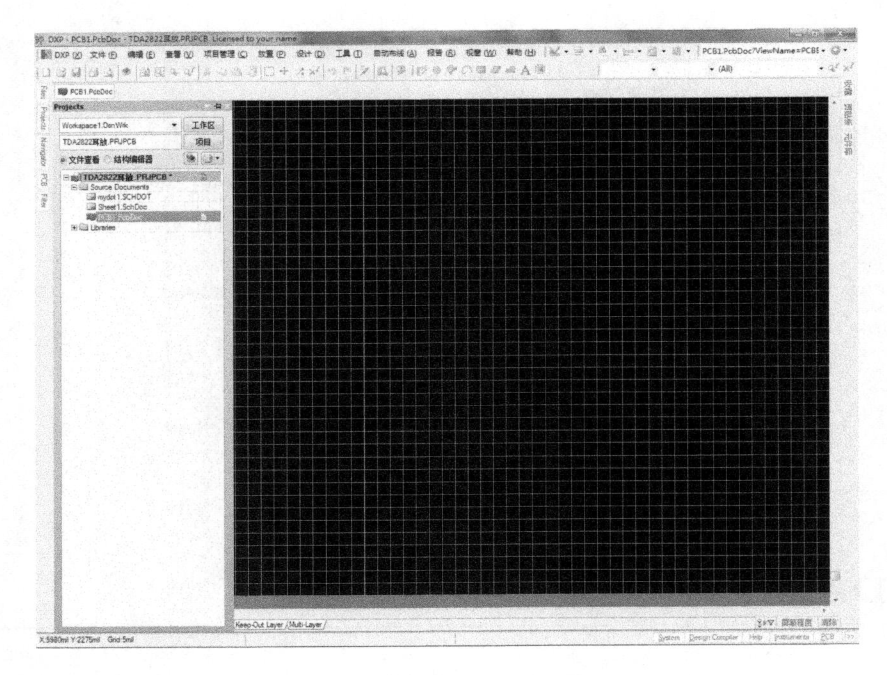

图 2.73　新建的 PCB 文件

单击工具栏的 “保存”按钮，将 PCB 编辑器文件保存在 PCB 项目的文件夹内，完成 PCB 文件的新建。

2.5.2　加载封装库文件

在本电路中，除了 TDA2822 芯片（已追加封装）是自制之外，其他所有元件都直接从系统自带的元件库里取出，并且系统自带的元件库都把封装集成在里面了，没有自带库之外的封装加入到原理图里，所以本项目不需要加载封装库文件。

当然，如果电路中采用了一些系统元件库里没有的封装，需要自制或从其他软件里调入（如 Protel 99 封装库），则需要加载封装库文件。

2.5.3　设置 PCB 编辑器系统参数

要求设置的参数如下。

（1）设置鼠标的水平、垂直捕获网格为“5mil”，元件的水平、垂直移动网格为“5mil”，可视网格为点形。

（2）设置信号层显示顶层和底层，丝印层显示顶层，其他层显示禁止布线层和焊盘层（也称为复合层、多层等），不显示机械层 1。

（3）设置取消自动删除重复连线，将“鼠标类型”设置为“大于 90° ”。

① 单击菜单栏的 设计（D），选择 PCB板选择项（O）... 选项，弹出“PCB 板选择项”对话框，如图 2.74 所示。

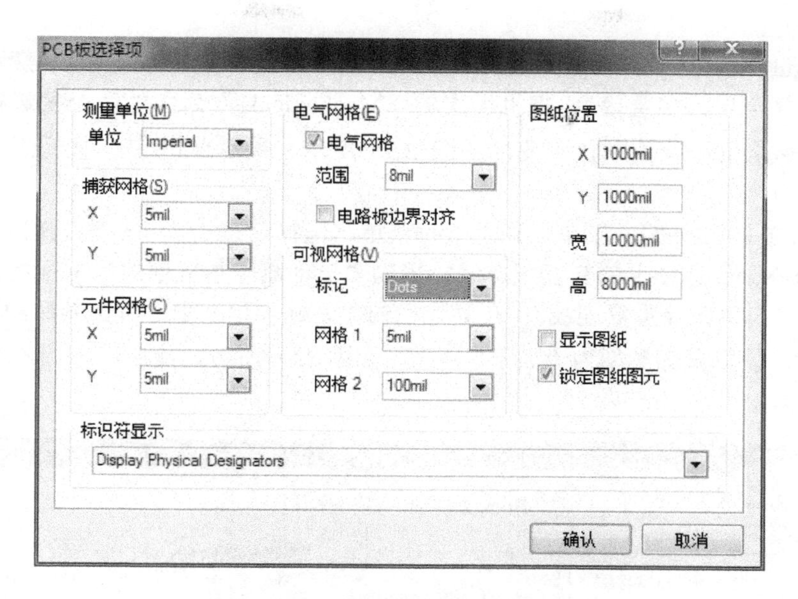

图 2.74 “PCB 板选择项”对话框

将鼠标捕获网格水平、垂直均设置为“5mil”，将元件网格水平、垂直均设置为“5mil”，将可视网格设置为点形，其他默认不变。单击确认按钮，退出“PCB 板选择项”对话框。

② 按“L”键，弹出“板层和颜色”对话框，在该对话框内可以设置需要显示的板层或不需要显示的板层，还可以自定义设置各板层的颜色。

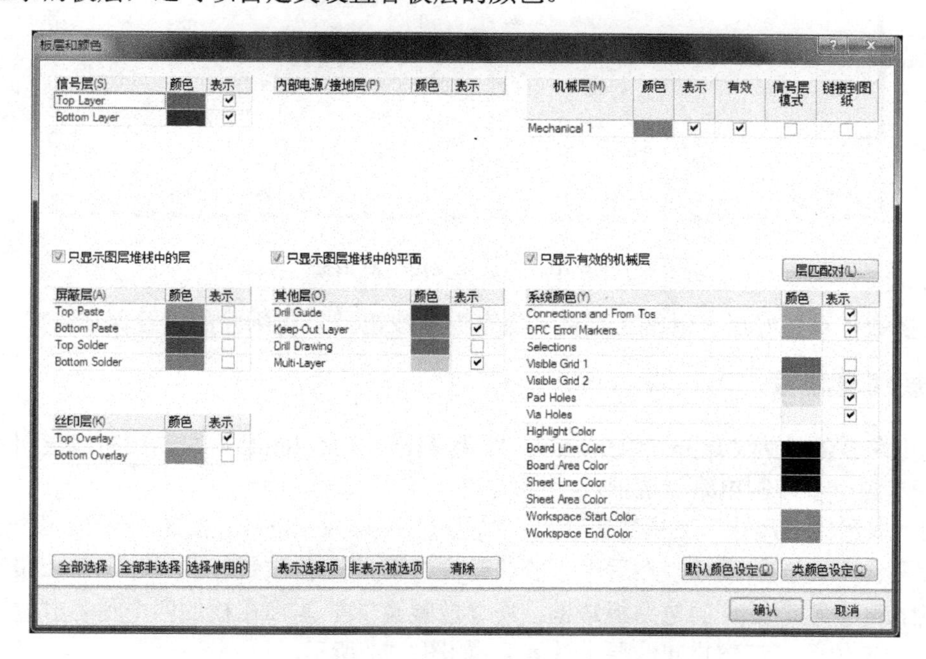

图 2.75 板层和颜色设置

在信号层的“Top Layer”和“Bottom Layer”后面的复选框里打√，设置显示信号层顶层和底层；在丝印层的“Top Overlay”后面的复选框里打√，设置丝印层显示顶层；在其他层的“Keep-Out Layer”和“Multi-Layer”后面的复选框上打√，设置显示禁止布线层和焊盘层（也称为复合层、多层等）；把机械层的“Mechanical1”后面的两个复选框的√去掉，设置不显示机械层 1；其他默认不变，如图 2.75 所示。最后单击确认按钮退出“板层和颜色”对话框。

③ 单击菜单栏的工具(T)菜单，弹出下拉菜单，选择优先设定(P)...选项，弹出“优先设定”对话框；将General选项卡的交互式布线栏里的“自动删除重复连线”前面复选框里的√去掉，设置取消“自动删除重复连线”；在其他栏的“光标类型”中，单击其后的下拉按钮，选择“Large 90”，设置鼠标类型为“大于 90° ”；如图 2.76 所示。最后单击确认按钮退出“优先设定”对话框。

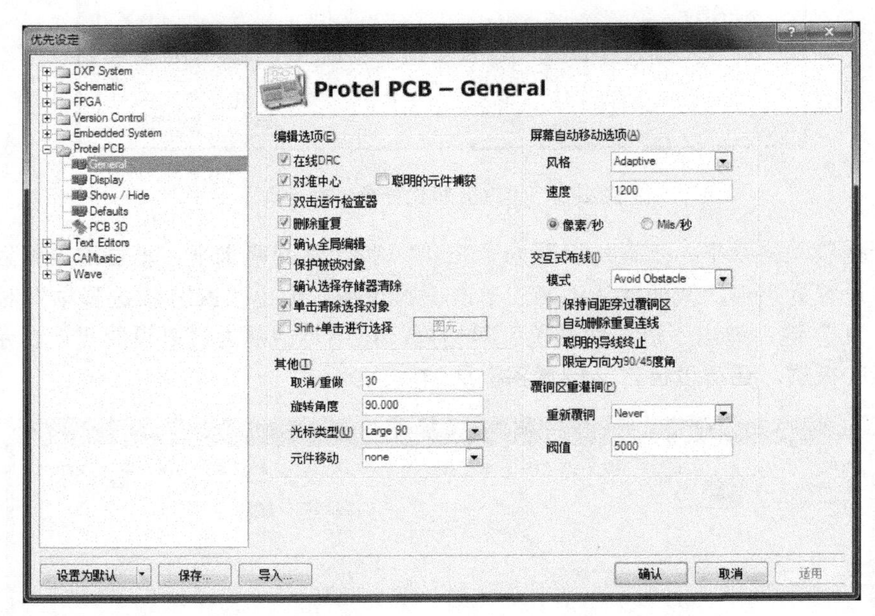

图 2.76 “优先设定”对话框

所有参数都设置好后，单击工具栏“保存”的按钮，将刚才的设置保存。

2.5.4 规划电路板

规划电路板的长为 61mm（2400mil），宽为 41mm（1600mil），在禁止布线层用“放置直线”工具画一个印制电路板边框。

先用“放置标准尺寸”工具在禁止布线层（Keep-Out Layer）放置一个长约等于 61mm，一个宽约等于 41mm 的尺寸；然后用“放置直线”工具按放置好的尺寸在禁止布线层绘制一个长 61mm，宽 41mm 的电路板边框；用“放置圆”工具在板的四个角各放置一个半径为 1.8mm 的定位孔（在禁止布线层上放置），如图 2.77 所示。

图 2.77　规划好的电路板边框

绘制好电路板边框后，单击工具栏的“保存”按钮，将 PCB 文件保存。

2.5.5　导入工程变化（导入网络表）

单击菜单栏的 设计(D) 菜单，弹出下拉菜单，选择 Import Changes From TDA2822耳放.PRJPCB 选项，弹出“工程变化订单（ECO）”对话框，如图 2.78 所示。

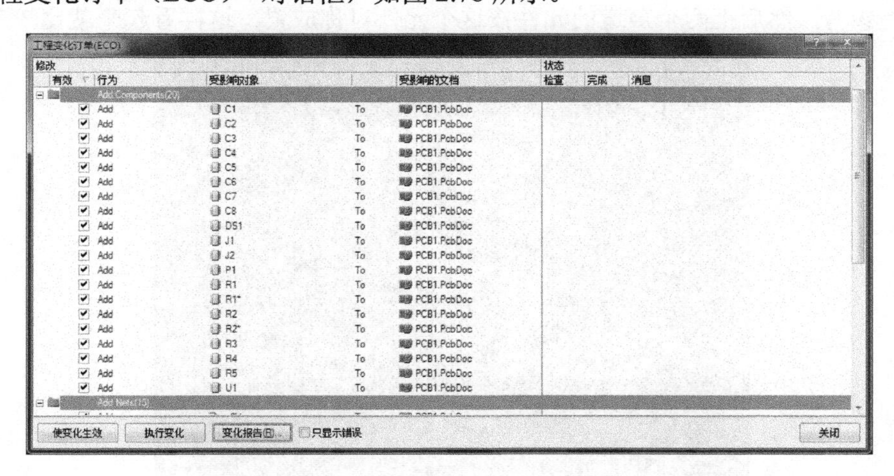

图 2.78　“工程变化订单”对话框

单击 使变化生效 按钮，检查所有元件是否装入、检查是否有网络和元件封装不能装入，确认没问题后单击 执行变化 按钮，装入网络表和元件封装，如图 2.79 所示。

单击对话框右下角的 关闭 按钮，退出“工程变化订单（ECO）”对话框，网络表和元件封装便可导入 PCB 文件，如图 2.80 所示。

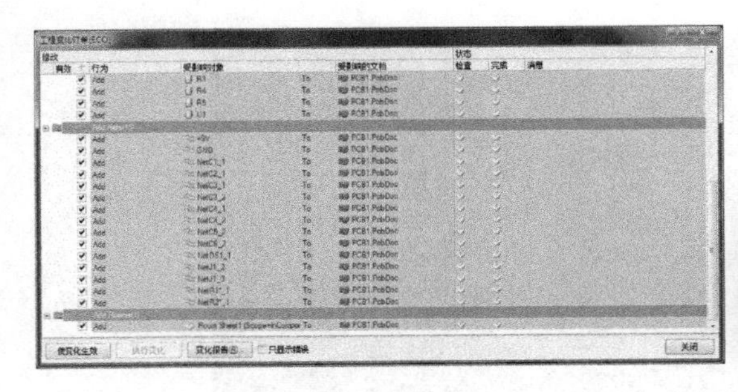

图 2.79　执行变化后的结果

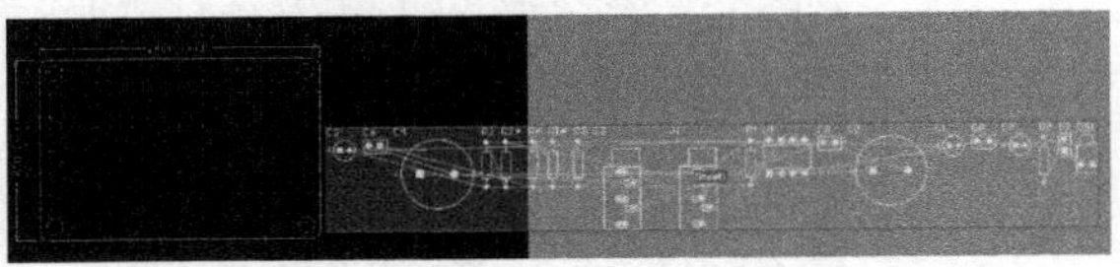

图 2.80　导入的元件封装和网络

2.5.6　元件布局

前面介绍过，软件自带有自动布局功能，但是效果并不理想，所以还是采用手工布局。

单击框住元件封装的长方形框内的任意空白地方，然后按“Delete”键，把框删除。

将 J1、J2、U1、C3、C4 五个元件按图 2.81 布置好后，其他元件按自己的想法布置，元件布局的原则如下。

（1）模块化，即电气连接关系密切的器件放在一起，使它们之间的连线最短。

例如，电源电路的 P1、C7、C8、R5、DS1 五个元件应该放在一起，不能东一个西一个；U1 外围元件 R1、R2、C1、C2、C3、C4 应尽量靠近 U1 放置；J1 的外接元件 R1*、R2*尽量靠近 J1 放置；J2 的外接元件 C5、R3、C6、R4 尽量靠近 J2。

（2）美观。本电路是一个双声道的耳放，除了电源电路的元件外，两个声道的元件是一样的，也就是两个声道的元件基本对称，元件布置的时候尽量考虑一下对称问题；可以以某一个元件为参考，然后把两个声道的元件按这个元件对称放置，这样看起来就比较美观。

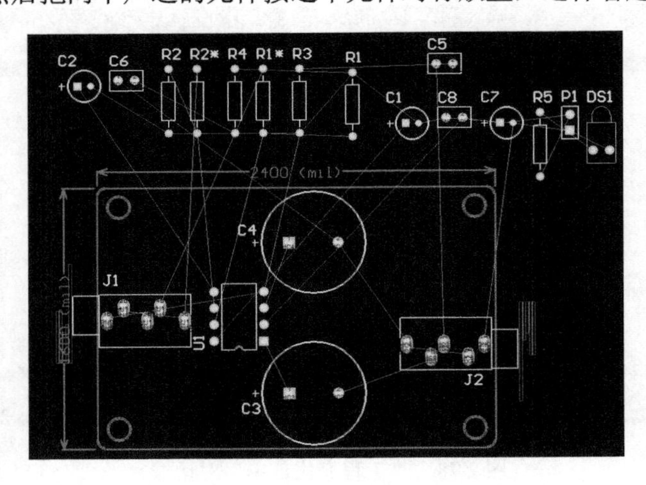

图 2.81　放置好的五个元件

2.5.7　设置 PCB 设计规则

元件布局好后，接下来设置与布线相关规则。单击菜单栏的 设计(D)，选择 规则(R)... 选项，弹出“PCB 规则和约束编辑器”对话框，如图 2.82 所示。

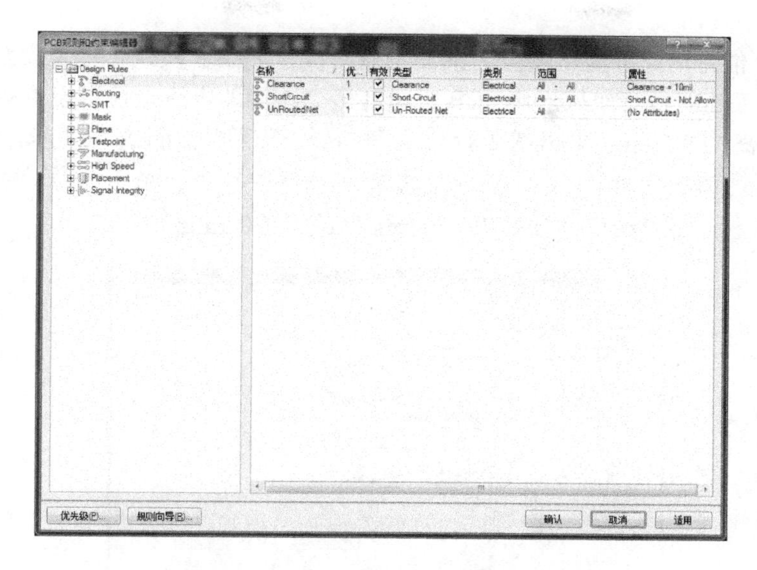

图 2.82　“PCB 规则和约束编辑器”对话框

（1）软件中集成了很多关于绘制和制造 PCB 的规则和约束项，一共有十个大项，每个大项下面又有多个小项，这里简单介绍十个大项的设置内容：

① Electrical：与电有关的规则和约束。

② Routing：与布线有关的规则和约束。

③ SMT：与表面贴装技术有关的规则和约束。

④ Mask：与屏蔽有关的规则和约束。

⑤ Plane：与铺铜有关的连接方式。

⑥ Testpoint：与测试点有关的规则和约束。

⑦ Manufacturing：与 PCB 制造有关的规则和约束。

⑧ High Speed：与高速信号布线有关的规则和约束。

⑨ Placement：与原件安装（固定）有关的规则和约束。

⑩ Signal Integrity：与信号完整性有关的规则和约束。

本项目比项目一虽然复杂了一点，但还是属于较简单的电路，所以设计规则只需要设置与电有关的安全距离和与布线有关的导线宽度、允许布线层即可。

（2）设置安全距离为 0.2mm，+9V 电源线宽为 1.1mm，GND 地线宽为 1.2mm，其他信号线宽为 1mm，顶层信号层不布线，在底层信号层布线。

① 设置安全距离。安全距离也称为两导线间的安全电压（电气绝缘），设置安全距离为 0.2mm，那么 0.2mm 是如何得出来的？

一般环境中的间隙安全电压为 200V/mm，折算到英制就是 5.08V/mil，所以如果设置间距为 0.2mm 的话，两条导线或者导线与元件之间能承受的电位差约为 40V。而本电路中电源电压只有 9V，设置安全距离为 0.2mm 是完全满足要求的（要留余量）。间距越宽越安全，但也不能太宽，太宽不好布线，也不能太近，太近会影响 PCB 板的可制造性。

例如，一个电源电压为+5V 的电路，按 200V/mm 计算，安全距离设为 0.04mm 就满足要求；但这个间距太小，PCB 制作工艺要求太精细，可能有的厂家并不具备这种生产能力，那这块 PCB 板就不能生产，只能将安全距离加宽重新设计 PCB。所以，设置安全间距还要考虑制版厂家的制作工艺能力。如果一块 PCB 板里有多个不同的电压，可以设置多个安全距离。

设置安全距离为 0.2mm。单击图 2.82 左上角 Electrical 前面的“+”号，弹出二级菜单，单击 Clearance 前面的“+”号，弹出三级菜单 Clearance，单击 Clearance，弹出如图 2.83 所示的界面，将“约束”项的“0.254mm”改为“0.2mm”。

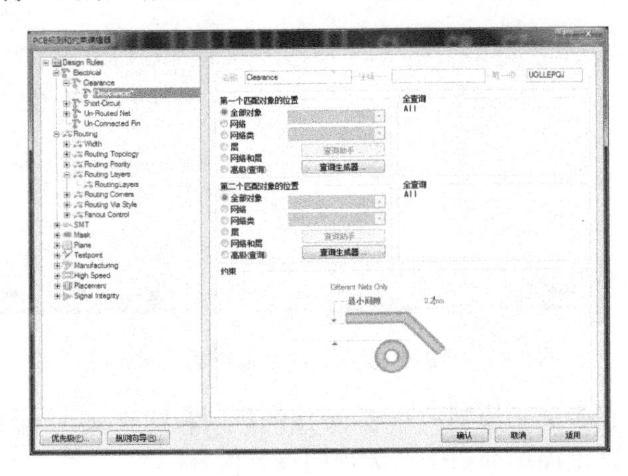

图 2.83　设置安全距离

② 设置线宽。将+9V 电源线宽设为 1.1mm，GND 地线宽设为 1.2mm，其他信号线宽设为 1mm。为什么这样设置？

线宽的设置是由导线流过的电流等级和抗干扰等因素决定的，一般电源线流过的电流较大，所以电源线的走线较宽。而地线的宽度太窄会造成线路阻抗变大，容易引起地电位的偏移，所以地线走线应尽可能宽，而且还常采用大面积覆铜接地的方式。试验证明若印制导线的铜膜厚度为 0.05mm 时，印制导线的载流量可按 $20A/mm^2$ 计算，即当铜膜厚度为 0.05mm 时，1mm 宽的印制导线可以流过 1A 的电流。

知道导线宽度设置与载流量的关系后，可以估算本电路的总电流。整个电路主要消耗电能的器件有发光二极管和功放芯片 TDA2822，流过发光二极管的电流可以用欧姆定律计算，等于 9mA；经查 TDA2822 的技术手册，该芯片最大输出电流约为 1A；那么整个电路需要的电流为 1.009A。

按照 1mm 的线宽流过 1A 的电流算，将+9V 电源线的线宽设置为 1.1mm 完全满足要求。一般来说，最好地线的线宽要大于或等于电源线的线宽，这里设置为 1.2mm，大于电源线的线宽。而其他信号线宽设置为 1mm，是因为 TDA2822 的最大输出电流为 1A，分两个声道输出，每个声道约 0.5A，也就是说信号线宽只要设置得大于 0.5mm 就可以了，但是为了保证导线在板上的抗剥离强度和工作的可靠性，导线宽度不宜太细，只要板上的面积和线条密度允许，应尽可能地采用较宽的导线，这对减小线路阻抗、提高抗干扰性也是有好处的。

设置其他信号线宽为 1mm。单击图 2.82 左上角 Routing 前面的“+”号，弹出二级菜单，单击 Width 前面的“+”号，弹出三级菜单 Width，单击 Width，弹出如图 2.84 所示的界面，将“约束”项的“Max Width（最大值）”改为“3mm”，“Preferred Width（典型值或优先值，自动布线按该值布置）”改为“1mm”，“最小值”不变。

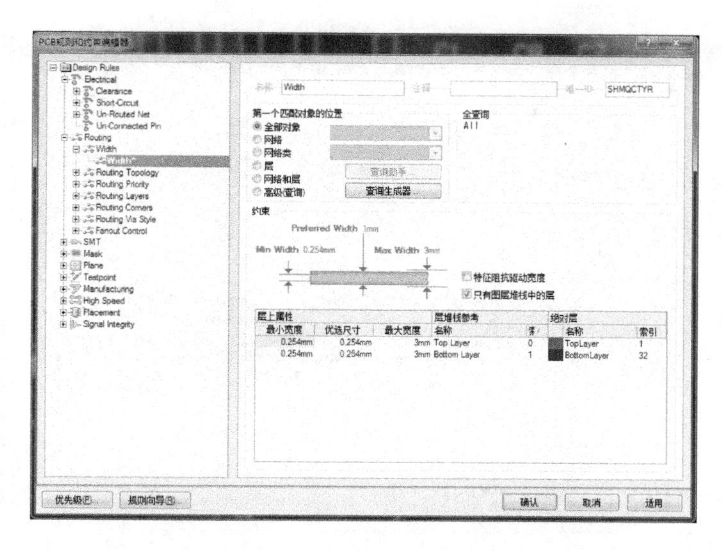

图 2.84　设置其他信号线宽

设置+9V 电源线宽为 1.1mm。把鼠标移到⊟ Width 上，单击鼠标右键，弹出一个“新建规则”对话框，单击 新建规则(X)... ，弹出一个新的线宽规则 Width_1，单击它，弹出如图 2.85 所示的界面；将规则名称改为+9V，将“约束”项的“Max Width（最大值）”改为“3mm”，“Preferred Width（典型值或优先值，自动布线按该值布置）”改为“1.1mm”，“最小值”不改；将第一个匹配的对象位置栏选择“网络”，后面的选择框有效，单击下拉按钮▾，选择“+9V”，如图 2.86 所示。

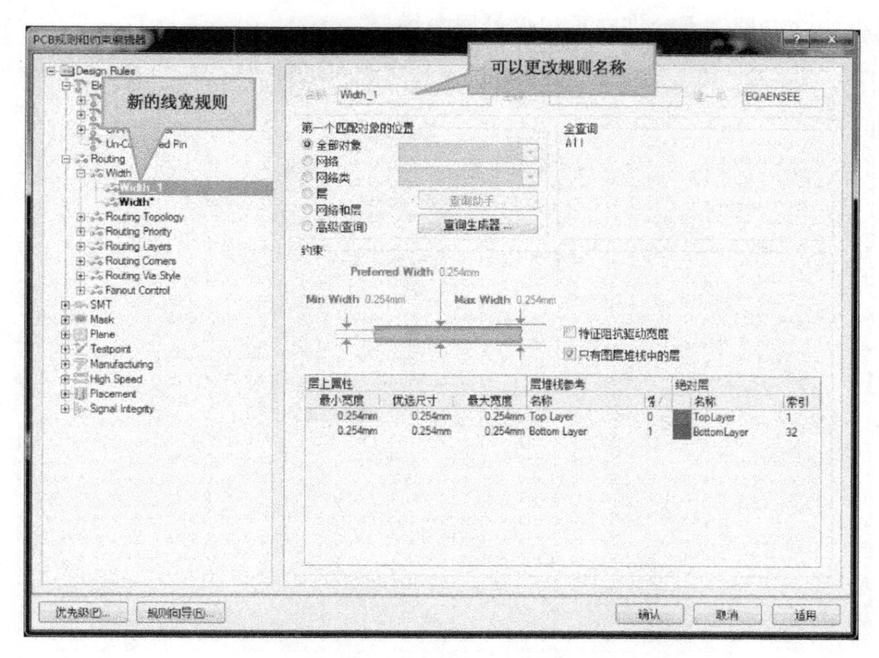

图 2.85　新的线宽规则

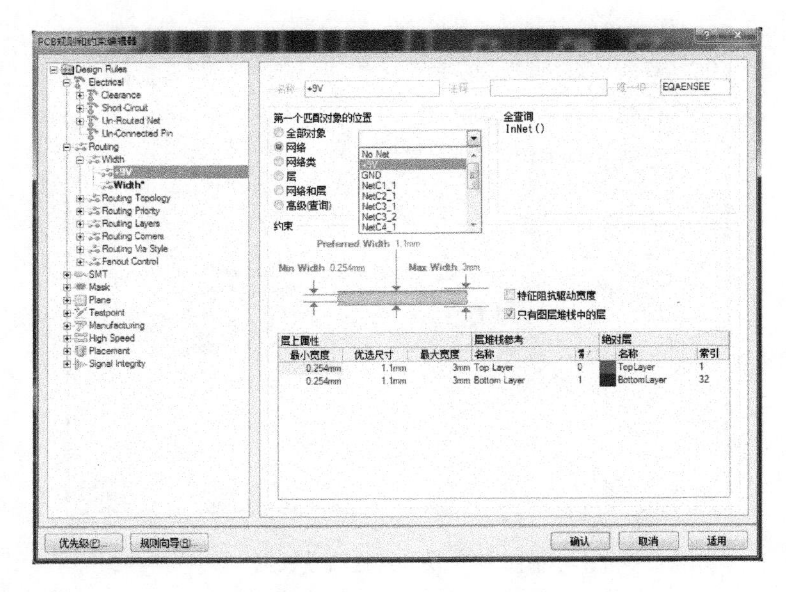

图 2.86　设置好的“+9V”线宽

按设置+9V 线宽的方法，将 GND 地线宽为 1.2mm。

③ 设置布线层。软件系统默认顶层信号层、底层信号层都可以布线，制作单面板一般顶层用来放置元件，底层用来绘制导线，所以可以把顶层信号层设置为不走线。

单击 Routing 下面的二级菜单 Routing Layers 前面的“+”号，弹出三级菜单 RoutingLayers，单击 RoutingLayers，弹出如图 2.87 所示的界面，将约束项的“Top Layer”后面的复选框的 √ 去掉，不允许在顶层信号层布线。

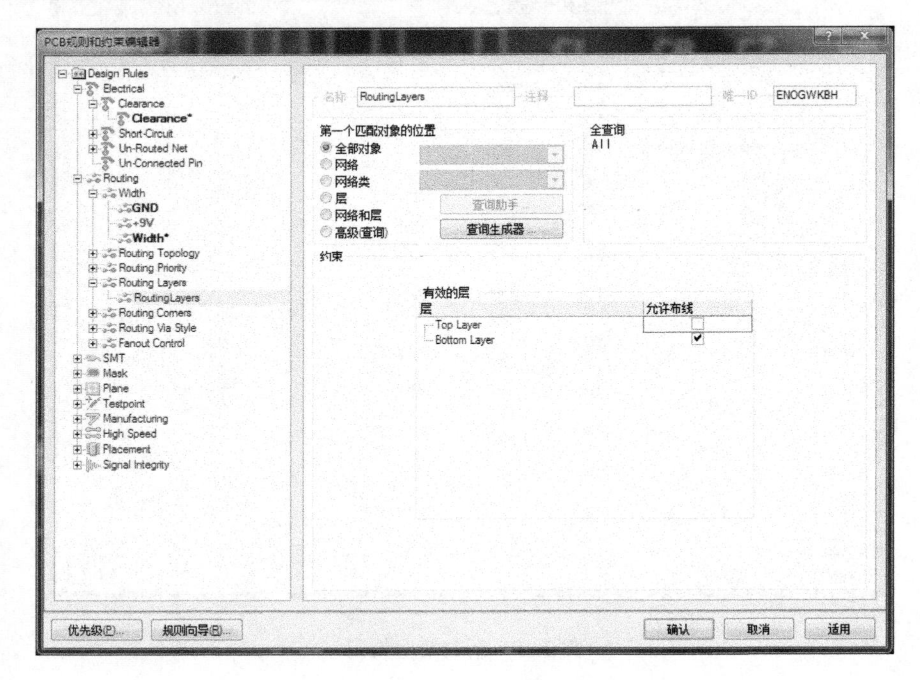

图 2.87　设置布线层

所有规则都设置完成后，单击图 2.87 右下角的“适用”按钮，使设置生效，然后单击“确认”按钮退出“PCB 规则和约束编辑器”对话框。

2.5.8 进行 PCB 单面板布线

布线规则设置好后，下一步工作就可以对 PCB 板进行布线了。软件提供了两种布线方式，即自动布线和手工布线。自动布线毕竟不如手工布线的效果好，因为自动布线不会考虑抗干扰、电磁兼容等问题，所以在实际使用中大部分情况下都是手工布线；只有在电路较复杂，例如绘制多层板时可能会采取自动、手工相结合的方式进行布线。这里简单介绍一下自动布线功能的使用。

Protel DXP 2004 SP2 在 Protel 99SE 的基础上完善了自动布线功能，使它更智能更强大、布线质量更高，用户可以自行选择需要进行自动布线的范围，如可以对“全部对象”自动布线，也可以对单个“网络”或单个“元件”等采用自动布线。

（1）自动布线。对整个电路进行自动布线。

单击菜单栏的“自动布线(A)”菜单，弹出下拉菜单，选择“全部对象(A)...”并单击，弹出如图 2.88 所示的“Situs 布线策略”对话框，单击“Route All”按钮系统开始自动布线。在自动布线过程中，“Messages”面板中会逐条显示当前布线进程。自动布线完成后的效果如图 2.89 所示。

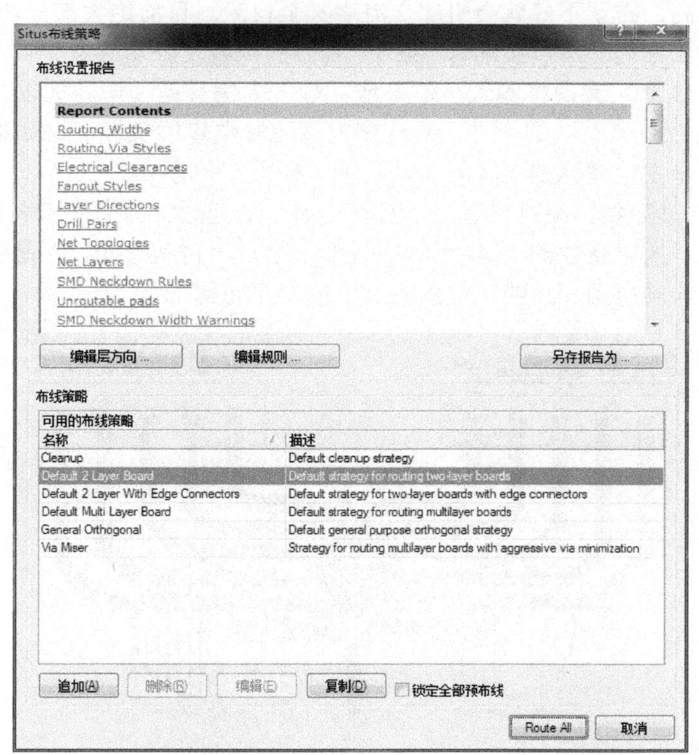

图 2.88 “Situs 布线策略”对话框

自动布线虽然很快，但是将图 2.89 的自动布线效果与图 2.2 的手工布线相比较，两者在美观性、导线布局的合理性、接地问题上差别很大，特别是接地问题。

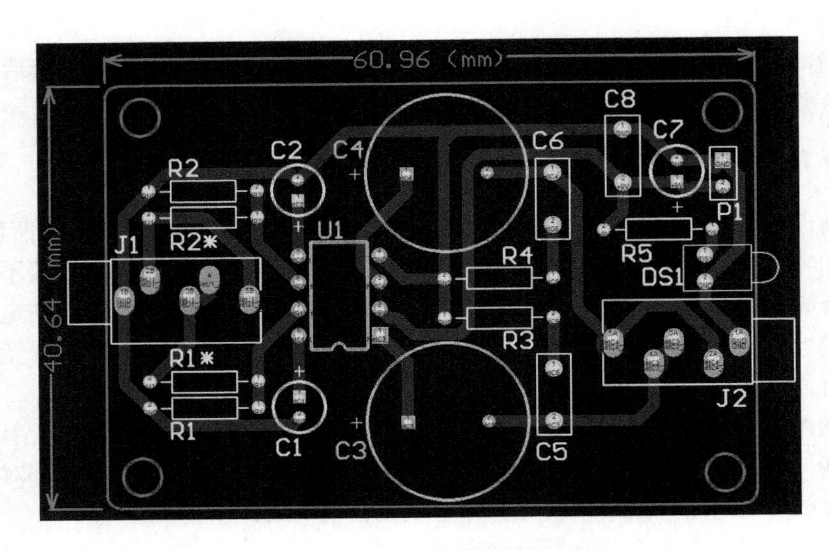

图 2.89　自动布线的效果

（2）手工布线。手工布线花费的时间可能是自动布线的百倍甚至千倍，但在布线质量上不可同日而语。并且在实际功放电路 PCB 设计上，设计者一般不会采用自动布线，功放对接地线的布置要求很高，布置不好就会引起交流声甚至自激。目前绝大部分功放的 PCB 接地设计通常采用的接地法称为“一点接地”，包括十几万的顶级发烧功放。

何为“一点接地”？就是将输入小信号地、输入大信号地、电源地以及集成芯片的地等都分别单独接于某一个点上。这个点一般选在电源滤波电容的负极上，如果是正负双电源，则这个点选择的两个主电源滤波电容的公共端上，如图 2.90 所示。

从图 2.89 的自动布线结果可以看出，它只是简单地把地线全部串起来而已，并没有按不同的地线单独布置，所以企业的 PCB 设计工程师不会采用自动布线，都是手工布线。布线按先绘制信号线，再绘制电源、地线，且由左到右的顺序布置。

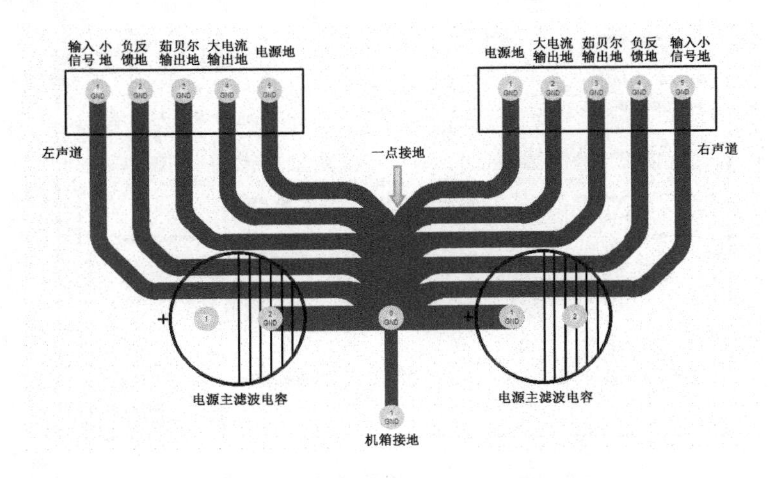

图 2.90　功放电路的一点接地（双电源）

先把 PCB 编辑器切换到“Bottom Layer”（底层信号层），如图 2.91 所示。

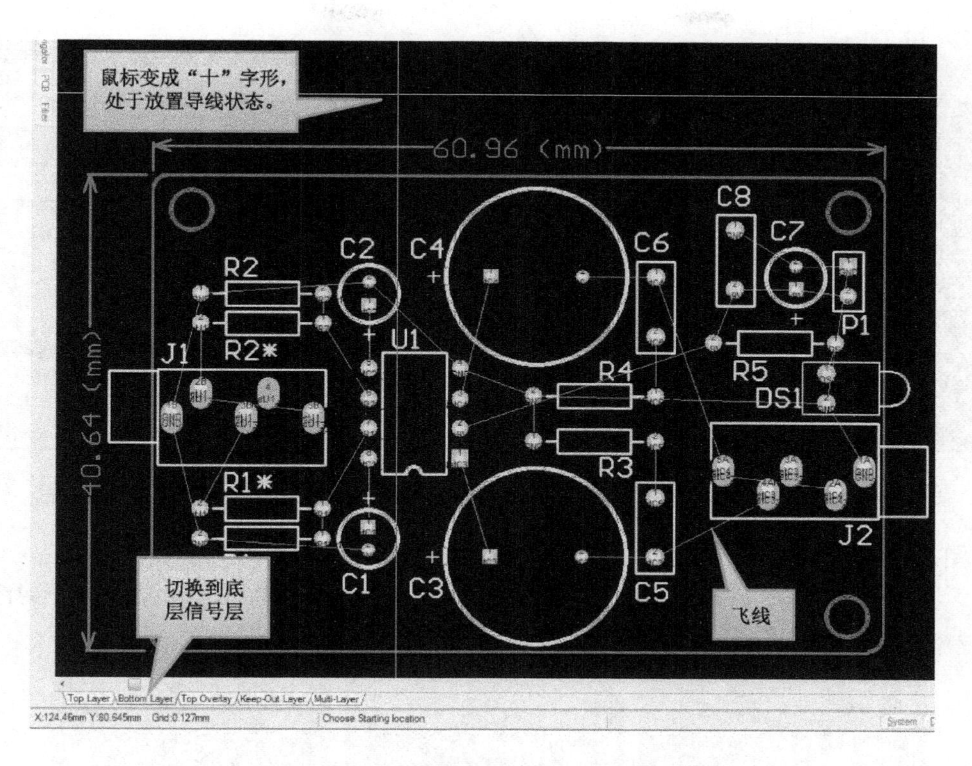

图 2.91　PCB 编辑器切换到“Bottom Layer”

单击菜单栏的 放置(P) 菜单，弹出下拉菜单，选择 交互式布线(T) 并单击，鼠标变成“十”字形处于放置导线状态（或单击鼠标右键选择“交互式布线”，还可以单击“配线”工具栏 中的第一个工具），如图 2.91 所示。把除了电源网络和地网络外的其他网络先布好，然后再布地线（严格按一点接地布线），最后布电源线。图中焊盘之间的那条细细的丝线称为“飞线”，用来描述各焊盘间的连接关系，连在同一条飞线上的焊盘网络名称都一样，属于同一个网络。另外按住“Shift”键不放，再按“Space”键可以切换导线的拐角模式，拐角模式一共有五种：135°（或叫 45°）拐角、90°拐角、135°圆弧、90°圆弧、任意角度。最经常采用的是 135°拐角模式，其次是圆弧，导线的拐角不能小于 90°且尽量避免直角（90°）。理论上最优的拐角模式是圆弧，但是圆弧一方面比较难画得整齐，另一方面不好加工，所以较少采用。绘制好的 PCB，如图 2.92 所示。

2.5.9　地线覆铜

PCB 的覆铜一般都是连在地线上，增大地线面积，有利于地线阻抗降低，使电源和信号传输稳定，在高频的信号线附近覆铜，可大大减少电磁辐射干扰。总的来说增强了 PCB 的电磁兼容性，提高板子的抗干扰能力，同时还可以起到散热的效果。以下讲述覆铜的具体操作。

单击菜单栏的 放置(P) 菜单，弹出下拉菜单，选择 覆铜(G)... 并单击（或单击“配线”工具栏 中倒数第三个工具），弹出“覆铜”对话框，如图 2.93 所示。

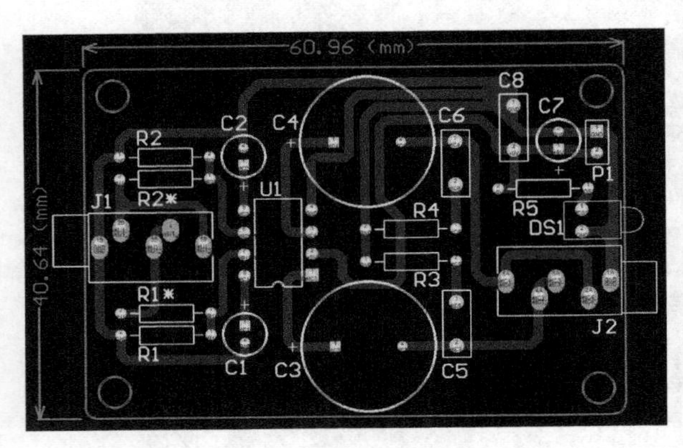

图 2.92　布好线的 PCB

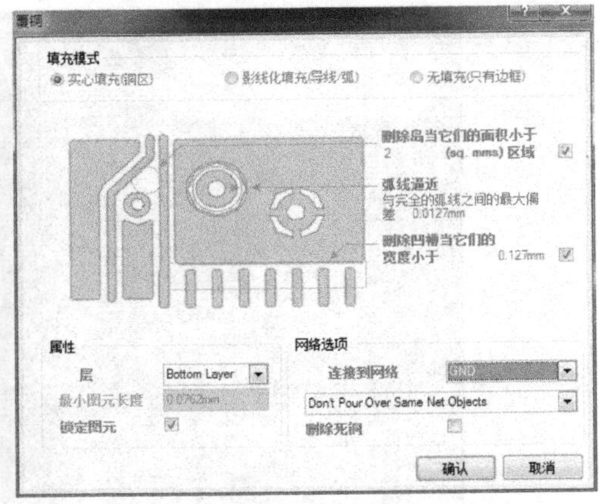

图 2.93　“覆铜”对话框

在图 2.93 中，有 3 个选项组，分别说明如下。

（1）填充模式。有 3 种模式可选：实心填充（铜区）、影线化填充（导线/弧）、无填充（只有边框）。三种模式的填充效果如图 2.94 所示。

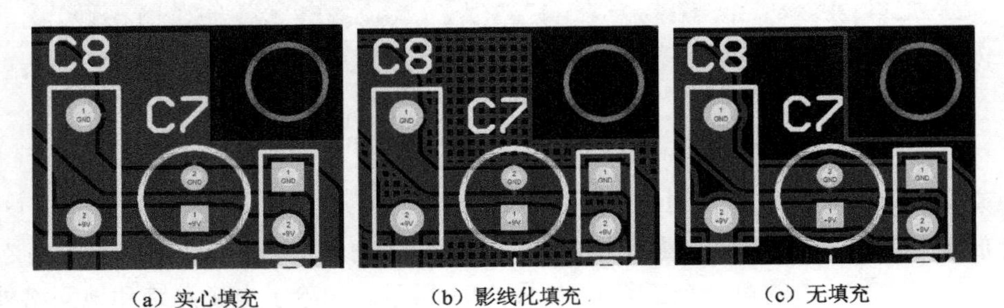

（a）实心填充　（b）影线化填充　（c）无填充

图 2.94　3 种填充效果

其中影线化填充模式又有 4 种样式可选：90 度（采用 90° 网格覆铜）、45 度（采用 45° 网格覆铜）、水平（采用水平线覆铜）、垂直（采用垂直线覆铜），效果如图 2.95 所示。

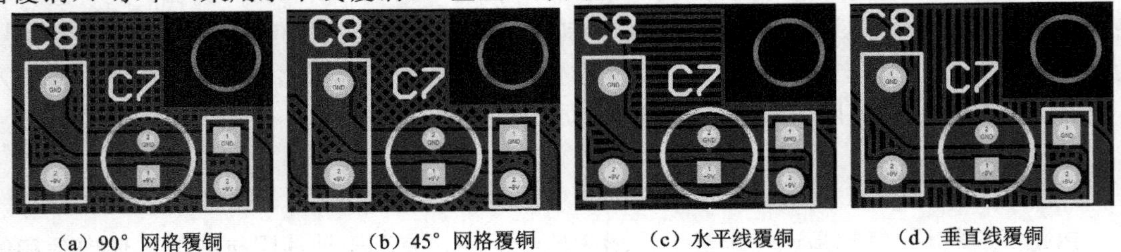

（a）90° 网格覆铜　（b）45° 网格覆铜　（c）水平线覆铜　（d）垂直线覆铜

图 2.95　4 种不同的覆铜样式

（2）属性。有 3 个设置项：层、最小图元长度和锁定图元。

层：设置覆铜所在的层。

最小图元长度：设置最短的铜膜网格线的长度，设置的值越小，则铜膜边缘越光滑，覆铜花费的时间也会变长，用户可根据实际需要输入合适的值，实心填充无效。

锁定图元：选中该复选项，表示将所有覆铜锁定为一个整体；否则，覆铜将被认为是由一条条导线构成的，并具备电路板导线的属性；两者只是属性上有所区别，外观一样；通常情况下选中该项。

（3）网络选项。主要是设置覆铜要连接的网络和设置覆铜是否覆盖相同网络以及是否删除死铜。“删除死铜”项选中与不选中的效果，如图 2.96 所示。

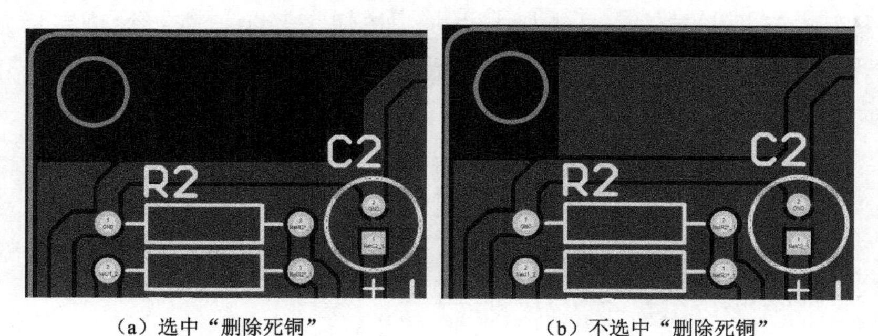

（a）选中“删除死铜”　　（b）不选中“删除死铜”

图 2.96　“删除死铜项”选中与不选中的效果

从图 2.96 中可以看出，所谓死铜，是指在覆铜之后与指定网络无法通过焊盘连接的孤立铜膜。该选项通常选中。

本电路中，填充模式选中“实心填充”，层选择“Bottom Layer（底层信号层）”，选中“锁定图元”，连接到网络选择“GND”，选中“删除死铜”。然后单击 确认 按钮，鼠标变成“十”字形，处于放置覆铜状态，然后像绘制导线一样绘制一个封闭的边界线，以确定需要覆铜的 PCB 区域，如图 2.97 所示。覆铜效果如图 2.98 所示。

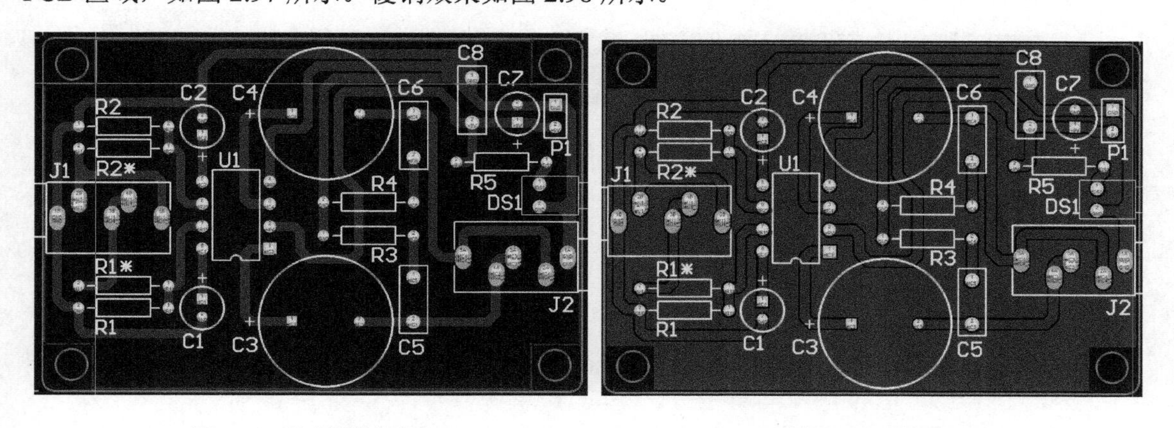

图 2.97　绘制覆铜区域　　图 2.98　覆铜效果

从图 2.98 可以看出，覆铜区域铜膜与导线之间的间距很小，这个距离就是前面规则设置时设置的安全距离。如果想将覆铜区域的铜膜与导线之间的距离加大，可以这样做：覆铜完成后，重新把规则里的安全间距设大，例如原来是“0.2mm”的，现在设成“0.5mm”（此时可以不必理会电路板上的间距约束冲突），然后双击 PCB 已覆铜的区域，弹出“覆铜设定”对话框，直接单击 确认 按钮，弹出一个对话框，单击 Yes 按钮，重新覆铜，这样覆铜区域和导线间的间距就加大了，然后再把规则里的“安全距离”设为“0.2mm”。除了这种方法之外，还可以单独给覆铜设置一个安全间距。

2.5.10 PCB 设计规则检查及浏览 3D 效果图

（1）设计规则检查。

单击菜单栏的 工具(T) 菜单，弹出下拉菜单，选择 设计规则检查(D)... 并单击，弹出“设计规则检查器”对话框，单击 运行设计规则检查(R)... 按钮，开始检查。检查完后发现有 10 个警告和 10 个错误，检查情况报表如图 2.99 所示，错误项显示在“Messages”面板上，如图 2.100 所示。

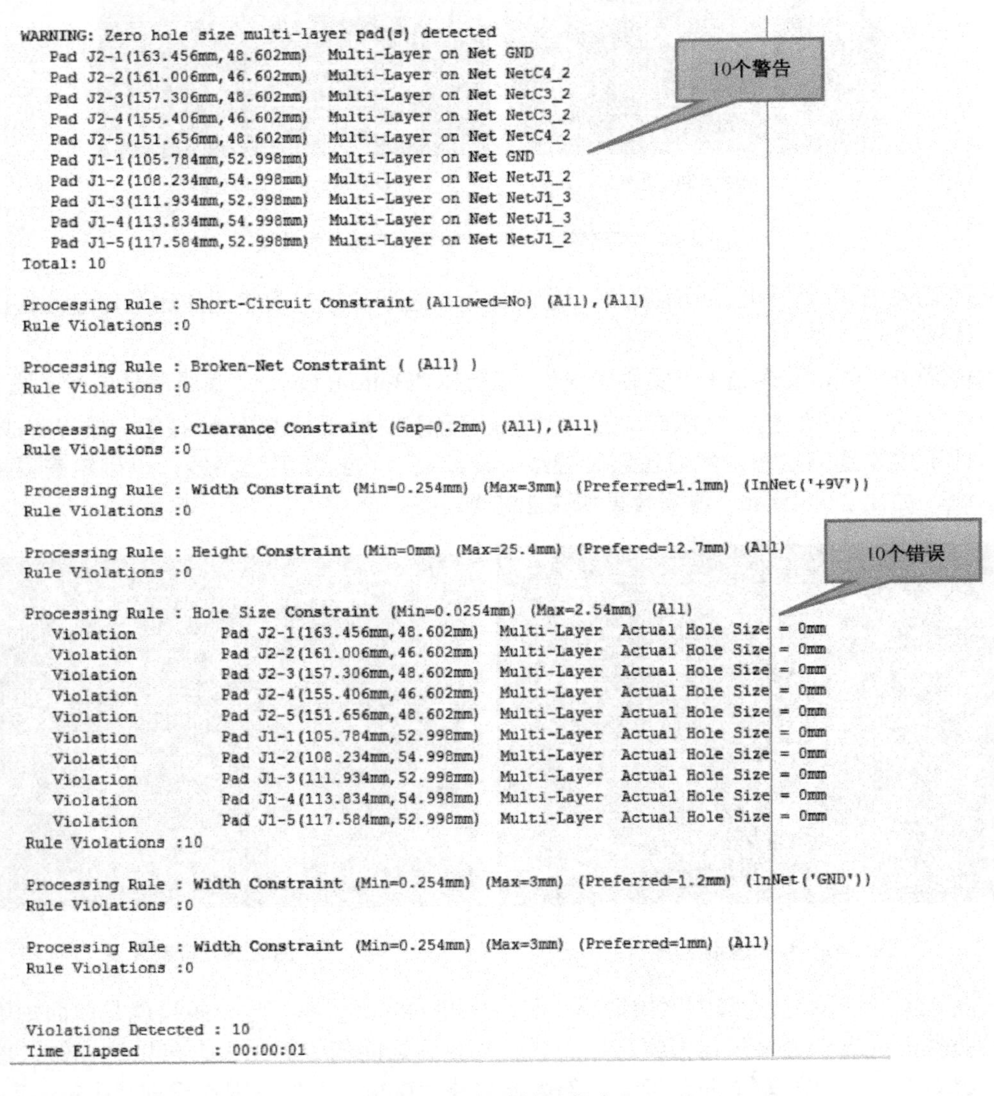


```
WARNING: Zero hole size multi-layer pad(s) detected
   Pad J2-1(163.456mm,48.602mm)  Multi-Layer on Net GND
   Pad J2-2(161.006mm,46.602mm)  Multi-Layer on Net NetC4_2
   Pad J2-3(157.306mm,48.602mm)  Multi-Layer on Net NetC3_2
   Pad J2-4(155.406mm,46.602mm)  Multi-Layer on Net NetC3_2
   Pad J2-5(151.656mm,48.602mm)  Multi-Layer on Net NetC4_2
   Pad J1-1(105.784mm,52.998mm)  Multi-Layer on Net GND
   Pad J1-2(108.234mm,54.998mm)  Multi-Layer on Net NetJ1_2
   Pad J1-3(111.934mm,52.998mm)  Multi-Layer on Net NetJ1_3
   Pad J1-4(113.834mm,54.998mm)  Multi-Layer on Net NetJ1_3
   Pad J1-5(117.584mm,52.998mm)  Multi-Layer on Net NetJ1_2
Total: 10

Processing Rule : Short-Circuit Constraint (Allowed=No) (All),(All)
Rule Violations :0

Processing Rule : Broken-Net Constraint ( (All) )
Rule Violations :0

Processing Rule : Clearance Constraint (Gap=0.2mm) (All),(All)
Rule Violations :0

Processing Rule : Width Constraint (Min=0.254mm) (Max=3mm) (Preferred=1.1mm) (InNet('+9V'))
Rule Violations :0

Processing Rule : Height Constraint (Min=0mm) (Max=25.4mm) (Prefered=12.7mm) (All)
Rule Violations :0

Processing Rule : Hole Size Constraint (Min=0.0254mm) (Max=2.54mm) (All)
   Violation        Pad J2-1(163.456mm,48.602mm)  Multi-Layer  Actual Hole Size = 0mm
   Violation        Pad J2-2(161.006mm,46.602mm)  Multi-Layer  Actual Hole Size = 0mm
   Violation        Pad J2-3(157.306mm,48.602mm)  Multi-Layer  Actual Hole Size = 0mm
   Violation        Pad J2-4(155.406mm,46.602mm)  Multi-Layer  Actual Hole Size = 0mm
   Violation        Pad J2-5(151.656mm,48.602mm)  Multi-Layer  Actual Hole Size = 0mm
   Violation        Pad J1-1(105.784mm,52.998mm)  Multi-Layer  Actual Hole Size = 0mm
   Violation        Pad J1-2(108.234mm,54.998mm)  Multi-Layer  Actual Hole Size = 0mm
   Violation        Pad J1-3(111.934mm,52.998mm)  Multi-Layer  Actual Hole Size = 0mm
   Violation        Pad J1-4(113.834mm,54.998mm)  Multi-Layer  Actual Hole Size = 0mm
   Violation        Pad J1-5(117.584mm,52.998mm)  Multi-Layer  Actual Hole Size = 0mm
Rule Violations :10

Processing Rule : Width Constraint (Min=0.254mm) (Max=3mm) (Preferred=1.2mm) (InNet('GND'))
Rule Violations :0

Processing Rule : Width Constraint (Min=0.254mm) (Max=3mm) (Preferred=1mm) (All)
Rule Violations :0


Violations Detected : 10
Time Elapsed        : 00:00:01
```

图 2.99 检查情况报表

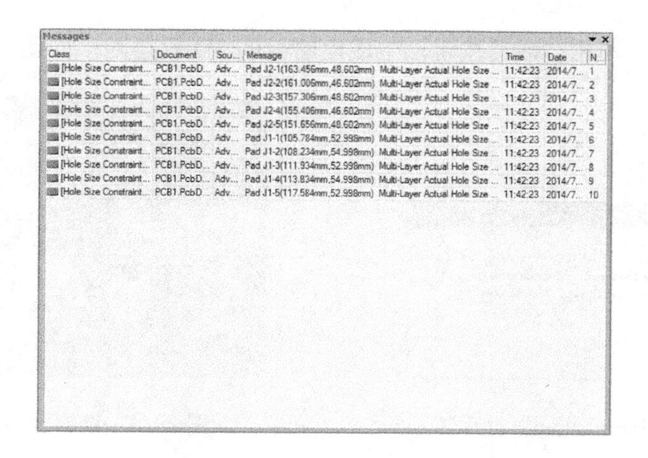

图 2.100 “Messages”面板

从图 2.99 中可以看出，错误出在 J1 和 J2 的焊盘孔上，焊盘孔径规则设置的范围为 0.0254～2.54mm，而 J1、J2 的焊盘孔径为 0mm，在设置的规则之外。要改正该错误，只需到规则设置里找到孔径约束项，把孔径的最小值设为 0mm 即可。具体操作如下：

单击菜单栏的 设计 (D) 按钮，选择 规则 (R)... 菜单，弹出“PCB 规则和约束编辑器”对话框，单击 ⊞ Manufacturing 前面的“+”号，弹出二级菜单，单击 ⊞ Hole Size 前面的“+”号，弹出三级菜单 HoleSize 并单击，将“约束”项的“最小值”改为“0mm”，然后单击“适用”按钮，最后单击“确认”按钮退出，如图 2.101 所示。

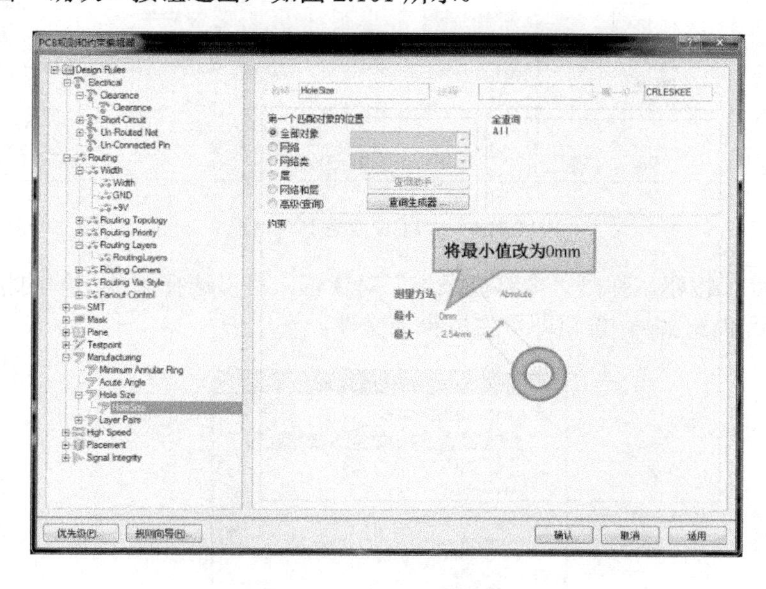

图 2.101 修改孔径约束项

重新再执行一次设计规则检查，“Messages”面板显示为空，无错误，PCB 板设计完成。警告可以不管。

（2）浏览 3D 效果图。

单击菜单栏的 查看 (V) 按钮，选择 显示三维PCB板 (3) 菜单，弹出“DXP Information”对话框，如图 2.102 所示。单击 OK 按钮，生成电路板的 3D 效果图，如图 2.103 所示。

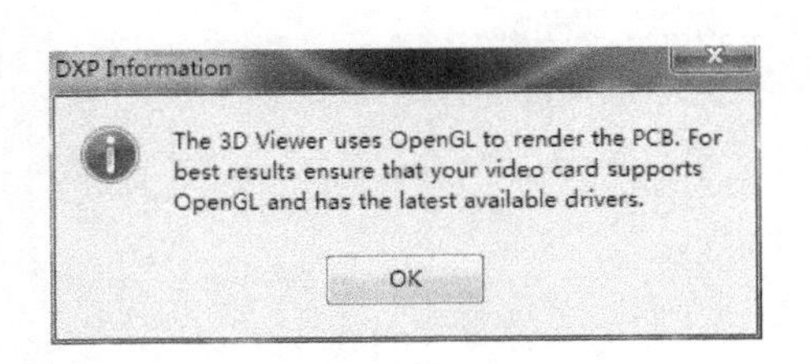

图 2.102 “DXP Information”对话框

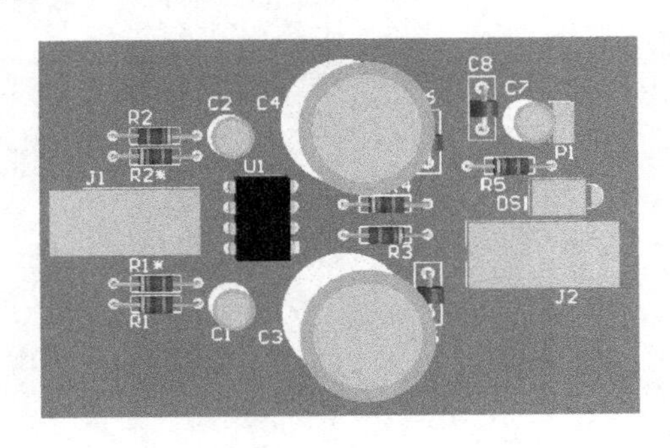

图 2.103 PCB 板的 3D 效果图

2.5.11 生成 PCB 信息报告

PCB 信息报告包括 PCB 板的元件数量、网络名称及数量、字符串数量、圆弧、导线、过孔、焊盘等的数量信息，具体操作如下。

（1）单击菜单栏的 报告(R) 菜单，弹出下拉菜单，选择 PCB板信息(B)... 菜单，弹出“PCB 信息”对话框，如图 2.104 所示。

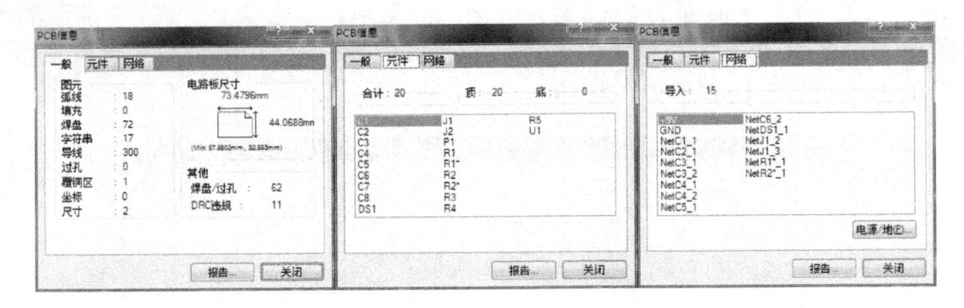

图 2.104 “PCB 信息”对话框

（2）单击 报告... 按钮，弹出“电路板报告”对话框，可以选择想要了解的相关信息，如图 2.105 所示，然后单击 报告... 按钮即可生成报告文件。

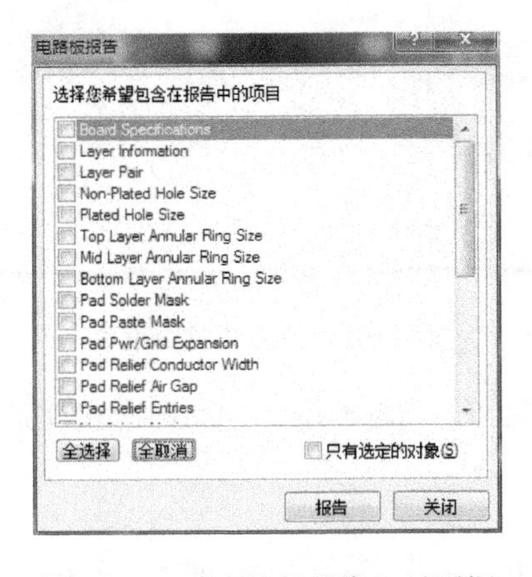

图 2.105 “电路板报告”对话框

2.6　小结与习题

1．小结

本项目通过一个模拟电子电路图（功放电路），详细介绍了从制作原理图模板到绘制原理图再到 PCB 设计的完整过程。

（1）原理图模板参数设置、制作与调用。

（2）原理图的绘制技巧和绘制过程中经常使用的工具、快捷键等的应用。

（3）原理图库元件的制作与调用。

（4）PCB 板的手工布局技巧。

（5）功放 PCB 板设计的注意事项与接地线的设计。

（6）覆铜的设置与操作。

（7）设计规则检查（DRC 检查）的操作与处理方法。

（8）生成 PCB 信息报告。

2．习题

（1）按图 2.106 绘制双声道小功放的原理图与 PCB 图，库中找不到的元件请自制。

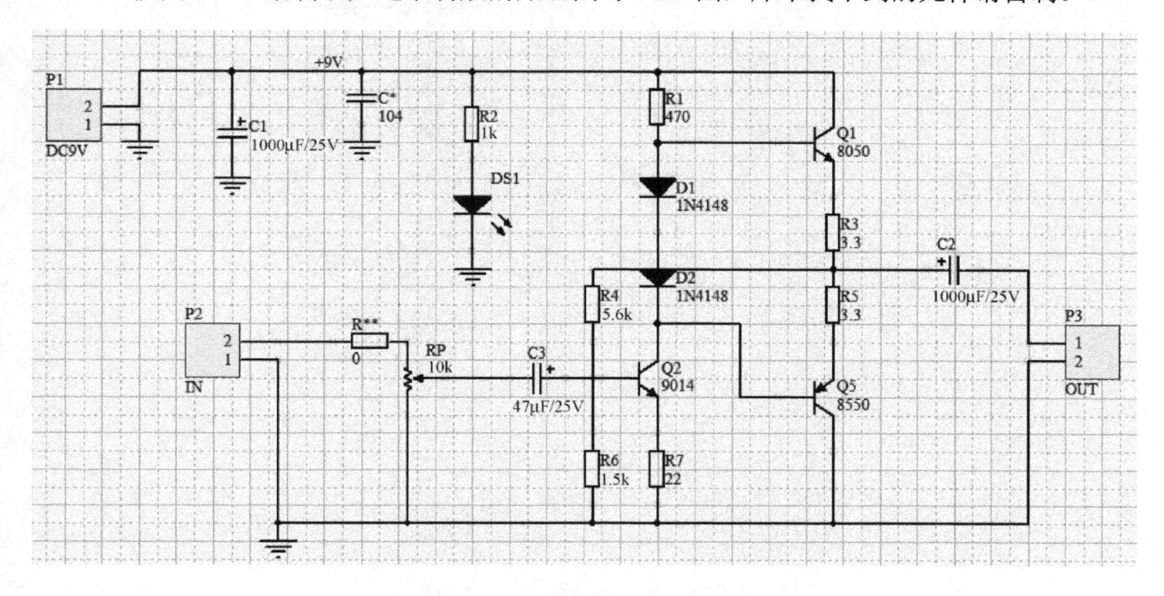

图 2.106　双声道小功放的原理图

（2）按图 2.107 绘制 NE5532 前级运算放大器的电路原理图与 PCB 图，若库里没有的元件请自制。

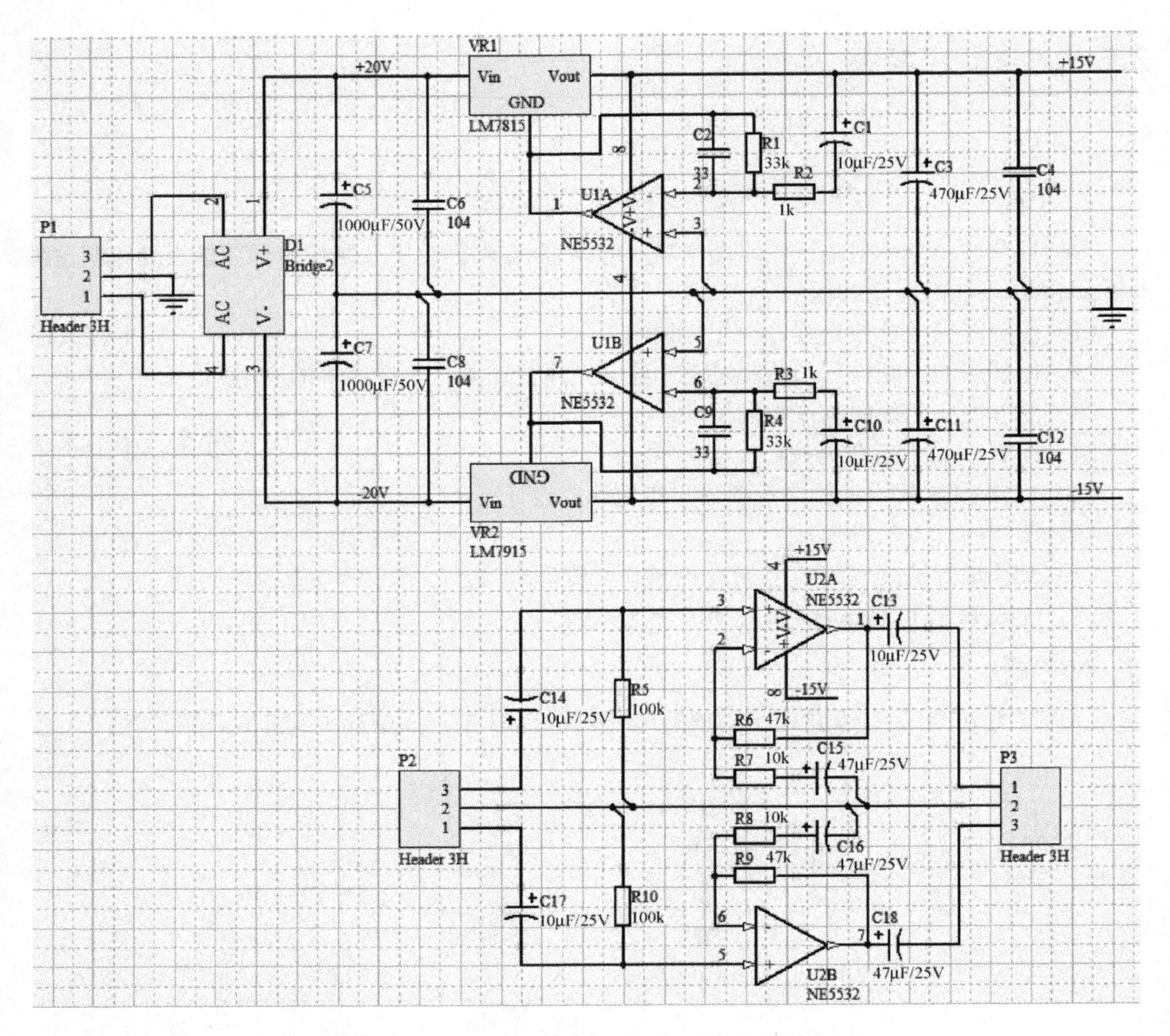

图 2.107　NE5532 前级运算放大器的电路原理图

计数器电路设计

3.1 设计任务与能力目标

1．设计任务

（1）绘制计数器电路原理图，如图 3.1 所示。

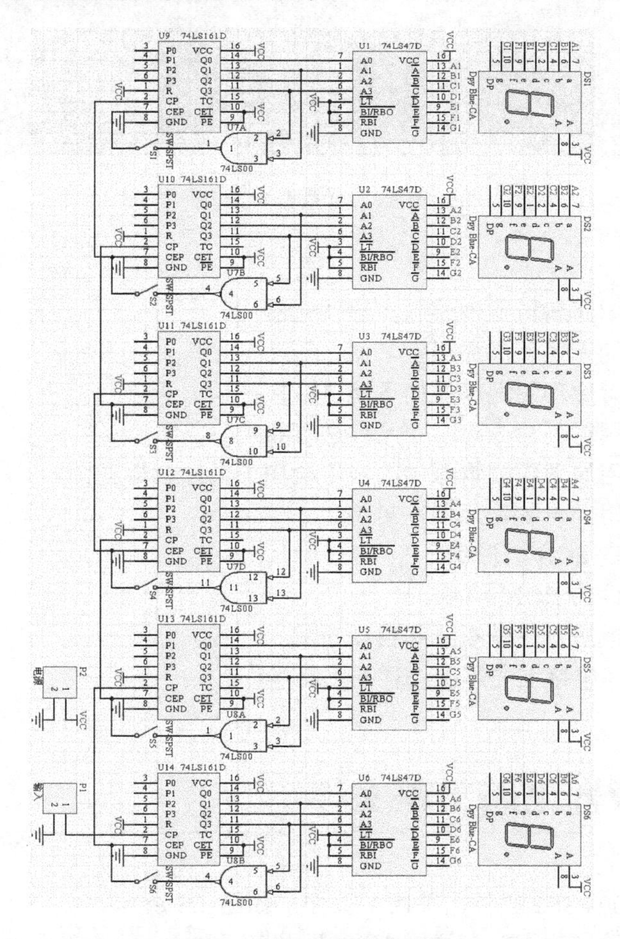

图 3.1　计数器电路原理图

（2）绘制计数器的印制电路板图（即 PCB 图），如图 3.2 所示。

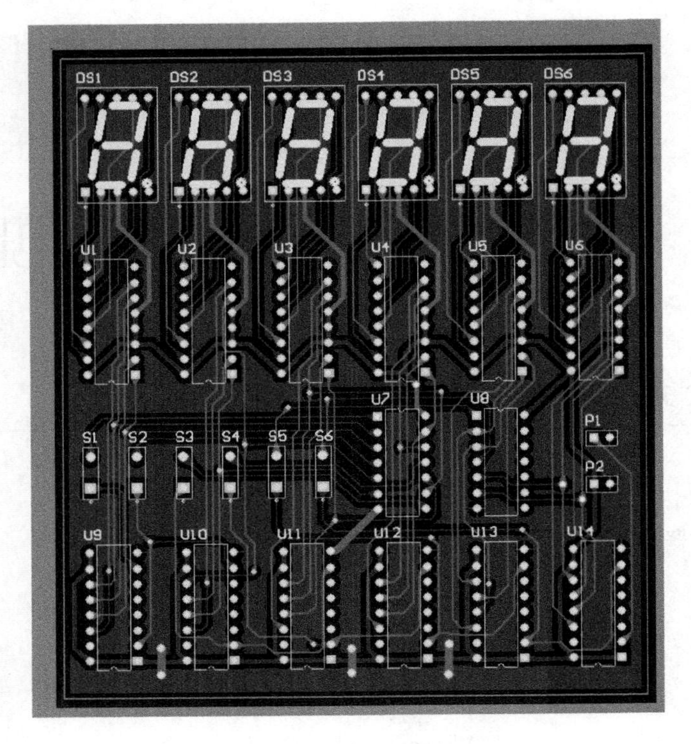

图 3.2　计数器 PCB 图

2．能力目标

（1）能够在原理图库编辑器中绘制多部件元器件。
（2）能够给新建的元器件添加属性。
（3）能够熟练设置原理图编辑器的环境。
（4）能够熟练使用排列命令对多个元件进行布局。
（5）能够熟练使用原理图编辑器中的常用绘图工具绘制原理图。
（6）能够熟练使用向导制作元器件封装。
（7）能够重新设定 PCB 板形状。
（8）能够查看元件的 BOM 清单。
（9）能够对双面板进行手动布线和自动布线。
（10）掌握对 PCB 电路上的焊盘进行补泪滴操作。

3.2　创建计数器电路工程文件

（1）打开 DXP 2004 SP2 软件，关闭主页面，如图 3.3 所示。
（2）单击菜单栏的 文件(F) → 创建(N) ▸ → 项目(J) ▸ → PCB项目(B) ，如图 3.4 所示。

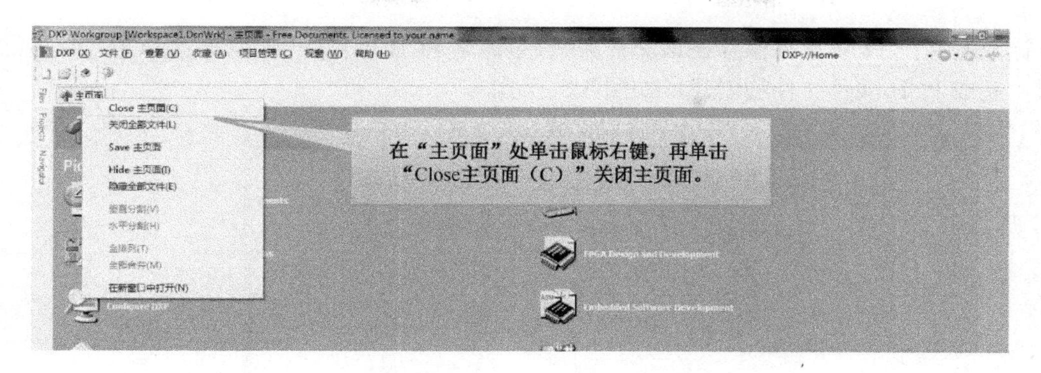

图 3.3　关闭主页面操作

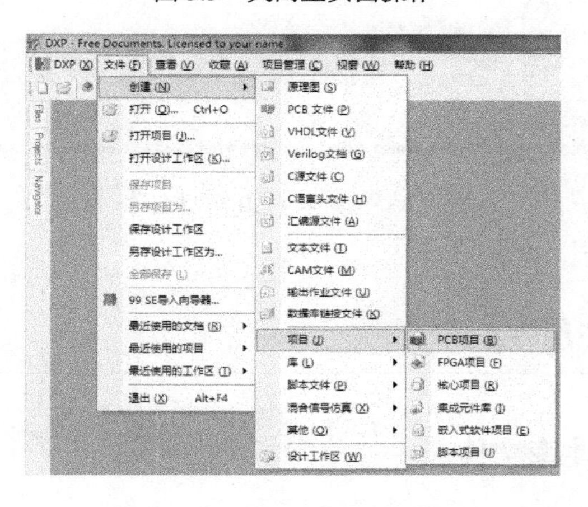

图 3.4　创建 PCB 项目文件

（3）在左侧 Projects 标签栏建立了一个 PCB 项目文件，在 PCB_Project1.PrjPCB 上单击鼠标右键，弹出快捷菜单，选择 保存项目 选项，如图 3.5 所示。

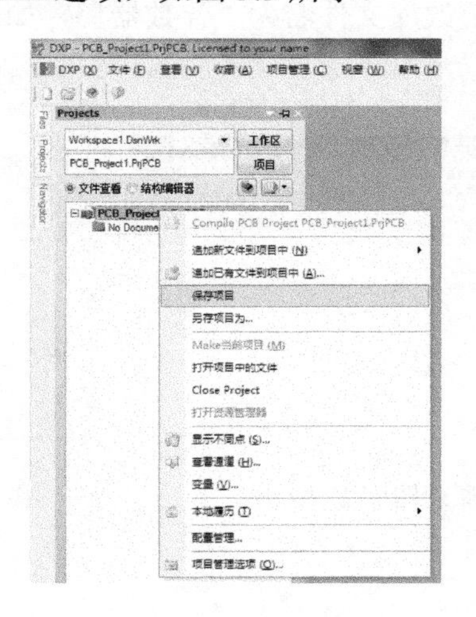

图 3.5　“保存项目”选项

（4）选择一个 PCB 项目的保存路径，本例选择 E 盘；在 E 盘新建一个文件夹，命名为“项目三计数器”，把 PCB 项目保存在该文件夹内，重命名 PCB 项目为“计数器.PrjPCB”，单击[保存(S)]按钮，完成 PCB 项目文件的创建，如图 3.6 所示。

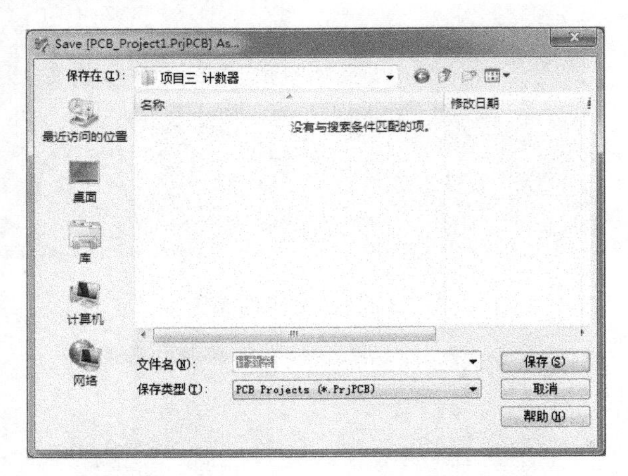

图 3.6　重命名 PCB 项目名称

3.3　原理图元件库设计

3.3.1　新建原理图元件库文件

（1）在[计数器.PRJPCB]上单击鼠标右键，选择[追加新文件到项目中(N)]，单击[Schematic Library]，新建一个名为“Schlib1.SchLib”的原理图库文件，如图 3.7 所示。

（2）单击工具栏的[保存]按钮，将原理图库文件保存在 PCB 项目文件夹内，完成新建原理图库文件（在保存过程中也可以更改库文件名为“计数器”），如图 3.8 所示。

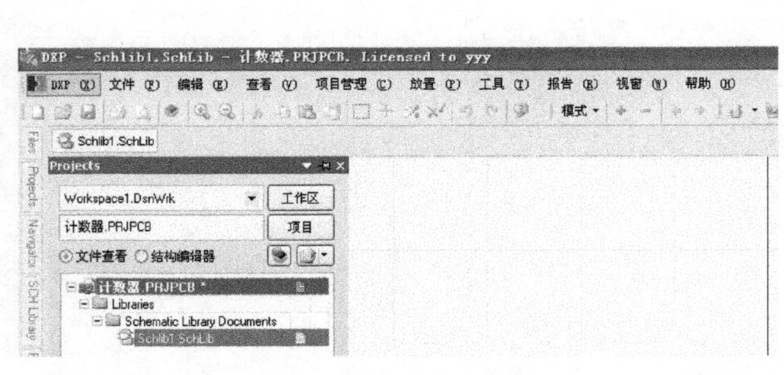

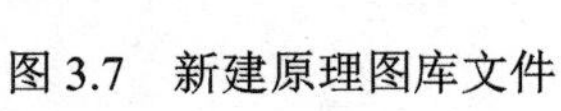

图 3.7　新建原理图库文件

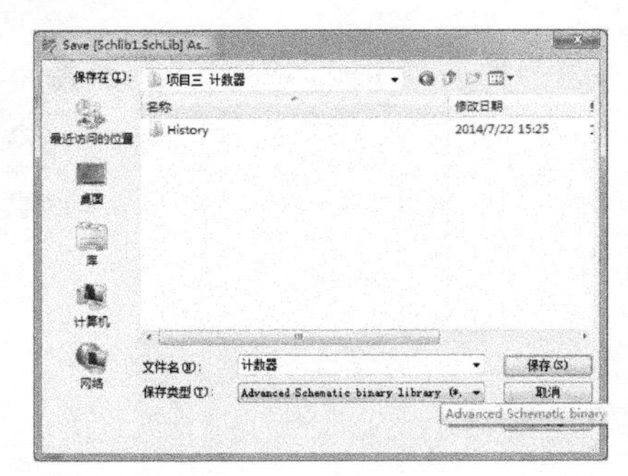

图 3.8　重命名原理图文件

3.3.2　绘制元件

在计数器电路中，数码管、开关、两脚插针等在软件自带的库里都能找到，其他芯片需要自己制作，按照前面介绍的方法依次操作，步骤如下。

（1）需要绘制元件 74LS47D，如图 3.9 所示。
（2）需要绘制元件 74LS161D，如图 3.10 所示。

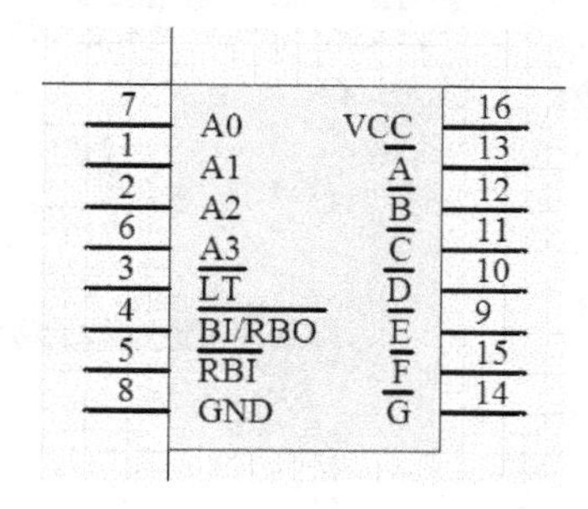

图 3.9　74LS47D 引脚图

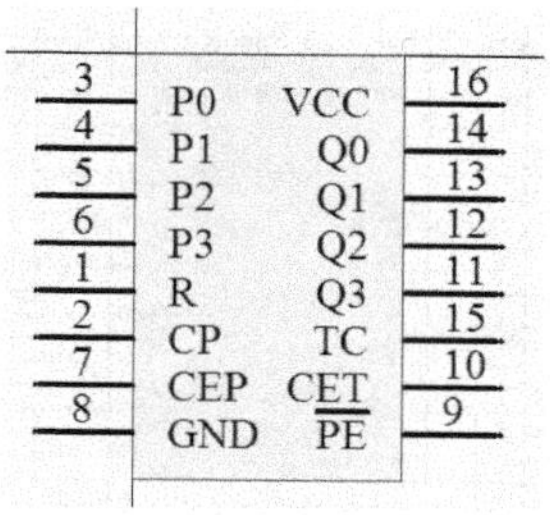

图 3.10　74LS161D 引脚图

（3）绘制多部件元件 74LS00，放置引脚、圆弧、直线等，如图 3.11 所示。

双击引脚 14，弹出“引脚属性”窗口，选中“隐藏”复选框，在“连接到”文本框中输入“VCC”，这个名称就是网络标号；设置隐藏后这个引脚就看不见了，画原理图时，这个隐藏的引脚不用连线，系统会自动连到与该引脚网络标号相同的网络上；在零件编号框中输入“0”，表示该引脚是各部件中的共用引脚。如图 3.12 所示。

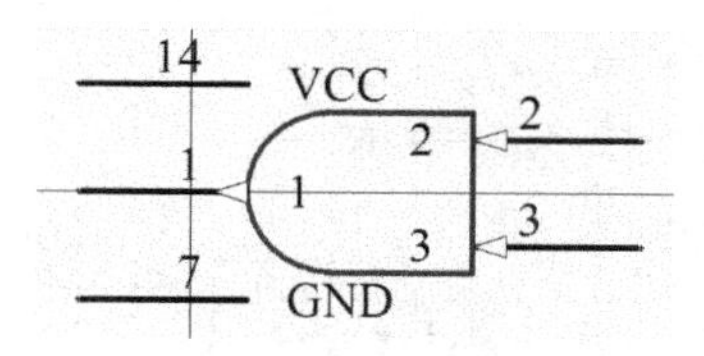

图 3.11　74LS00 引脚图

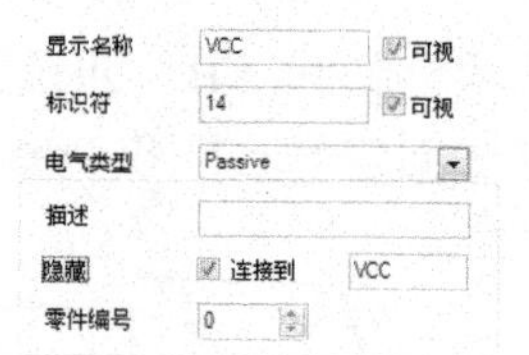

图 3.12　设置引脚 VCC

同样设置引脚 7 隐藏，并连接到 GND 网络，如图 3.13 所示。
设置完成后的效果如图 3.14 所示。

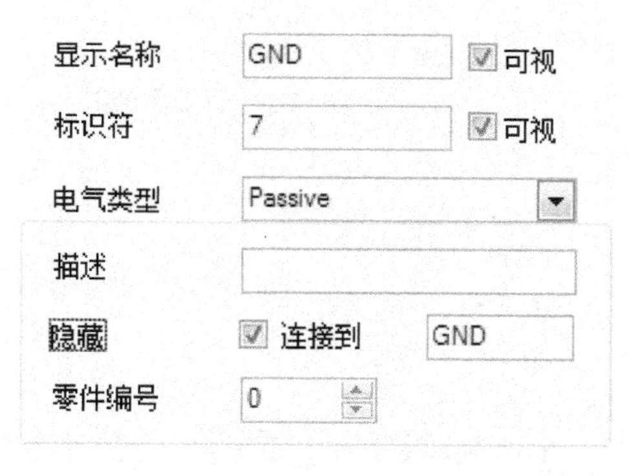

图 3.13　设置引脚 GND

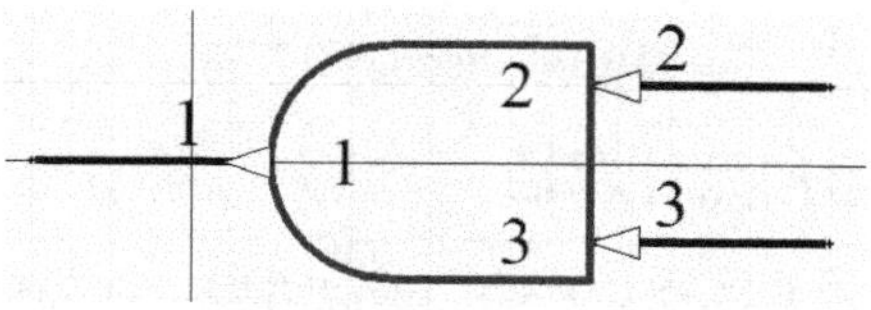

图 3.14　设置隐藏引脚后效果

接下来创建新部件，执行 工具（T）→ 创建元件（W）命令，如图 3.15 所示。
执行“创建元件”命令后显示一个空白的元件设计区，“SCH Library”面板中的器件自动更新为 Part A 和 Part B，如图 3.16 所示。

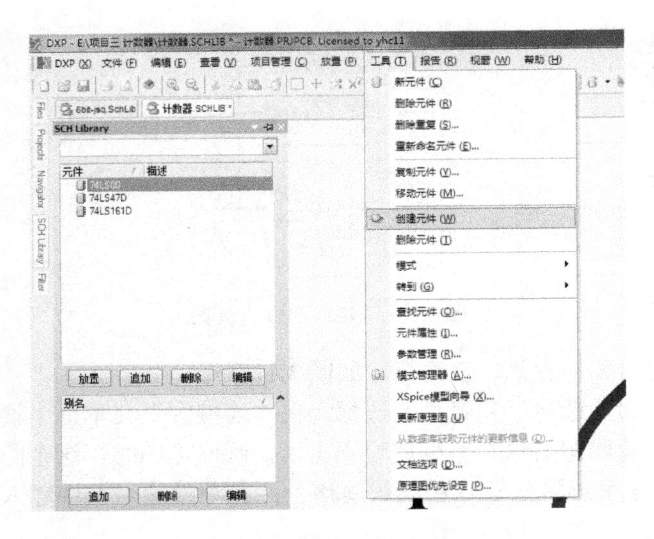

图 3.15　创建新部件操作

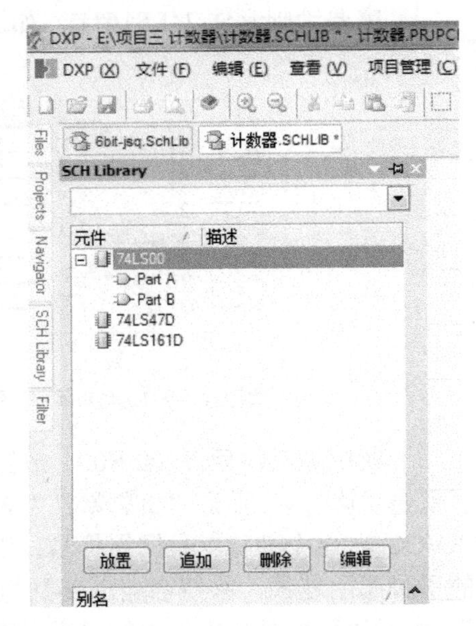

图 3.16　执行创建元件效果

按照上述步骤绘制 Part B，并设置引脚属性，如图 3.17 所示。

用同样的方法创建 Part C 和 Part D，如图 3.18～图 3.20 所示。

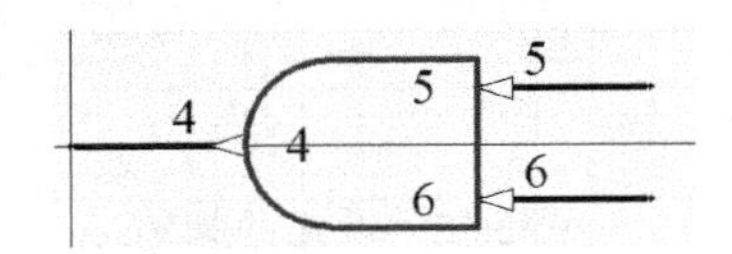

图 3.17　Part B 引脚图

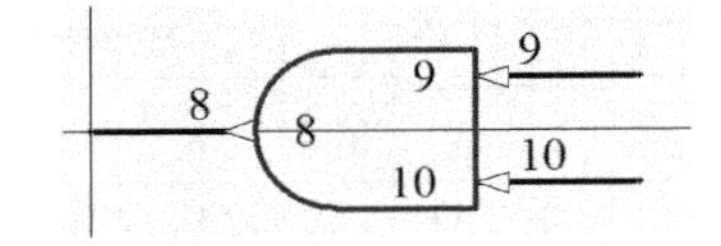

图 3.18　Part C 引脚图

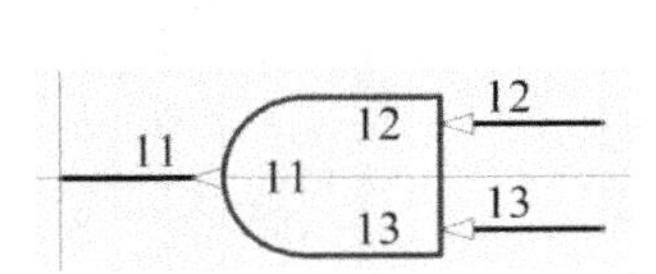

图 3.19　Part D 引脚图

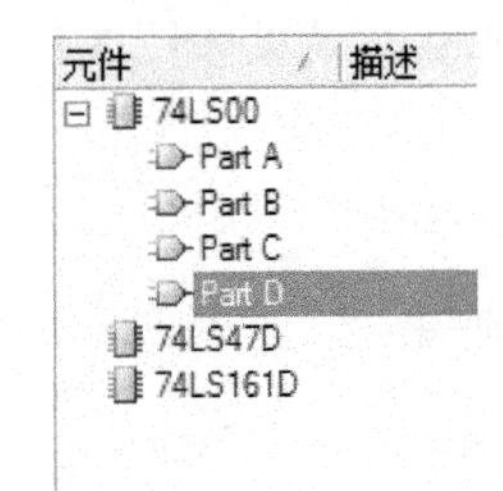

图 3.20　创建四个部件

3.3.3　添加元件属性

所有引脚都放置好后，需要设置元件的属性。单击菜单栏的 工具 (T) → 元件属性 (I)...，如图 3.21 所示。

图 3.21 “元件属性”菜单

弹出如图 3.22 所示的“元件属性”对话框。将“Default Designator”设置为“U？”；“注释”设置为“74LS47D”；“库参考”设置为“74LS47D”；给元件追加一个“DIP16”封装。设置完成后，单击 确认 按钮退出设置并保存。

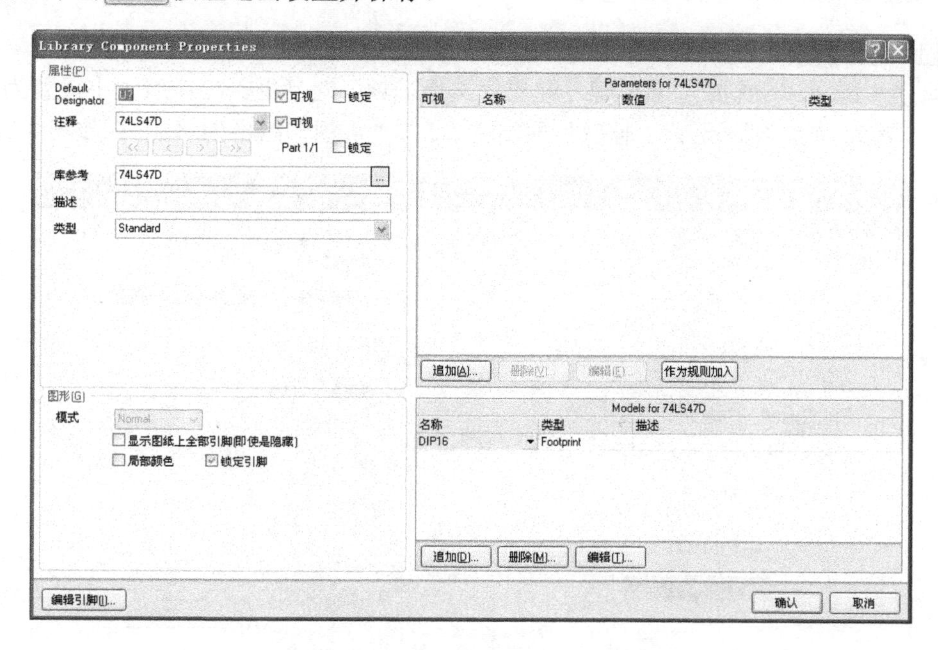

图 3.22 “元件属性”对话框

依次设置另外两个自制元件的属性，由于 74LS00 的封装需要自制，因此先不用追加封装。

3.4 计数器电路原理图设计

3.4.1 新建原理图文件

在 计数器.PRJPCB 上单击鼠标右键，在弹出的快捷菜单中选择 追加新文件到项目中 (N)，单击 Schematic，新建一个名为“Sheet1.SchDoc”的原理图文件，如图 3.23 所示。

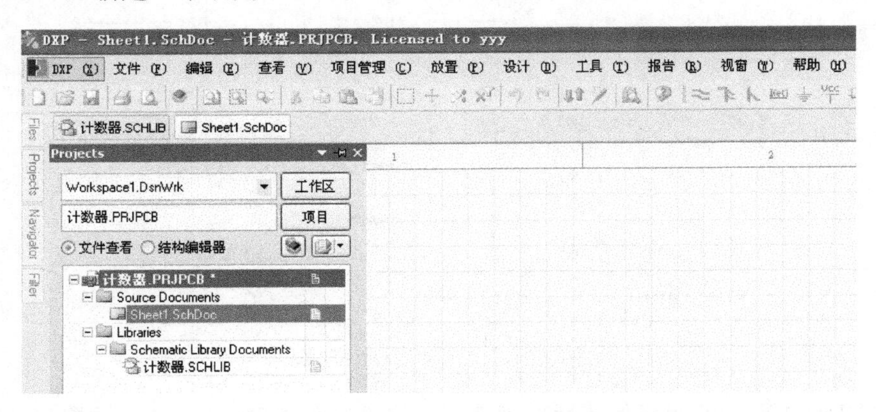

图 3.23 新建的原理图

3.4.2 设置原理图编辑器系统参数

设置原理图参数。

选择 文档选项 (O)... 或按“O”键，弹出“文档选项”对话框。将图纸大小设置为“A4”；图纸方向设置为“水平”；设置“捕获”网格为“5”，“可视”网格为“10”；如图 3.24 所示。

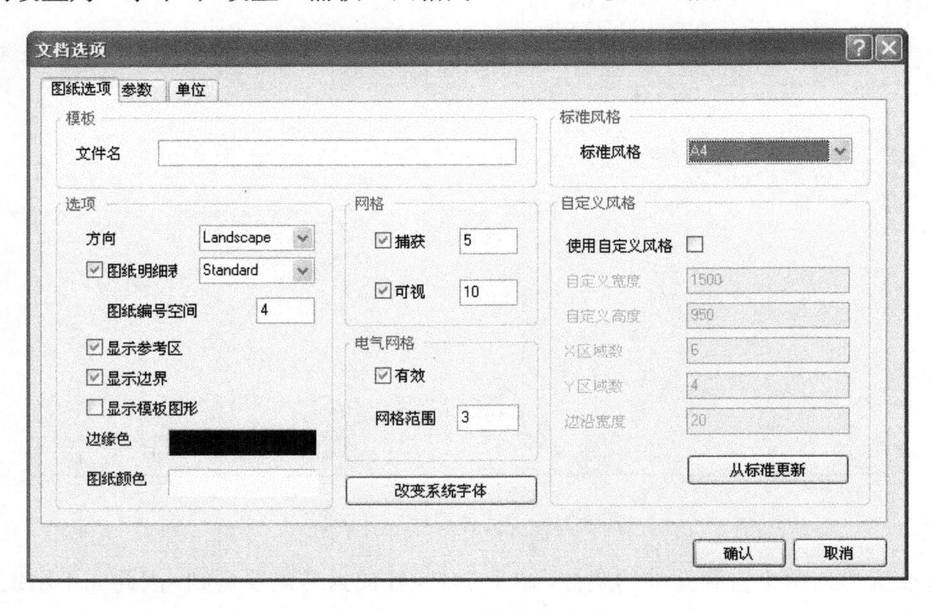

图 3.24 “文档选项”对话框

3.4.3 加载元件库

在 Protel DXP2004 SP2 中，在 PCB 项目下新建的原理图库文件会自动添加到元件库中，不需要自己加载，如图 3.25 所示。

3.4.4 放置元件及编辑元件属性

执行 报告（R）→ Bill of Materials 命令，如图 3.26 所示。

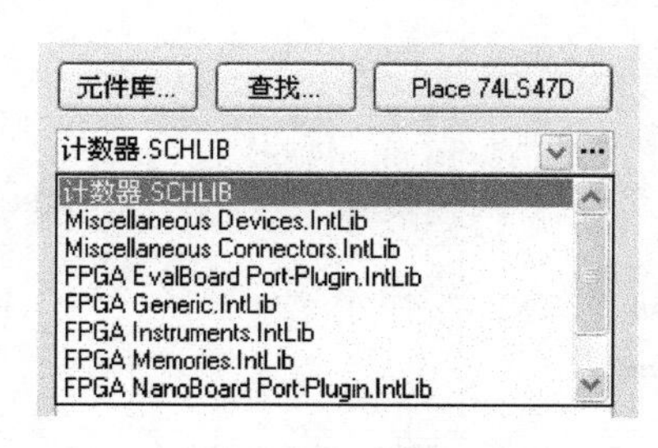

图 3.25 新建的元件库

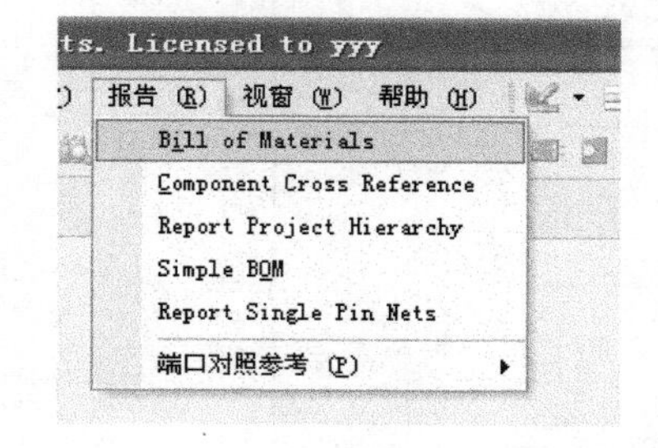

图 3.26 查看 BOM 操作

弹出 BOM 清单如图 3.27 所示。

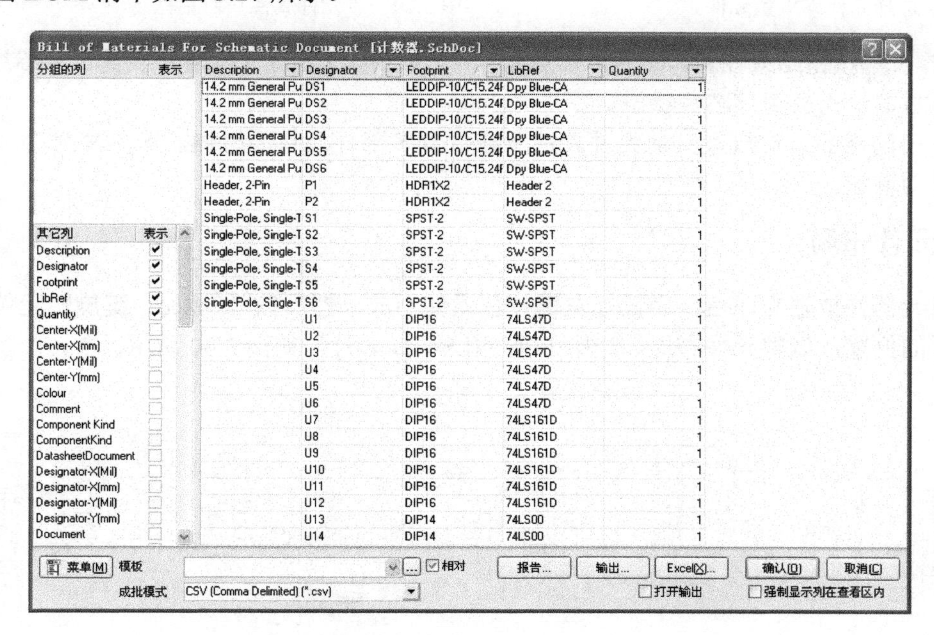

Description	Designator	Footprint	LibRef	Quantity
14.2 mm General Pu	DS1	LEDDIP-10/C15.24f	Dpy Blue-CA	1
14.2 mm General Pu	DS2	LEDDIP-10/C15.24f	Dpy Blue-CA	1
14.2 mm General Pu	DS3	LEDDIP-10/C15.24f	Dpy Blue-CA	1
14.2 mm General Pu	DS4	LEDDIP-10/C15.24f	Dpy Blue-CA	1
14.2 mm General Pu	DS5	LEDDIP-10/C15.24f	Dpy Blue-CA	1
14.2 mm General Pu	DS6	LEDDIP-10/C15.24f	Dpy Blue-CA	1
Header, 2-Pin	P1	HDR1X2	Header 2	1
Header, 2-Pin	P2	HDR1X2	Header 2	1
Single-Pole, Single-T	S1	SPST-2	SW-SPST	1
Single-Pole, Single-T	S2	SPST-2	SW-SPST	1
Single-Pole, Single-T	S3	SPST-2	SW-SPST	1
Single-Pole, Single-T	S4	SPST-2	SW-SPST	1
Single-Pole, Single-T	S5	SPST-2	SW-SPST	1
Single-Pole, Single-T	S6	SPST-2	SW-SPST	1
	U1	DIP16	74LS47D	1
	U2	DIP16	74LS47D	1
	U3	DIP16	74LS47D	1
	U4	DIP16	74LS47D	1
	U5	DIP16	74LS47D	1
	U6	DIP16	74LS47D	1
	U7	DIP16	74LS161D	1
	U8	DIP16	74LS161D	1
	U9	DIP16	74LS161D	1
	U10	DIP16	74LS161D	1
	U11	DIP16	74LS161D	1
	U12	DIP16	74LS161D	1
	U13	DIP14	74LS00	1
	U14	DIP14	74LS00	1

图 3.27 BOM 清单

由图 3.27 可以看到统计整个电路的元器件有 6 个 74LS47D 芯片、6 个 74LS161D 芯片、2 个 74LS00 芯片、6 个 LED 数码管、6 个双脚开关、2 个双脚插头。统计好后就可以按顺序依次从元件库里把它们取出来。

（1）首先从新建的元件库中把自制的芯片取出来。在元件库窗口中单击下拉按钮，选中“计数器.SCHLIB”，如图 3.28 所示。

单击 Place 74LS47D 按钮，元件会附着在鼠标上，把元件拖到原理图中间，看到元件后按“Tab” 键，调出“元件属性”对话框，将“标识符”改为“U1”，其他参数默认，如图 3.29 所示。

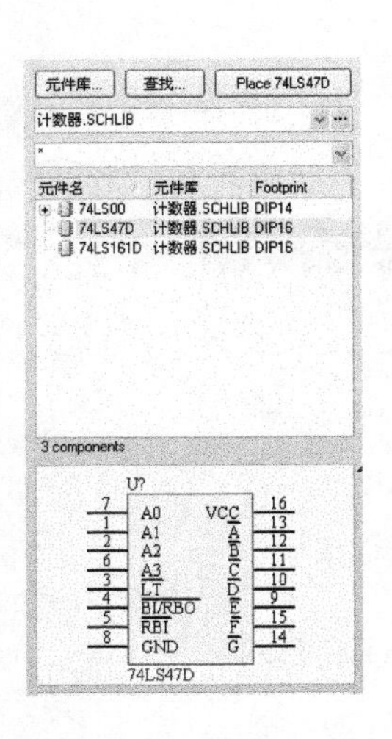

图 3.28　选择元件库放置元件

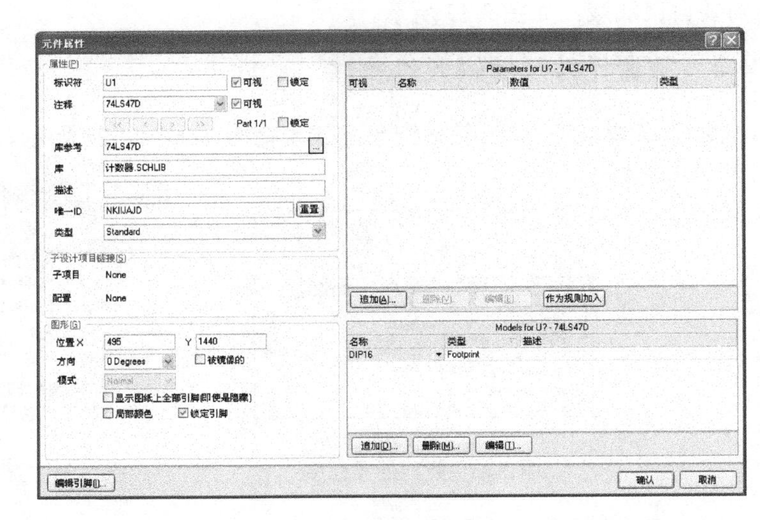

图 3.29　“元件属性”对话框

单击 确认 按钮结束设置，然后单击放置一个 74LS47D 芯片，再连续放置 5 个芯片，最后单击鼠标右键退出放置该芯片状态。

（2）用同样的方法放置其他元件。注意在放置多部件元件的时候，部件序号会和芯片编号一样自动增加。

3.4.5　元件布局

所有元器件放置完成后，用鼠标左键按住元件不放，然后按“Space”键旋转元件，再拖放到合适的位置，调整元件布局。选中 6 个 74LS47D 芯片，如图 3.30 所示。

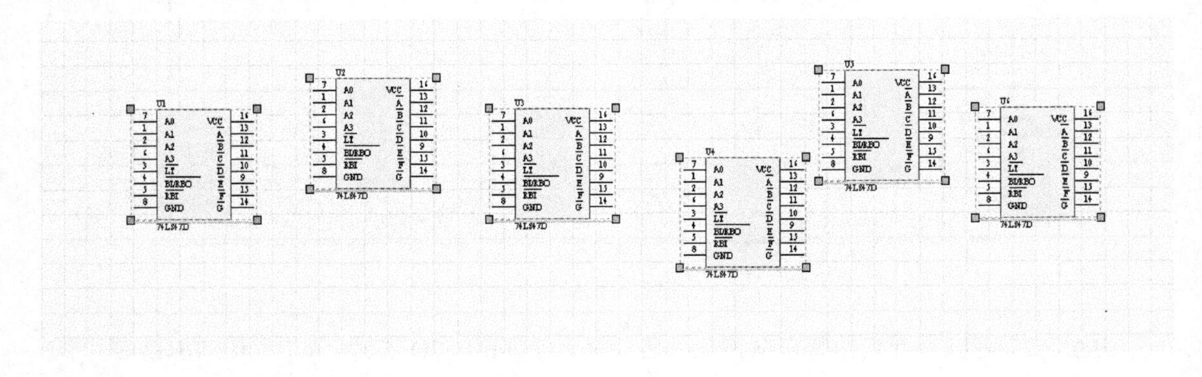

图 3.30　选中芯片

执行 编辑 (E) → 排列 (G) → 顶部对齐排列 (T)　Shift+Ctrl+T ，如图 3.31 所示。

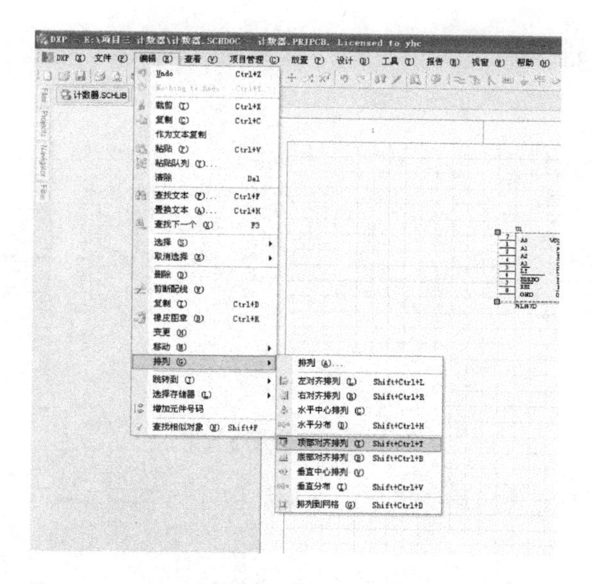

图 3.31　顶部对齐排列操作

执行后效果如图 3.32 所示。

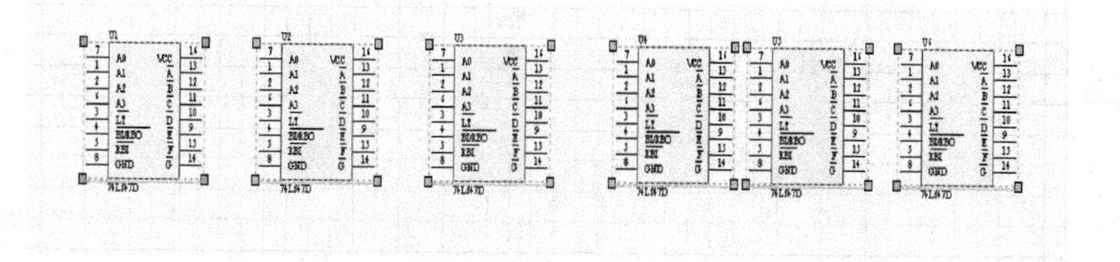

图 3.32　顶部对齐排列效果

执行 编辑 (E) → 排列 (G) → 水平分布 (D) Shift+Ctrl+H，如图 3.33 所示。

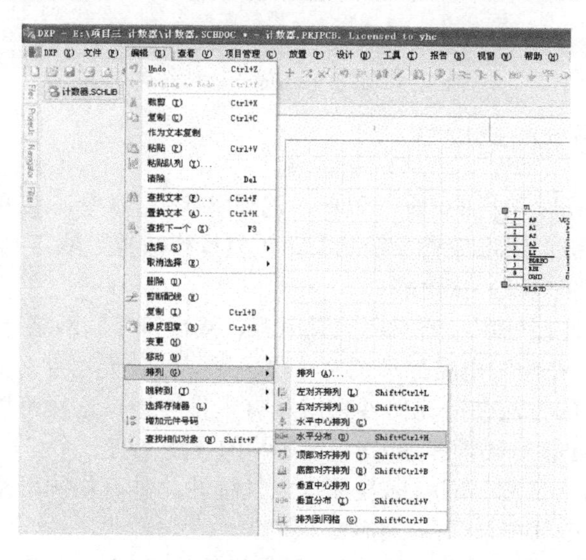

图 3.33　水平分布操作

执行后效果如图 3.34 所示。

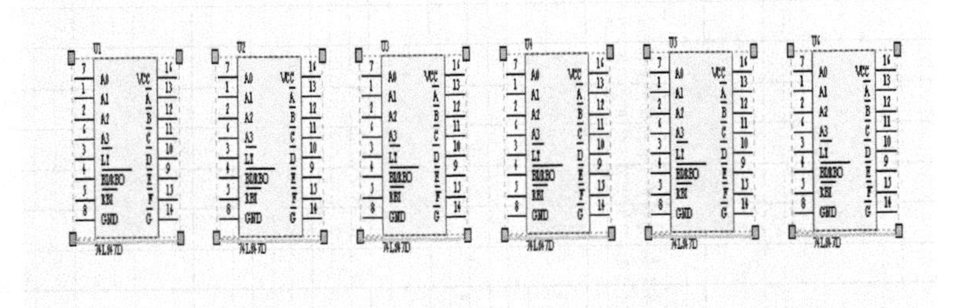

图 3.34　水平分布效果

按照以上操作将所有元件布局完成后的效果如图 3.35 所示。

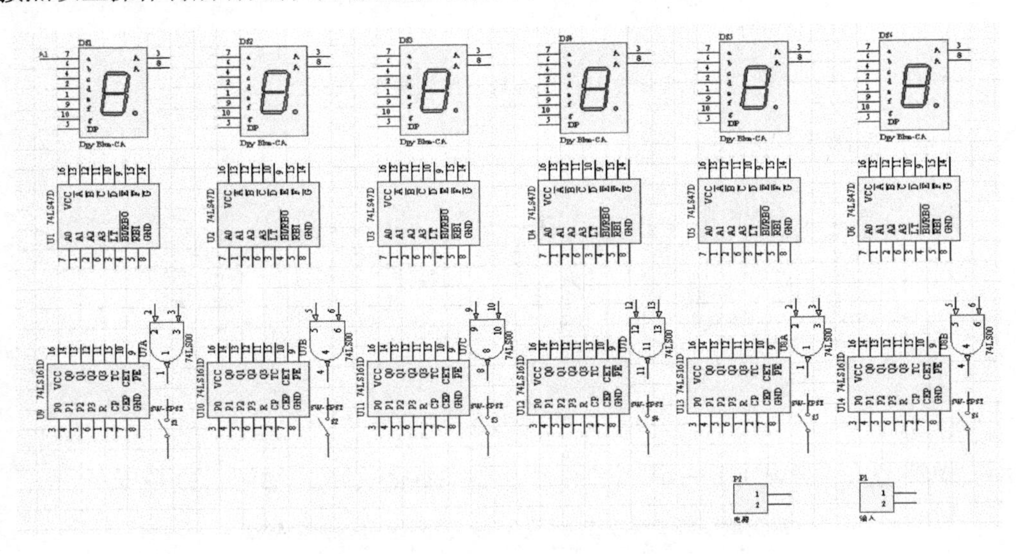

图 3.35　调整好后的元器件布局

3.4.6　线路连接及放置网络标号

（1）线路连接。单击菜单栏的 放置(P) 菜单，选择 导线(W) 命令（或单击工具栏的按钮），放置导线。单击鼠标右键会退出放置导线状态，重复操作放置导线工具，完成所有导线连接。

（2）放置网络标签和电源、接地端口。

把所有导线都放置连接好后，还需要放置电源、接地符号和网络标签。

① 放置网络标签。在绘制电路原理图时，除了用导线使元器件之间具有电气连接外，还可以通过设置网络标签的方法使得元器件之间具有电气连接，这样可以使图纸美观并节省图纸空间。在图 3.1 中，连接数码管和 74LS47D 芯片的导线上有一个“A1、B1”等网络标签，用于定义这条导线的网络名称。网络标签具有电气特性，具有相同网络标签的导线或元器件引脚属于同一网络，其电气关系都是连接在一起的。

单击菜单栏的 放置(P) → 网络标签(N)（或单击工具栏的按钮），如图 3.36 所示。

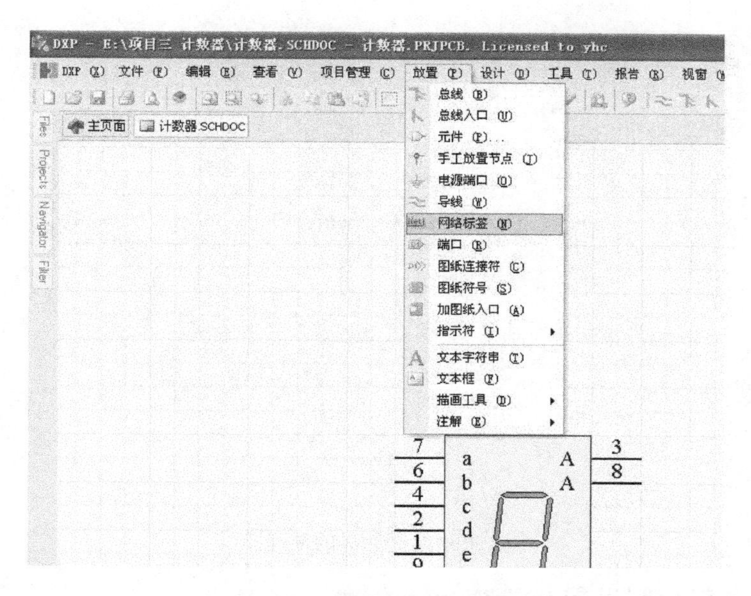

图 3.36　放置网络标签操作

鼠标处于放置网络标签状态，按“Tab”键，调出网络标签的属性设置对话框，将“Net”后的文字输入框输入“A1”，然后单击确认按钮退出，如图 3.37 所示。

设置好网络标签属性后，“A1”字符会附着在鼠标上，将鼠标移到 DS1 第 7 脚的导线上，当鼠标中心的叉变成红色后，表示 A1 的网络标签已和导线连接，此时单击鼠标左键将网络标签放置在导线上，同样在 U1 的 13 引脚放置网络标号“A1”，完成后，单击鼠标右键退出放置状态，如图 3.38 所示。

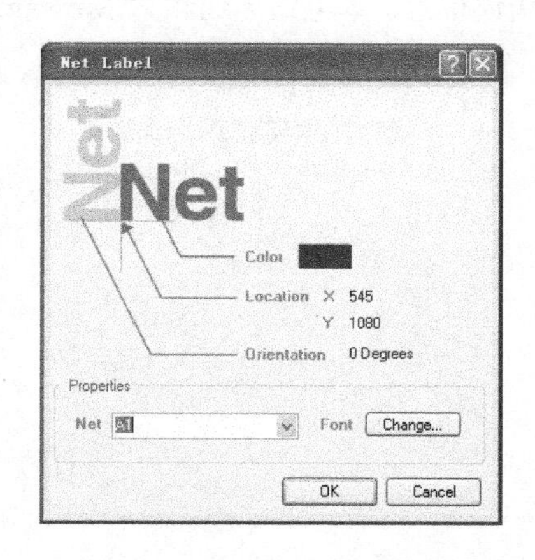

图 3.37　网络标签的属性设置

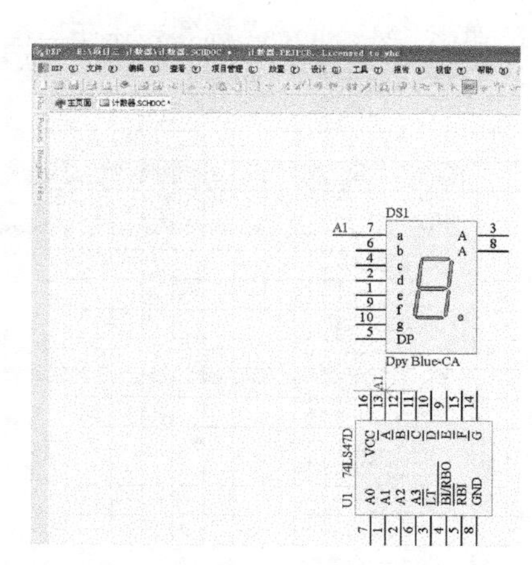

图 3.38　放置网络标签

② 放置电源、地端口符号。单击菜单栏的放置(P)→电源端口(O)（或单击工具栏的按钮），放置电源和地端口符号，全部完成后的效果如图 3.39 所示。

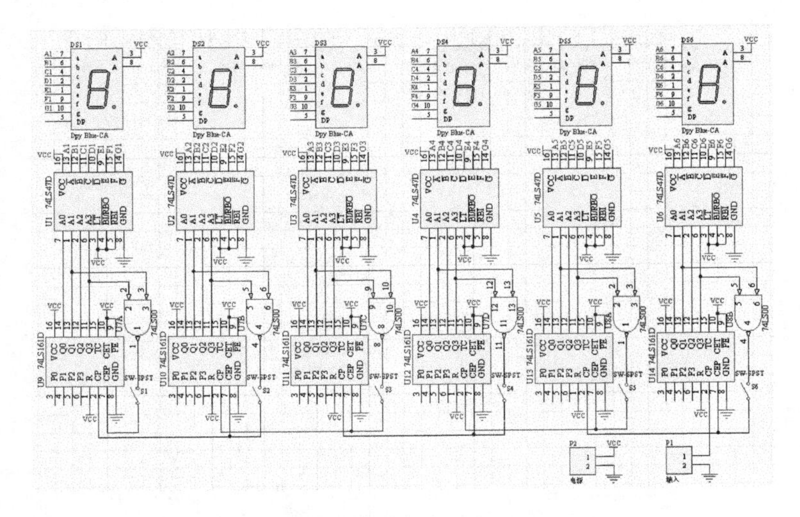

图 3.39　绘制完成的原理图

3.4.7　原理图电气规则设置与检查

（1）设置电气规则

单击菜单栏的 项目管理 (C)，选择最后一个 项目管理选项 (O)...，弹出如图 3.40 所示的对话框，一般情况下都不用更改，默认设置即可。

（2）电气规则检查，即编译原理图

单击菜单栏的 项目管理 (C)，选择 Compile PCB Project 计数器.PRJPCB，单击对工程进行编译并对其电气连接检查。如果电路图没有错误，不会弹出对话框；有错误，会在左边标签栏弹出“Messages”标签，并在里面显示警告信息和错误信息。本电路无错误，“Messages”标签里为空，如图 3.41 所示。

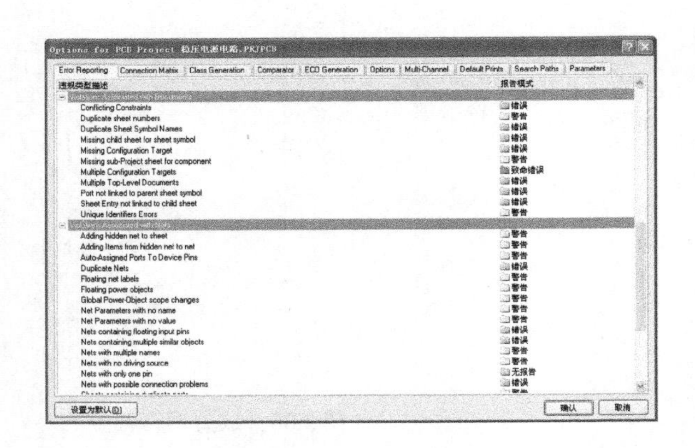

图 3.40　电气规则设置

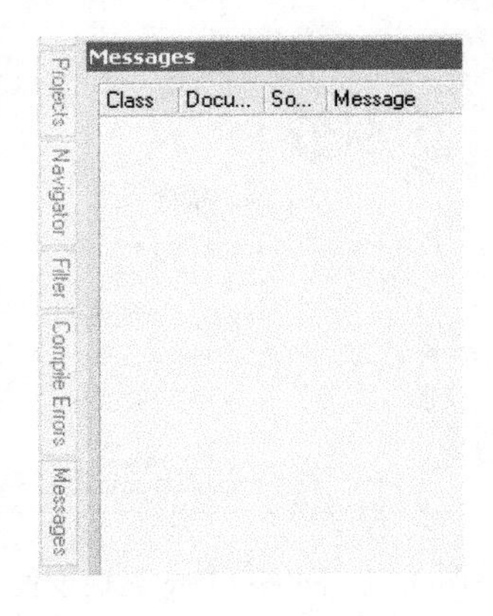

图 3.41　“Messages”标签

3.4.8　生成网络表

单击菜单栏的 设计 (D)，选择 文档的网络表 (E) ▸ 中的 Protel，如图 3.42 所示。

在 PCB 项目下生成 Protel 格式的网络表文件“计数器.NET”。生成网络表文件的同时，还生成了一个“Generated”文件夹和一个“Netlist Files”文件夹，如图 3.43 所示。双击“计数器.NET”文件可以打开网络表。

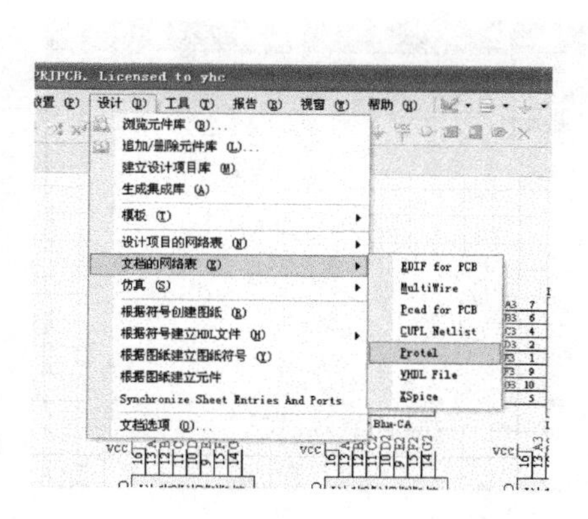

图 3.42　生成网络表操作

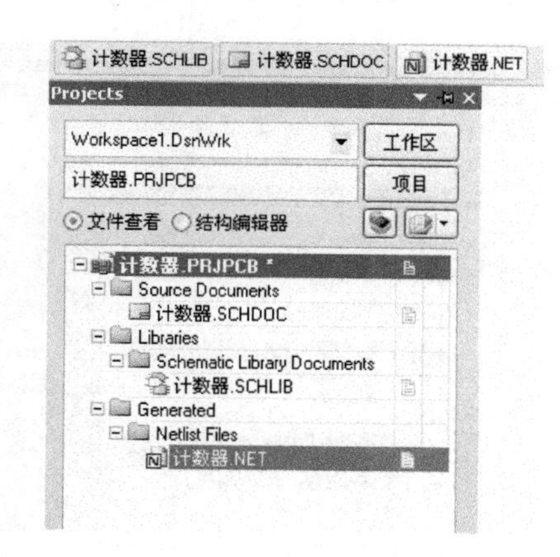

图 3.43　生成网络表文件

3.5 PCB 封装库设计

3.5.1 新建 PCB 封装库文件

（1）在 计数器.PRJPCB 上单击鼠标右键，选择 追加新文件到项目中(N)，再单击 PCB Library，新建一个名称为“Pcblib1.PcbLib”的封装库文件，操作步骤如图 3.44 所示。

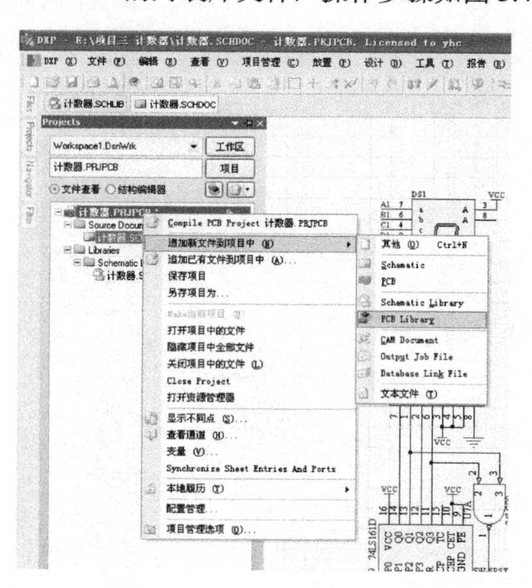

图 3.44　新建 PCB 封装库操作

在“Libraries”目录下建立文件名为“PcbLib1.PcbLib”的封装库文件，如图 3.45 所示。

（2）单击工具栏的“保存”按钮，将原理图库文件保存在 PCB 项目的文件夹内，完成封装库文件的新建。在保存过程中也可以更改库文件名为“计数器”，如图 3.46 所示。

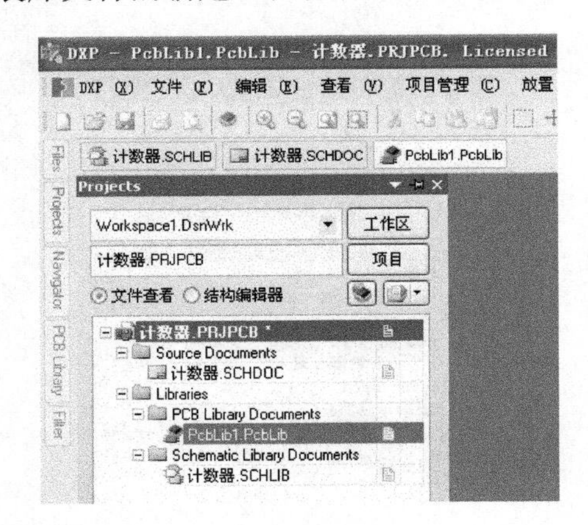

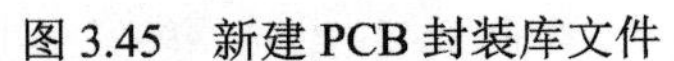
图 3.45　新建 PCB 封装库文件

图 3.46　重命名为“计数器”

3.5.2　用向导绘制 PCB 封装元件

给元器件选择合适的封装，是制作 PCB 板关键的一步，要求设计者对常用元器件的物理尺寸很熟悉，对于不熟悉的元件可以通过查询对应的数据手册，得出其物理尺寸，再选择系统自带库里的合适封装。但是系统并不能包含所有元器件的封装，遇到库里搜索不到的封装，就需要自行制作封装。下面以 74LS00 为例，介绍利用向导制作元件封装的方法。芯片 74LS00 的封装尺寸如图 3.47 所示。

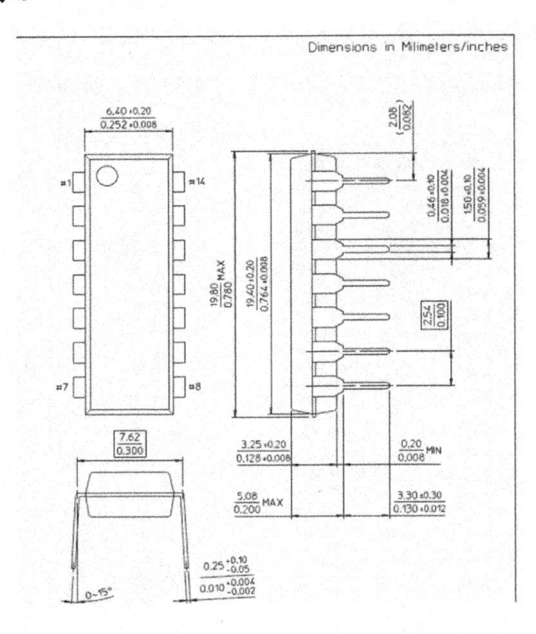

图 3.47　74LS00 封装尺寸图

（1）在“PCB Library”面板中，在“元件”列表中右击，系统将弹出如图 3.48 所示的快捷菜单。

在该菜单中选择 元件向导(W)... ，打开“元件封装向导”对话框，如图3.49所示。

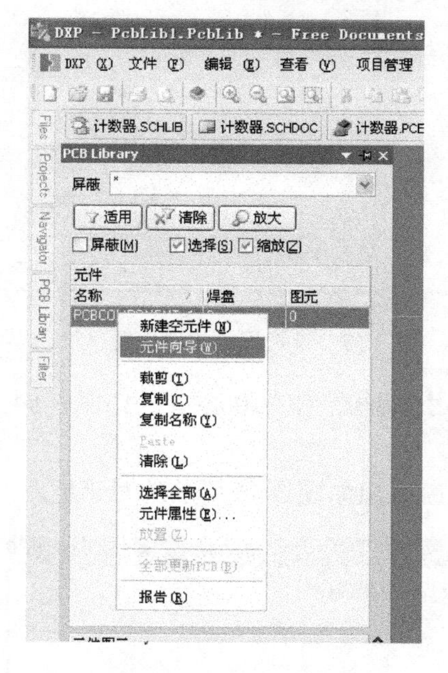

图3.48　元件向导操作

图3.49　“元件封装向导”对话框

单击 下一步> 按钮，系统弹出如图3.50所示的对话框。

在该对话框中提供了12种元件封装模式。本电路中选择“Dual in-line Package（DIP）”模式；“选择单位”为“Imperial（mil）”，单击 下一步> 按钮，系统弹出如图3.51所示的对话框。

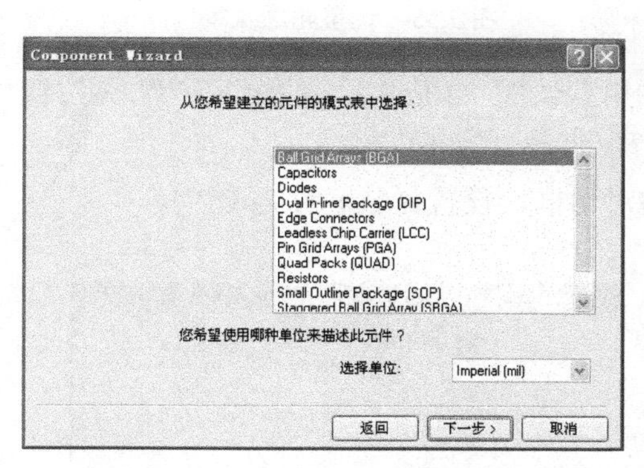

图3.50　元件封装模式选择

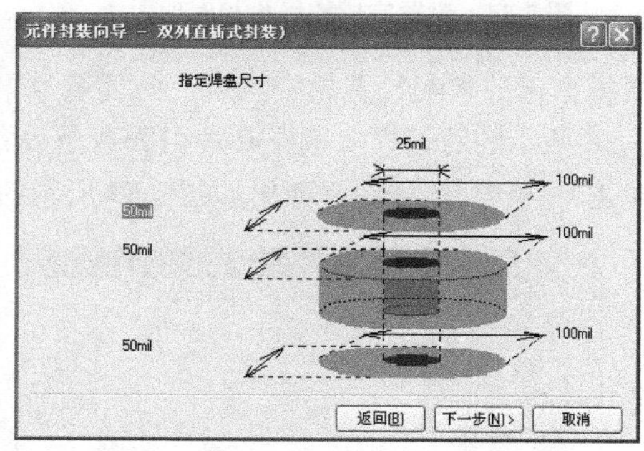

图3.51　焊盘尺寸设置

在该对话框中可以设置焊盘的尺寸，只需要在要修改的地方单击，然后输入对应的尺寸即可，修改完成的结果如图3.52所示。

设置好焊盘尺寸后，单击 下一步> 按钮，系统弹出如图3.53所示的对话框。

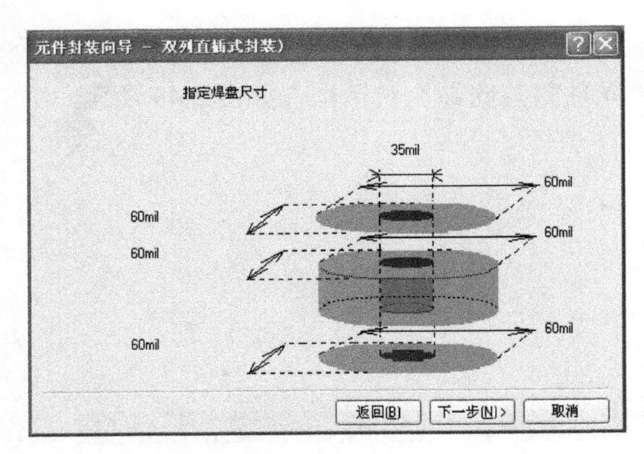

图 3.52　设置完成的焊盘尺寸

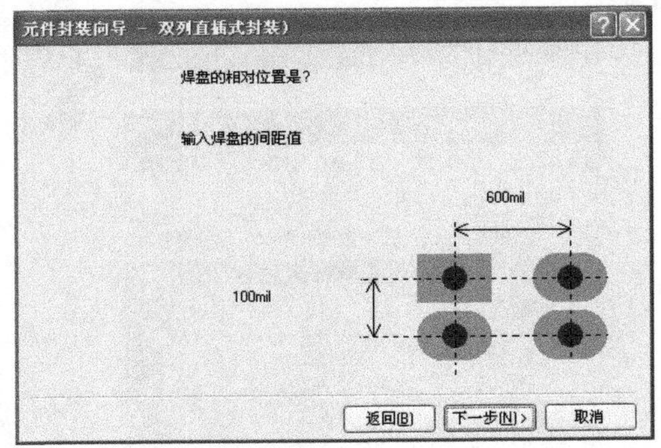

图 3.53　设置焊盘相对位置

在图 3.47 中找到两排引脚间距为“300mil”，相邻引脚间距为“100mil”，如图 3.54 所示完成设置。

设置好焊盘相对位置后，单击 下一步> 按钮，系统弹出如图 3.55 所示的对话框。

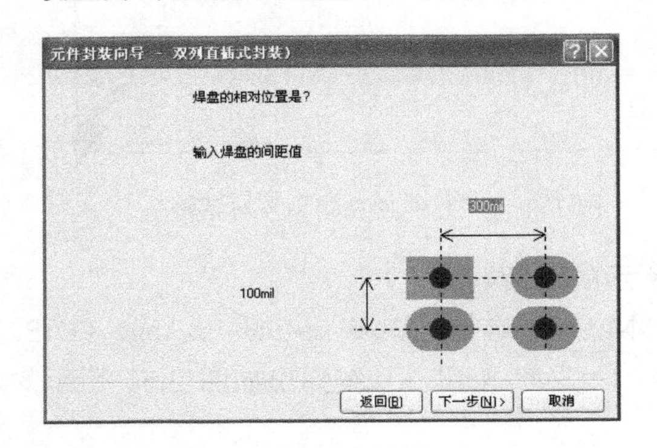

图 3.54　设置完成的焊盘相对位置

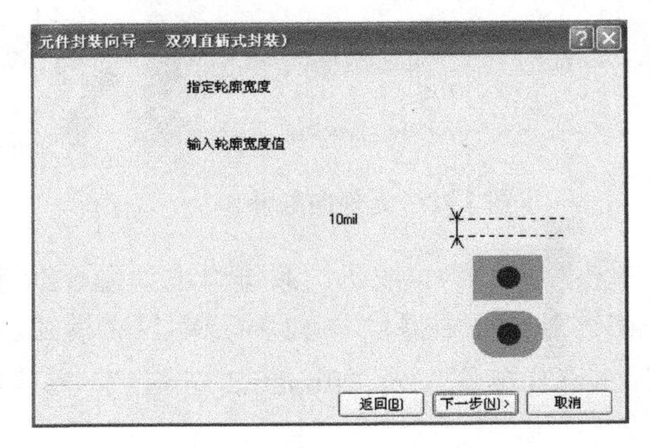

图 3.55　设置轮廓宽度

根据自己的审美设置轮廓宽度，此处通常采用默认的“10mil”，单击 下一步> 按钮，弹出图 3.56 所示的对话框，根据芯片引脚数量设置焊盘数量为 14 个。

单击 下一步> 按钮，弹出如图 3.57 所示的对话框，设置封装名称为 DIP14。

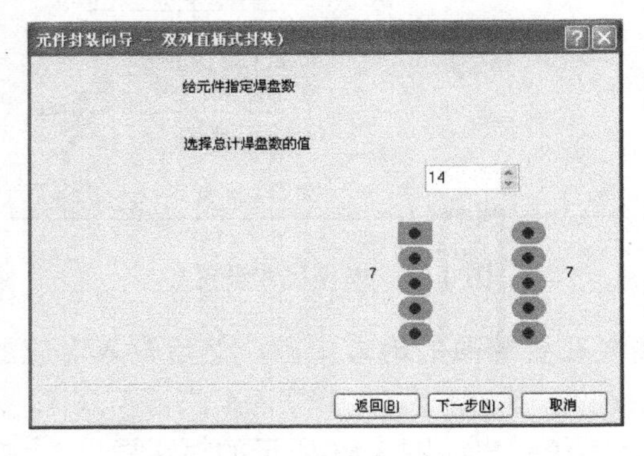

图 3.56　设置焊盘数量

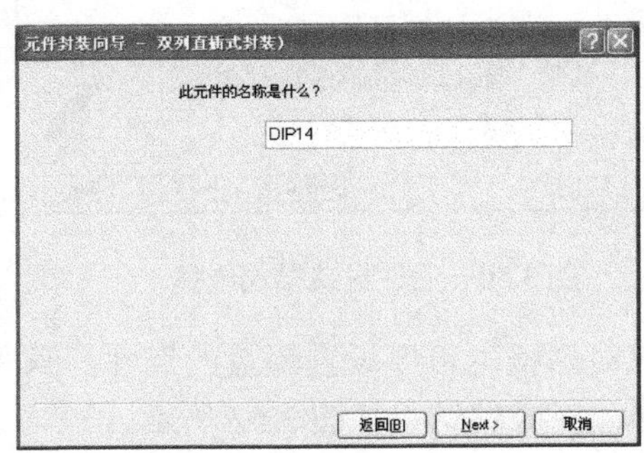

图 3.57　设置封装名称

单击 Next > 按钮，弹出如图 3.58 所示的对话框。

如果前面各步骤的设置有误，可以单击 返回(B) 按钮修改，没有错误则单击 Finish 按钮结束向导，设置完成后的 DIP14 封装如图 3.59 所示。

图 3.58　向导完成

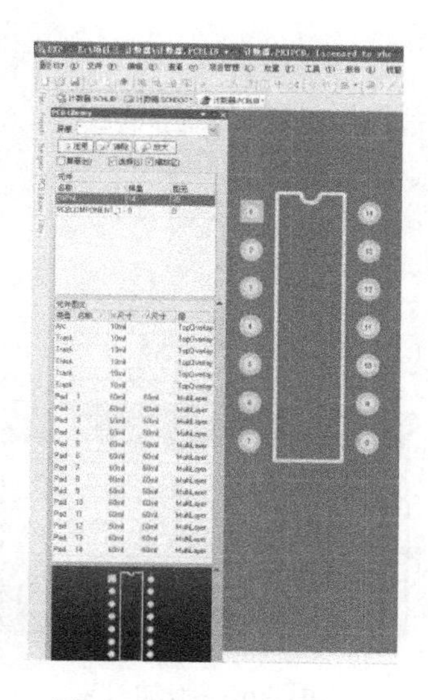

图 3.59　设置完成的封装

绘制好封装以后，需要返回到原理图库中打开“元件属性”对话框，对 74LS00 追加封装，如图 3.60 所示。

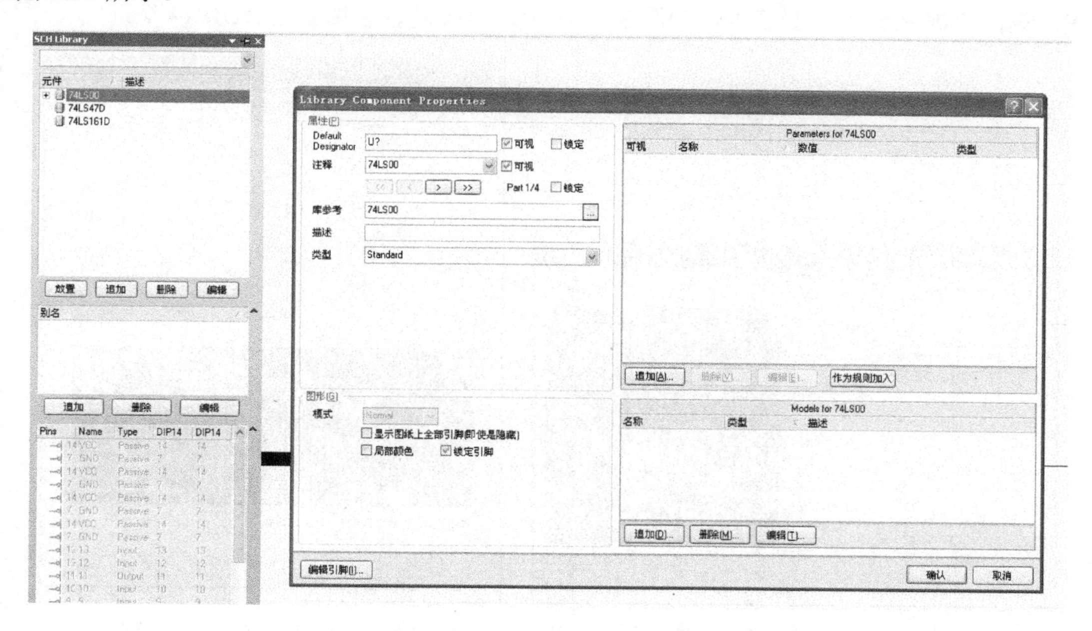

图 3.60　设置 74LS00 元件属性

单击 追加(D)... 按钮，弹出如图 3.61 所示的对话框。

单击 确认 按钮，弹出“PCB 模型”对话框，如图 3.62 所示。

图 3.61　追加封装

图 3.62　选择封装

单击 浏览(B)... 按钮，弹出“库浏览”对话框，如图 3.63 所示。

单击“库”下拉列表框选择“计数器.PCBLIB”，在封装列表中选择“DIP14”，单击 确认 按钮，返回“PCB 模型”对话框，如图 3.64 所示，封装模型名称变为“DIP14”。

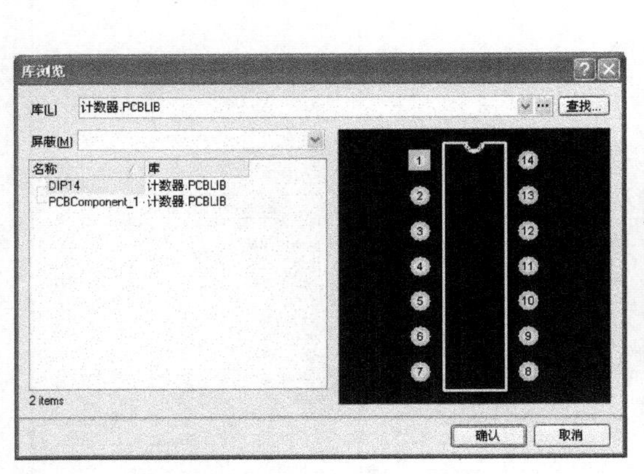

图 3.63　“库浏览”对话框

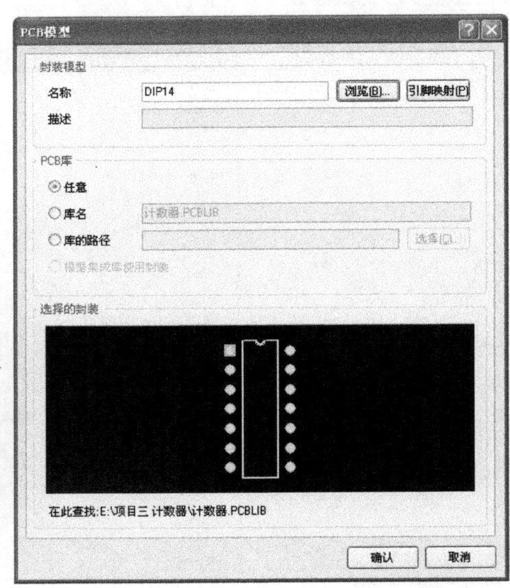

图 3.64　设置完成的封装模型

单击 确认 按钮，完成原理图与封装对应设置。

3.6 计数器电路 PCB 图设计

3.6.1 新建 PCB 文件

在 计数器.PRJPCB 上单击鼠标右键，在弹出的快捷菜单中选择 追加新文件到项目中 (N)，再单击 PCB，新建一个名称为“PCB1.PcbDoc”的原理图文件，如图 3.65 所示。

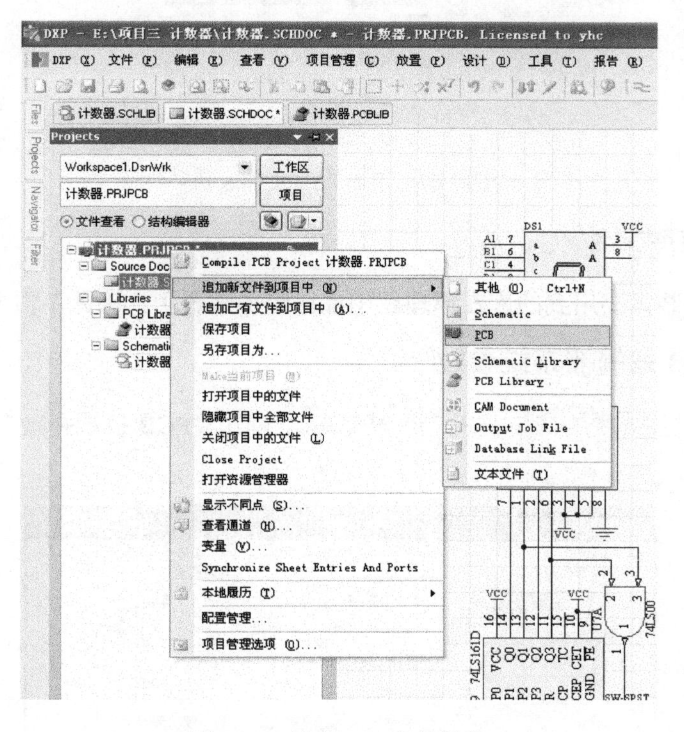

图 3.65　新建 PCB 文件操作

保存文件，重命名为“计数器.PcbDoc”，如图 3.66 所示。

图 3.66　重命名 PCB 文件

单击保存(S)按钮，工程目录树源文件目录下出现PCB文件，如图3.67所示。

图3.67 添加PCB文件成功

3.6.2 加载封装库文件

由于本例中封装需要用到的库在原理图中都已经加载过了，因此不需要再次加载。

3.6.3 设置PCB编辑器系统参数

（1）单击菜单栏的设计(D)，选择PCB板选择项(O)...，弹出“PCB板选择项”对话框，如图3.68所示。

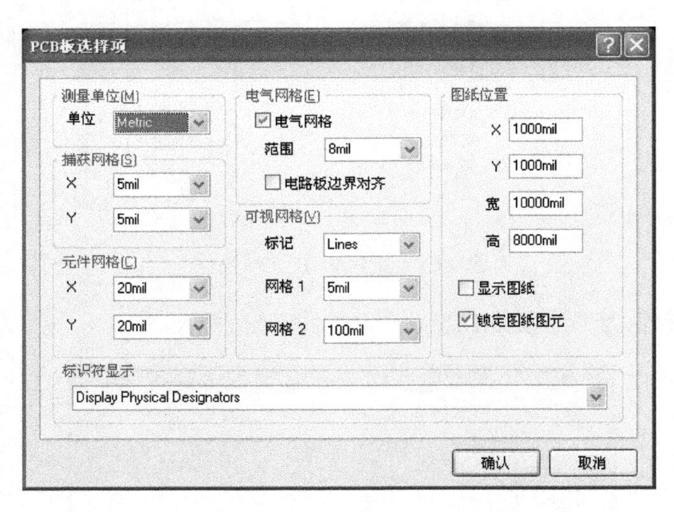

图3.68 “PCB板选择项”对话框

（2）设置“测量单位”为Metric，元件网格X、Y均为5mil，其他项默认，单击确认按钮，退出“PCB板选择项”对话框。

（3）单击菜单栏的设计(D)，选择PCB板层次颜色(L)...，弹出“板层和颜色”对话框，在该对话框内设置需要显示的板层或不需要显示的板层，还可以自定义设置各板层的颜色。本例中设置信号层显示顶层和底层、机械层显示第一层、丝印层显示顶层、显示禁止布线层和焊盘层；设置显示飞线（Connections and From Tos）、在线DRC错误检查有效（DRC Error

Markers)、显示可视网格 2（Visible Grid2)、显示焊盘孔（Pad Holes)、显示过孔（Via Holes)。所有设置完成后如图 3.69 所示，单击 确认 按钮，退出“板层和颜色”对话框。

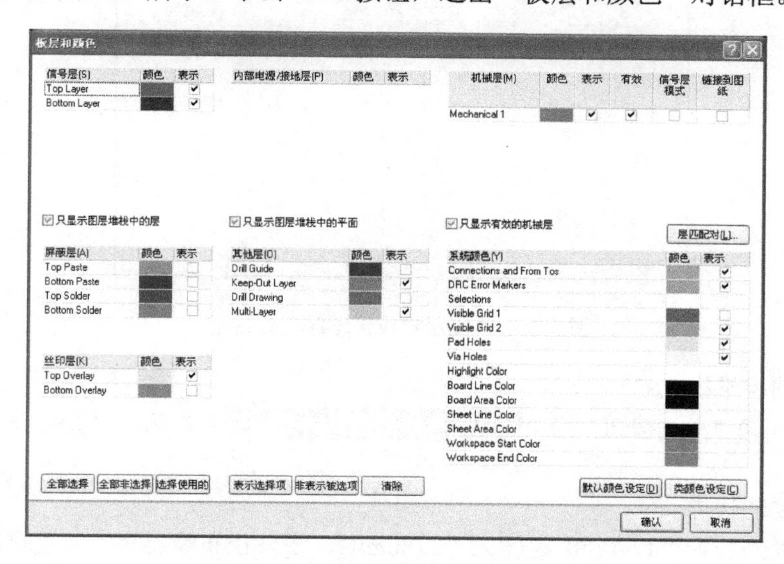

图 3.69 “板层和颜色”对话框

3.6.4 规划电路板

（1）选择结构模板。单击 设计（D）→ 层堆栈管理器（K）... 菜单，如图 3.70 所示。

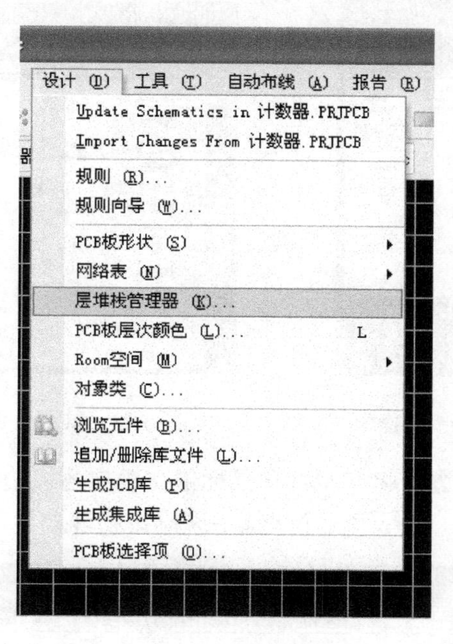

图 3.70 打开“层堆栈管理器”操作

出现“图层堆栈管理器”对话框，如图 3.71 所示。

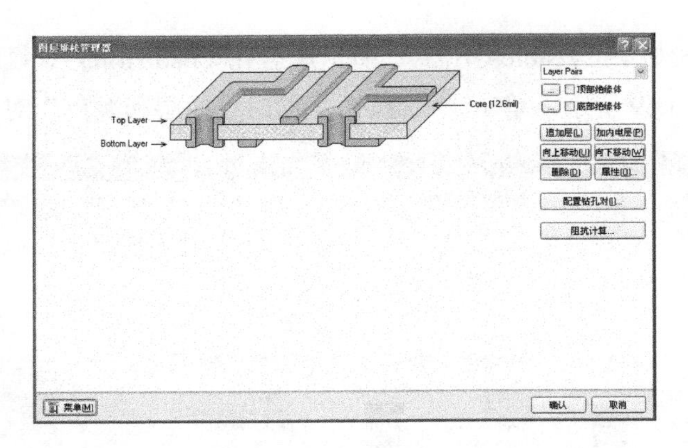

图 3.71 “图层堆栈管理器”对话框

（2）设定图层堆栈

单击左下角[菜单(M)]按钮，弹出[图层堆栈范例(E)]菜单，本例选择[双层（镀金）(Z)]，如图 3.72 所示。

（3）设定物理边界

规划电路板的长为“4270mil”，宽为“3780mil”，在禁止布线层用“放置直线”工具画一个印制电路板边框。执行[设计(D)]→[PCB板形状(S)]→[重定义PCB板形状(R)]菜单命令，如图 3.73 所示。

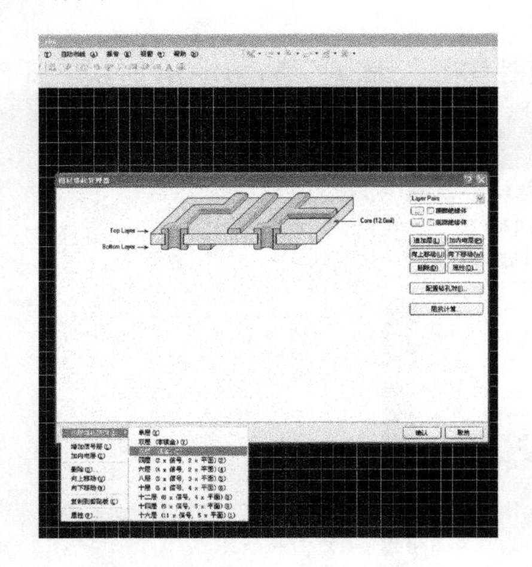

图 3.72 选择“双层镀金板”操作

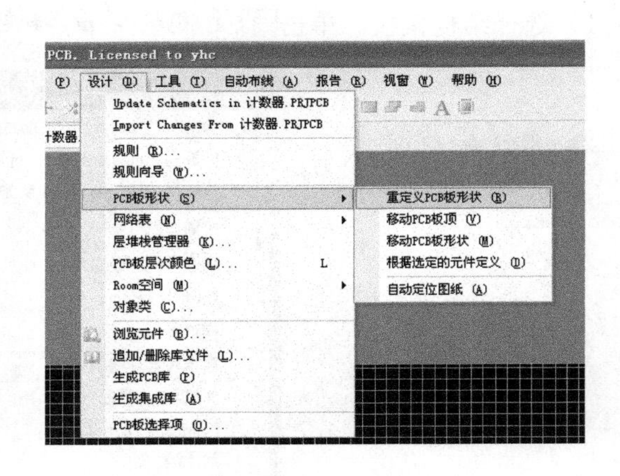

图 3.73 重定义 PCB 板形状操作

单击鼠标左键，确定板边的起点，移动鼠标依次确定各板边，从而形成一个四边形的电路板。单击[Mechanical 1]标签，选择第一个机械层来确定物理边界，如图 3.74 所示。

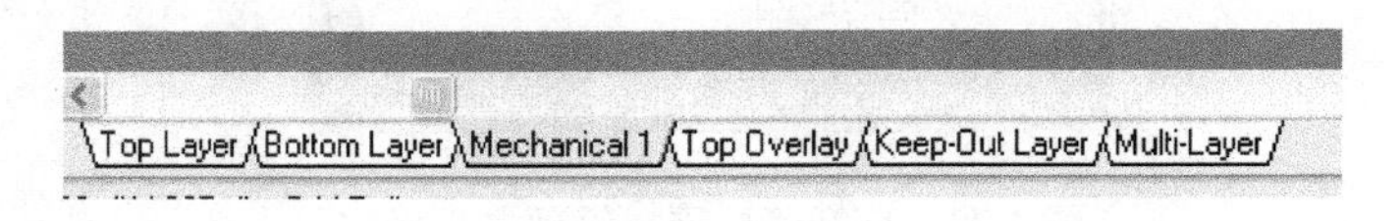

图 3.74 选择第一机械层

放置直线和标准尺寸后的效果如图 3.75 所示，元件布局后可重复上述步骤，调整 PCB 板形状和边界。

（4）设定电气边界

单击Keep-Out Layer标签，将当前的工作层设置为禁止布线层，该层用于设置电路板的电气边界，以将元件和布线限制在此范围之内。此操作必须进行，否则，系统将不能进行自动布线。与设定物理边界的方法一样，设定电气边界。电气边界通常比物理边界略小，设置完成后的效果如图 3.76 所示。

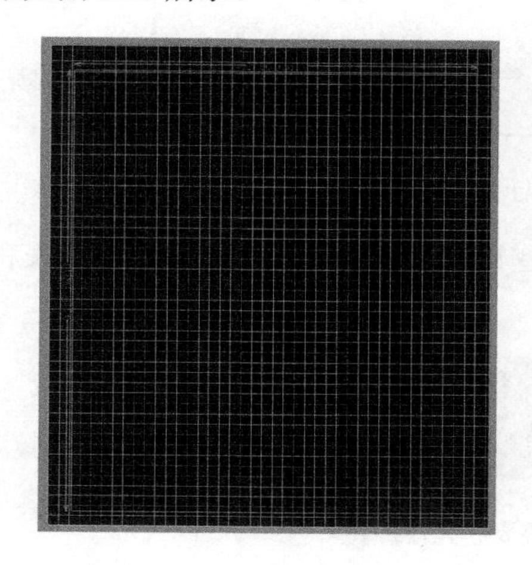

图 3.75　设定物理边界

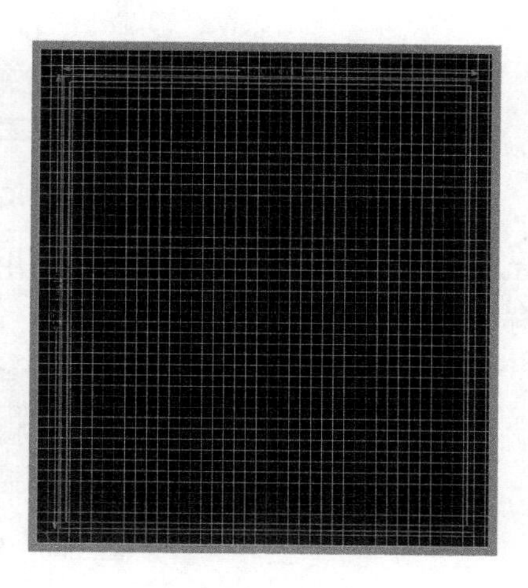

图 3.76　设定电气边界

3.6.5　加载网络表

单击菜单栏的 设计 (D) ，选择 Import Changes From 计数器.PRJPCB 菜单，如图 3.77 所示。

弹出“工程变化订单（ECO）”对话框，如图 3.78 所示。

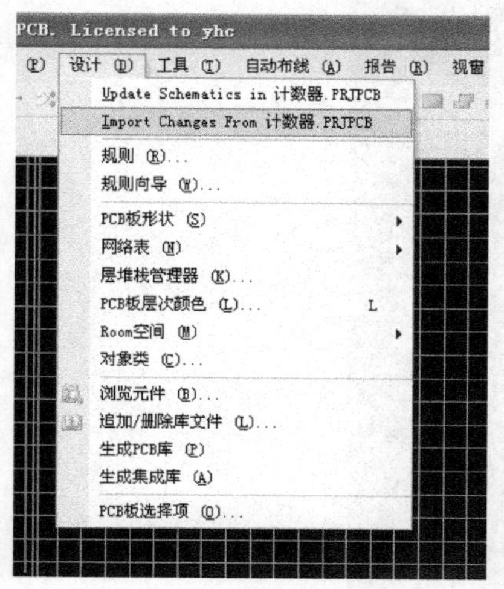

图 3.77　加载网络表操作

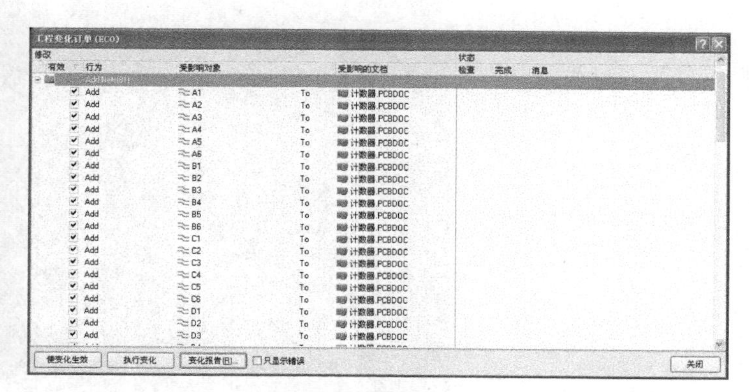

图 3.78　“工程变化订单（ECO）”对话框

单击使变化生效按钮，检查所有元件是否装入、检查是否有网络和元件封装不能装入，确认没有问题后单击执行变化按钮，装入网络表和元件封装，如图 3.79 所示。

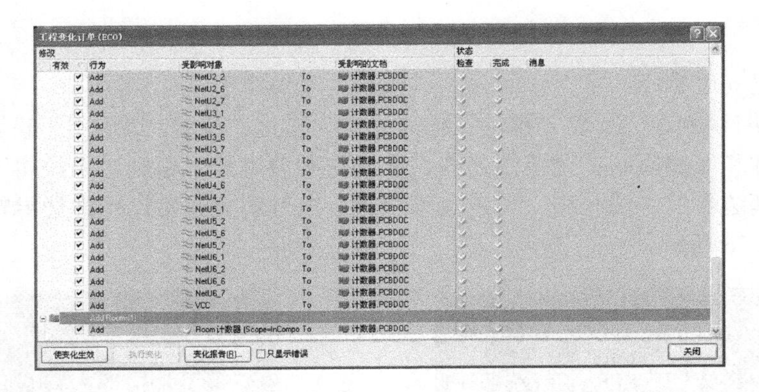

图 3.79　执行变化

单击对话框右下角的关闭按钮，退出“工程变化订单（ECO）”对话框，网络表和元件封装便导入 PCB 文件，如图 3.80 所示。

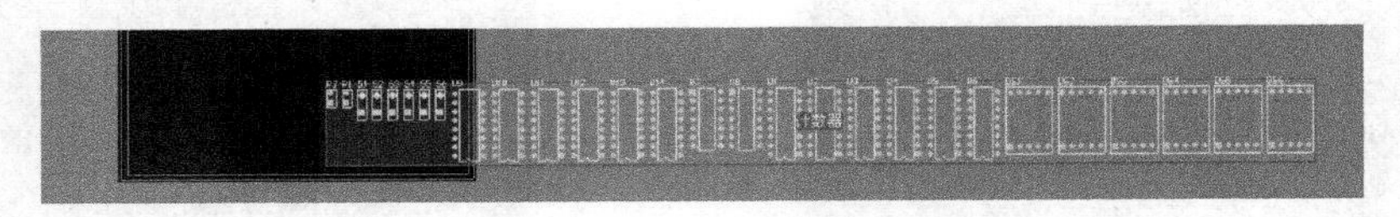

图 3.80　导入的网络表和元件封装

3.6.6　元件布局

本电路不采用自动布局，与原理图里面的元件布局类似，通过选择、移动、排列、翻转元件来实现手动布局，最后的效果如图 3.81 所示。

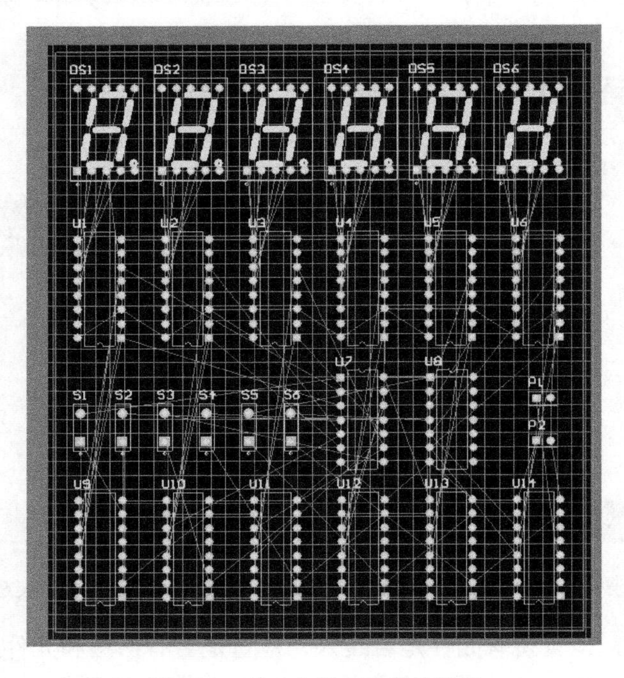

图 3.81　手工布局完成后的效果

注意：在 PCB 手工布局时要谨慎使用快捷键“X”（水平翻转）和“Y”（垂直翻转），因为有些元件水平或垂直翻转后它的引脚顺序就和实际元件引脚不对应。

3.6.7 设置 PCB 设计规则

设置 PCB 设计规则，可以在导入网络表后就完成，也可以布局完成后再设置。另外设置规则可以手工单个设置，也可以使用规则向导设置。本电路首先设置全部对象的“安全间距”，再对“GND”、“VCC”和“其他导线”分别设置不同的“布线线宽”即可。

（1）设置安全间距

单击菜单栏的 设计(D) 按钮，选择 规则(R)... 菜单，弹出“PCB 规则和约束编辑器”对话框，单击左侧目录树 ⊞ Electrical 前面的+号，单击 ⊞ Clearance 前面的+号，单击 ⊞ Clearance 的下级菜单 Clearance，如图 3.82 所示。

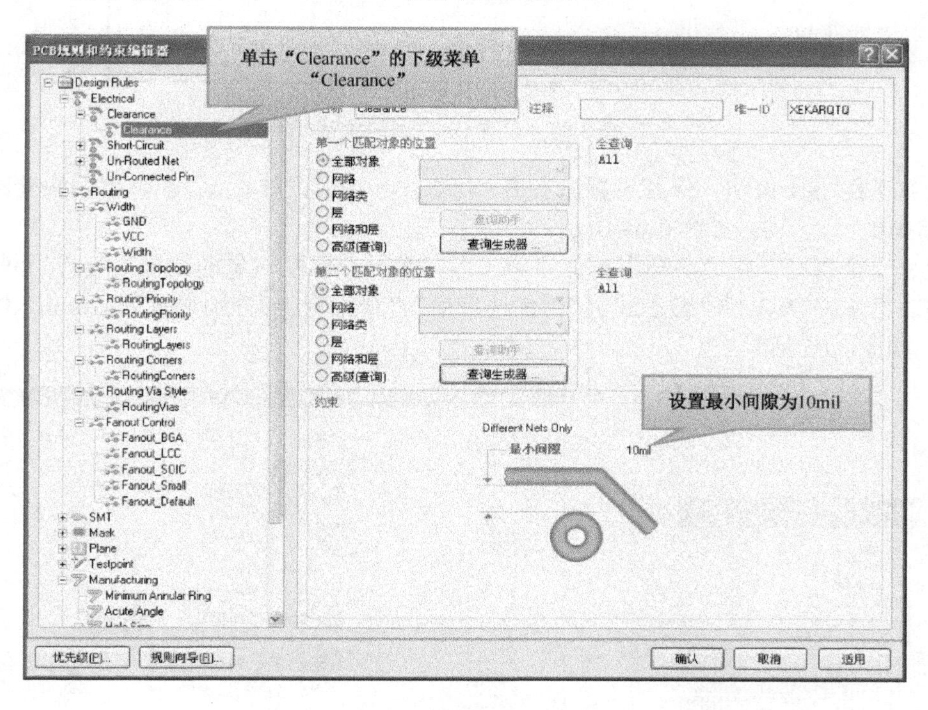

图 3.82 设置安全间距

将对话框下面焊盘与导线间距图片上的“最小间隙”设置为“10mil”，其他设置默认即可。

（2）设置布线线宽

单击“PCB 规则和约束编辑器”的左侧目录树 ⊞ Routing 前面的+号，单击 ⊞ Width 前面的+号，单击下级菜单 Width，将“名称”改为“GND”，“第一个匹配对象的位置”选择“网络”，单击下拉列表框选择“GND”。“最小线宽”、“优选尺寸”、“最大宽度”分别设置为“40mil”、“50mil”、“60mil”，如图 3.83 所示。

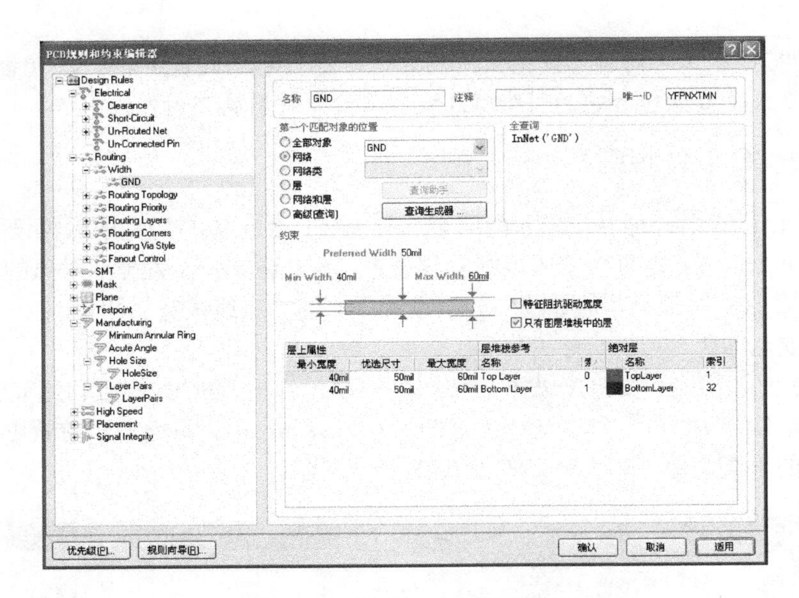

层上属性			层堆栈参考		绝对层		
最小宽度	优选尺寸	最大宽度	名称	层		名称	索引
40mil	50mil	60mil	Top Layer	0		TopLayer	1
40mil	50mil	60mil	Bottom Layer	1		BottomLayer	32

图 3.83　设置 GND 网络线宽

单击右下角 适用 按钮，保存设置。右击 Width 或 GND ，在弹出的快捷菜单中选择 新键规则(X)... 选项，如图 3.84 所示。

新建另一个规则，将“名称”改为“VCC”，“第一个匹配对象的位置”选择“网络”，单击下拉列表框选择“VCC”。“最小线宽”、“优选尺寸”、“最大宽度”分别设置为“20mil”、“30mil”、“40mil”，如图 3.85 所示。

图 3.84　新建规则操作

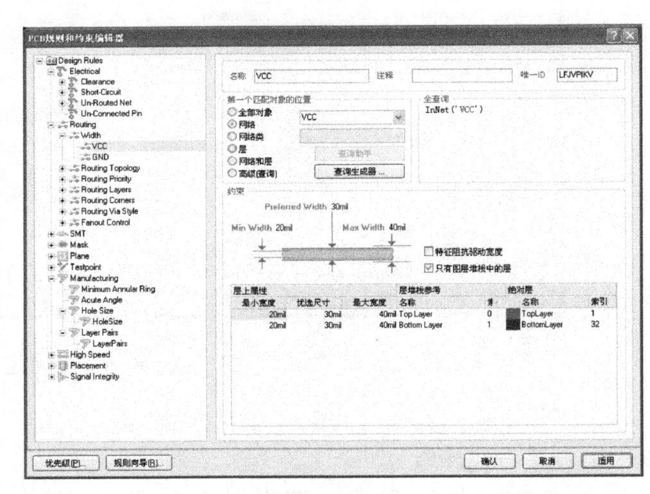

层上属性			层堆栈参考		绝对层		
最小宽度	优选尺寸	最大宽度	名称	层		名称	索引
20mil	30mil	40mil	Top Layer	0		TopLayer	1
20mil	30mil	40mil	Bottom Layer	1		BottomLayer	32

图 3.85　设置 VCC 网络线宽

新建第三个规则，匹配对象为“全部对象”，“最小线宽”、“优选尺寸”、“最大宽度”分别设置为“8mil”、“10mil”、“20mil”，如图 3.86 所示。

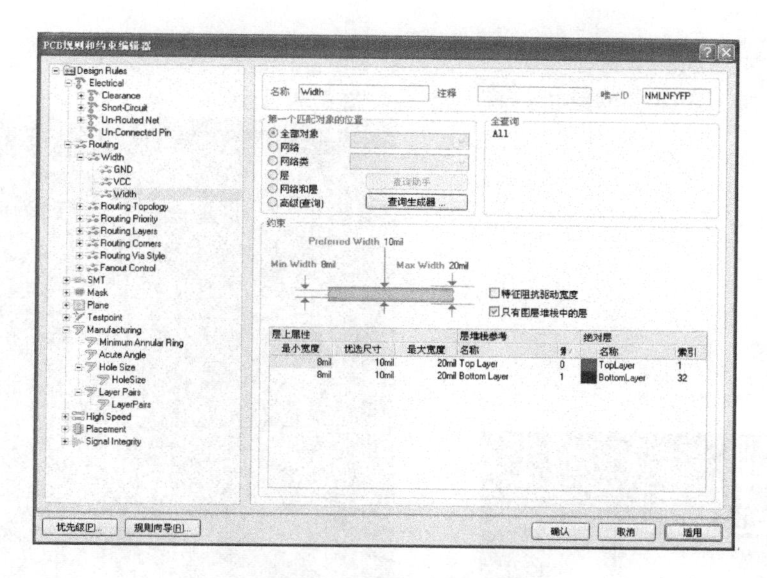

图 3.86 设置其他导线线宽

单击 适用 按钮，使规则生效，单击 优先级(P)... 按钮，弹出“编辑规则优先级”对话框，如图 3.87 所示。

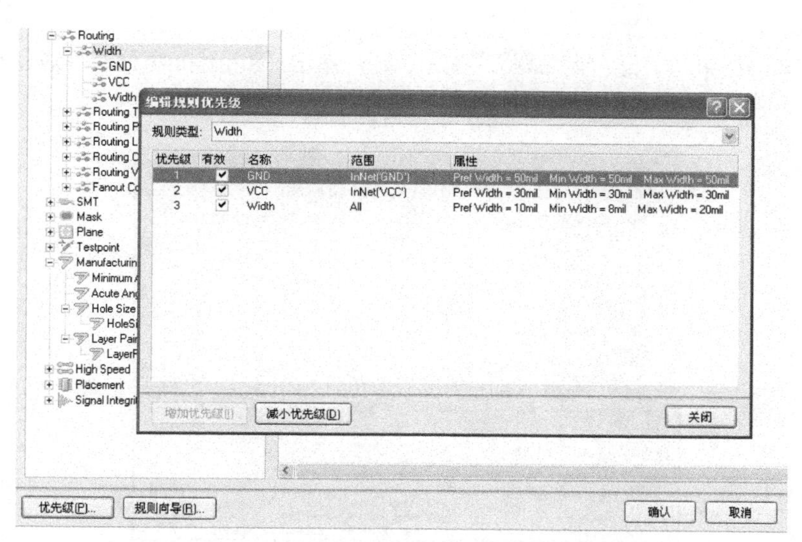

图 3.87 “编辑规则优先级”对话框

数字越小优先级越高，选中某个规则后可以 减小优先级(D) 或者 增加优先级(I)，本电路中“GND”的优先级最高，“VCC”其次，“Width”最低。设置完成后单击 关闭 按钮，单击“确认”按钮，退出“PCB 规则和约束编辑器”对话框。

3.6.8 进行 PCB 双面板布线

（1）手工预布线

单击工具栏中的“交互式布线”图标，鼠标变成“十”字形处于放置导线状态，如图 3.88 所示。

绘制导线，对“VCC”网络进行预布线，如图 3.89 所示。

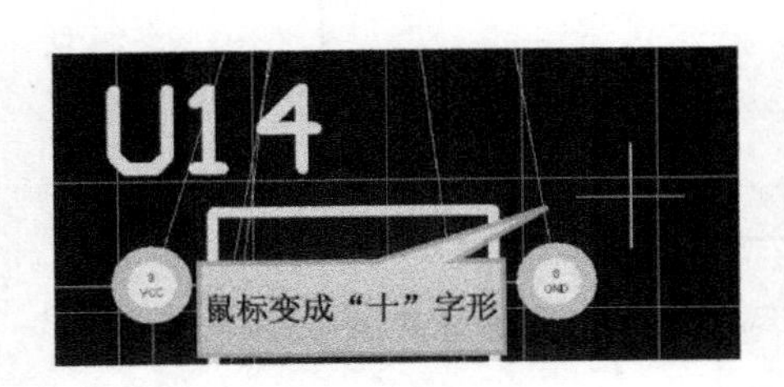

图 3.88　交互式布线

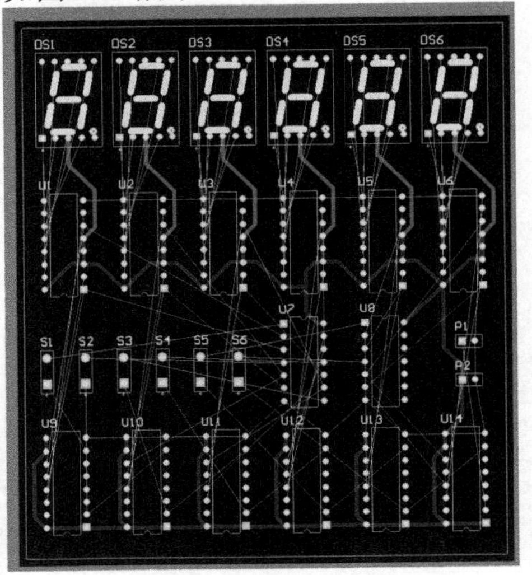

图 3.89　预布线效果

（2）自动布线

选择 自动布线（A） 菜单，选择 全部对象（A）... ，弹出“Situs 布线策略”对话框，如图 3.90 所示。

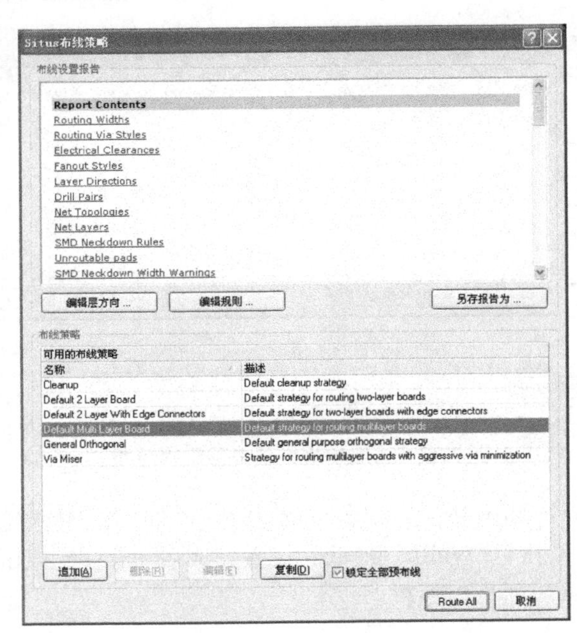

图 3.90　“Situs 布线策略”对话框

选中“锁定全部预布线”复选框，其他设置本例采用默认值，单击 Route All 按钮，完成自动布线，效果如图 3.91 所示。

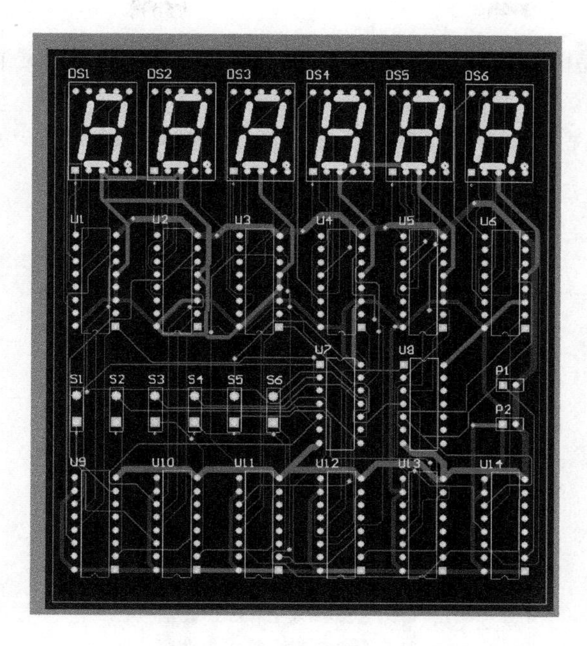

图 3.91　自动布线效果

（3）手动调整布线

通过手动调整，使布线更加合理、美观，效果如图 3.92 所示。

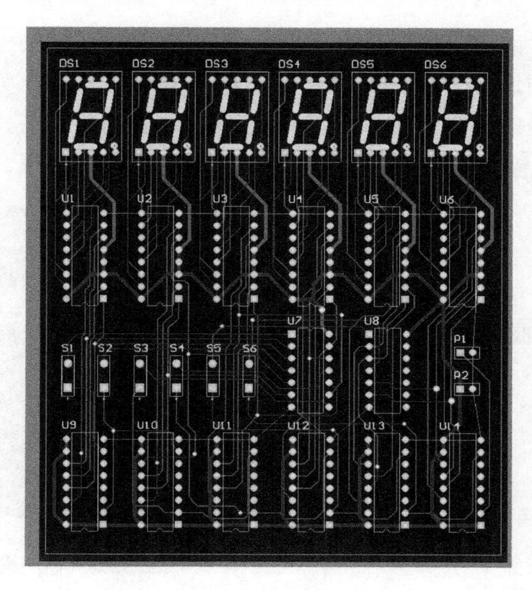

图 3.92　手动调整布线效果

3.6.9　焊盘补泪滴

补泪滴就是在铜膜导线与焊盘或过孔交接的位置处，特别将铜膜导线逐渐加宽的一种操作。由于加宽的铜膜导线的形状很像泪滴，因此将该操作称为补泪滴。 目的是防止机械制板的时候，焊盘或过孔因承受钻孔的压力而与铜膜导线在连接处断裂。此外补泪滴后的连接处会变得比较光滑，不易因残留化学药剂而导致对铜膜导线的腐蚀；还能避免由于线宽突然变小而造成信号反射。

在PCB界面下，选择 工具(T) 菜单，单击 泪滴焊盘(E)...，如图3.93所示。

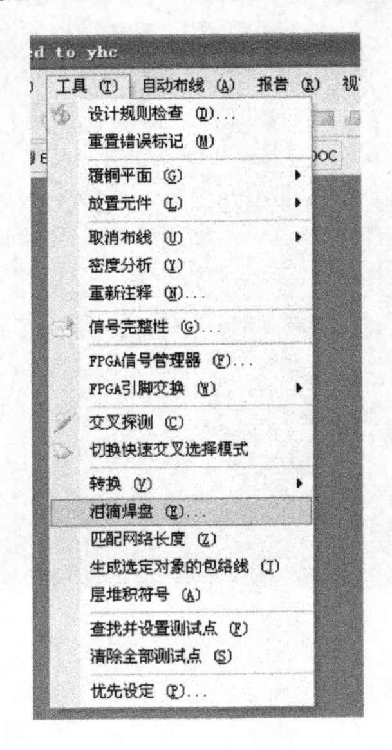

图3.93　泪滴焊盘操作

弹出“泪滴选项”对话框，如图3.94所示。

在“一般”选项组中选中“全部焊盘”、“全部过孔”复选框，为所有的焊盘和过孔放置泪滴。在“行为”选项组中选中“追加”单选按钮，添加泪滴；在“泪滴方式”选项组选中“导线”单选按钮。单击 确认 按钮执行后局部效果如图3.95所示。

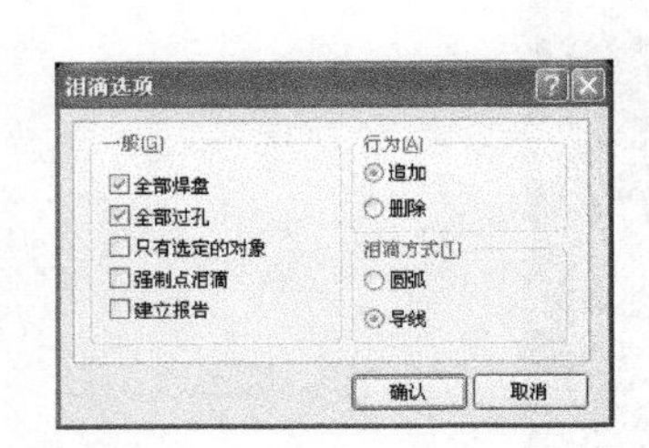

图3.94　泪滴选项设置

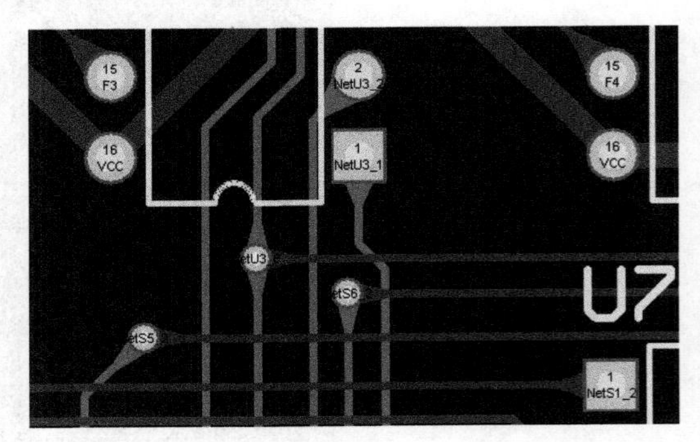

图3.95　补泪滴完成效果

3.6.10　放置覆铜

放置覆铜就是将PCB上闲置的空间作为基准面，然后用固体铜填充，这些铜区又称为灌铜。覆铜的意义在于，减小地线阻抗，提高抗干扰能力；降低压降，提高电源效率；与地线相连，还可以减小环路面积。

注意在放置覆铜前，需要先修改布线规则，将不同网络的距离加大到30mil，这样部分线可能会有高亮现象。接下来进行覆铜，覆铜完成后再将间距改回即可。这样就使得元件的焊接工作更容易，否则会因为覆铜与焊盘距离太近，焊接时容易造成短路。单击 放置 (P) 菜单，选择 覆铜 (G)... 选项，如图 3.96 所示。

在弹出“覆铜”对话框中，“填充模式”选择“实心填充”，“属性”选项组中“层”选择“Bottom Layer”，选中“锁定图元”复选框，“网络选项”选项组中“连接到网络”选择“GND”，其他默认设置无须修改， 如图 3.97 所示。

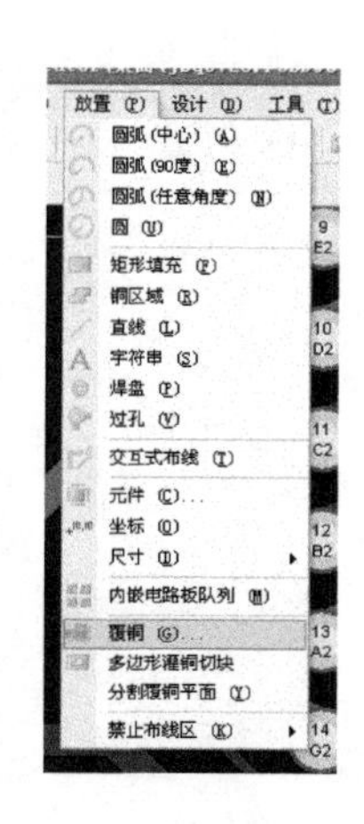

图 3.96　放置覆铜操作

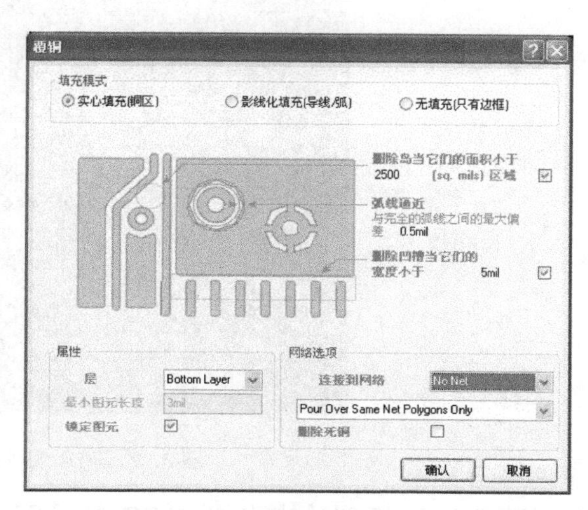

图 3.97　“覆铜”对话框

单击 确认 按钮，执行覆铜后的效果如图 3.98 所示。

图 3.98　覆铜后效果

可以看到图中还有两条飞线，放置过孔，将各个区域连接完成后整个 PCB 文件就制作完成了，最终效果如图 3.99 所示。

图 3.99　PCB 最终效果

3.6.11　PCB 设计规则检查及浏览 3D 效果图

单击菜单栏 查看(V) 按钮，选择 显示三維PCB板(3) 菜单，弹出“DXP Information”对话框，如图 3.100 所示。

单击 OK 按钮，生成电路板的 3D 效果图，如图 3.101 所示。

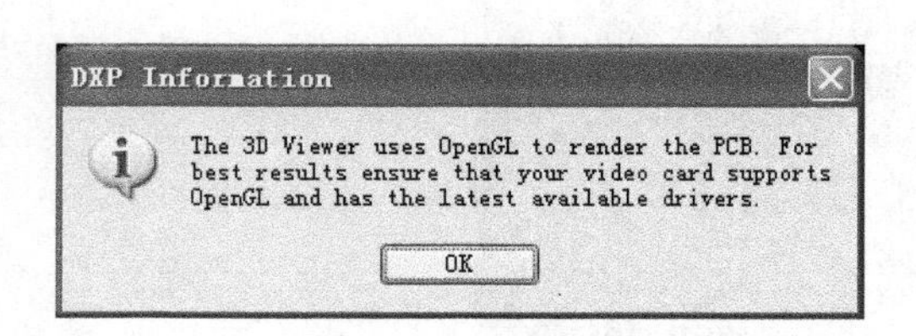

图 3.100　“DXP Information”对话框

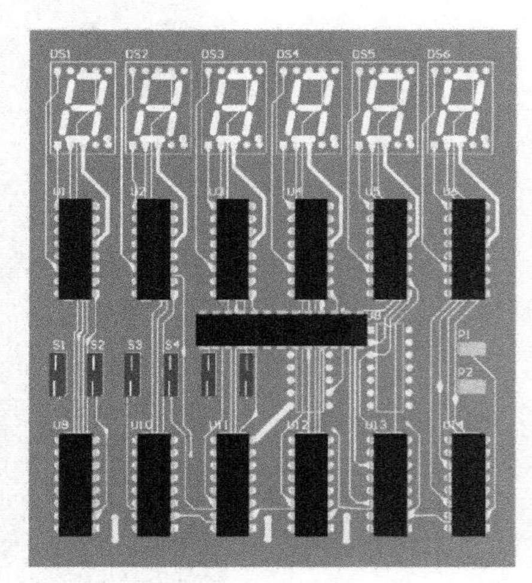

图 3.101　电路板 3D 效果图

由于 DIP14 为自制封装，没有 3D 模型，因此图 3.97 显示有偏差，仅供参考。单击左侧栏的“PCB3D”标签，弹出“PCB 3D”标签栏，把鼠标放在显示区的彩图上可以 360° 翻转

3D 效果图，如图 3.102 所示。

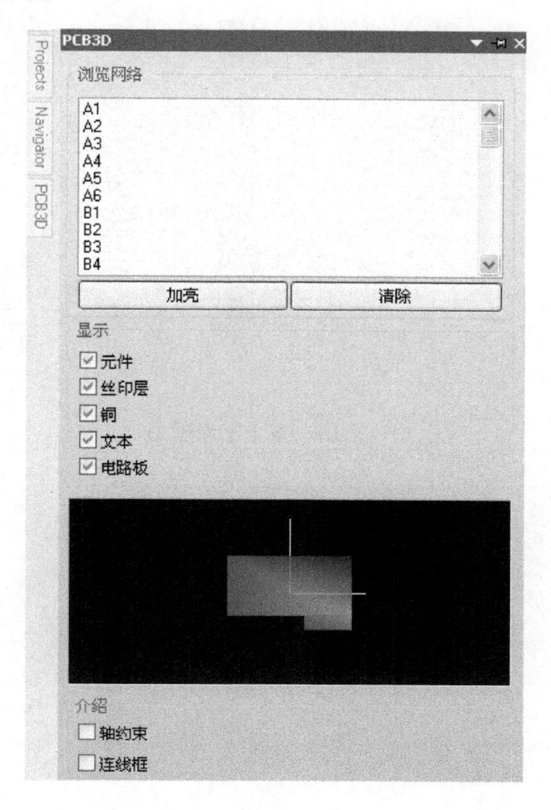

图 3.102 “PCB3D”标签栏

3.7 小结与习题

1. 小结

（1）在新建的元件库中绘制多部件元器件。

（2）重新设定 PCB 板形状。

（3）使用排列命令对多个元件进行布局。

（4）使用向导制作元器件封装。

（5）在绘制原理图的时候使用网络标号。

（6）对 PCB 电路上的焊盘进行补泪滴操作。

（7）在对 PCB 电路板覆铜前后修改布线规则。

（8）对双面板进行手动预布线和自动布线。

2. 习题

按照图 3.103 绘制原理图和 PCB 图。

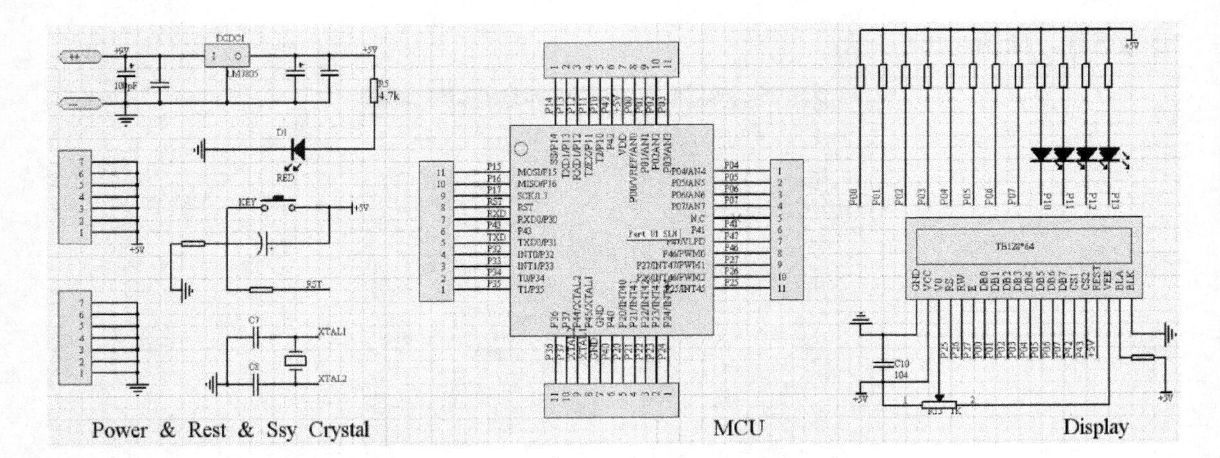

图 3.103　某电路原理图

超声波测距系统电路设计

4.1 设计任务与能力目标

1．设计任务

（1）绘制超声波发射电路图，如图 4.1 所示。

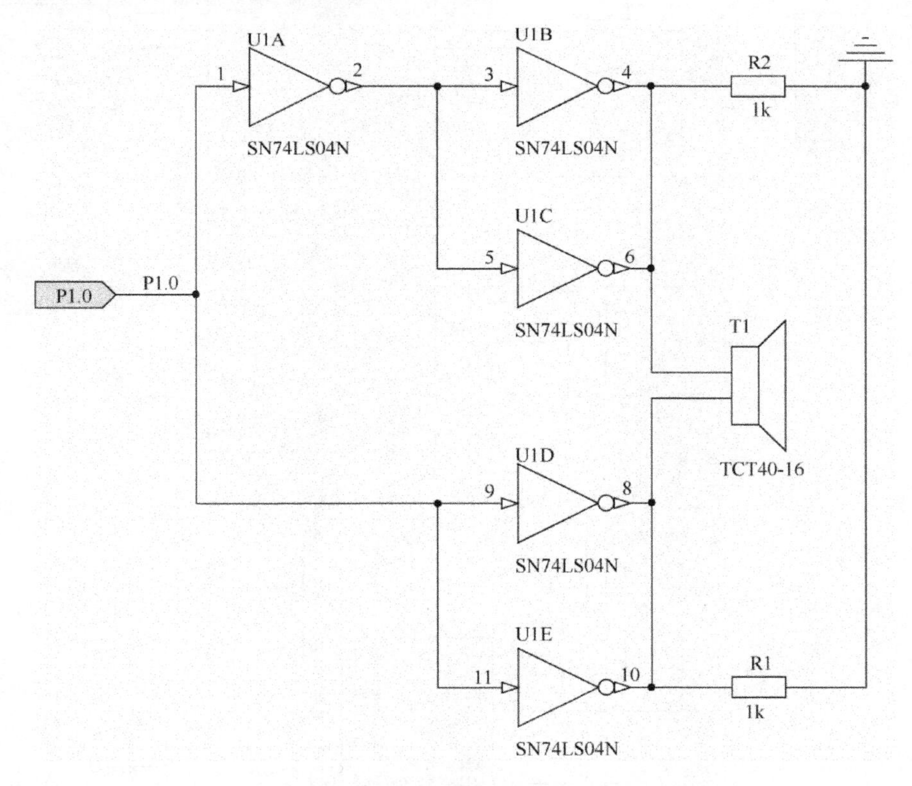

图 4.1　超声波发射电路图

（2）绘制超声波接收电路图，如图 4.2 所示。

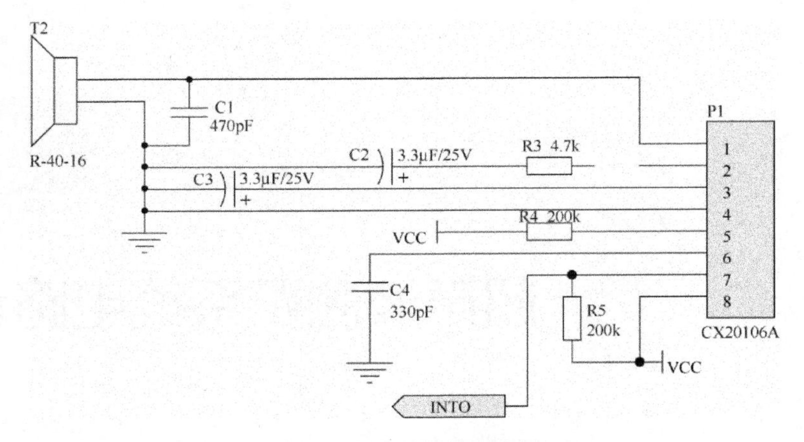

图 4.2　超声波接收电路图

（3）绘制 STC89C51 及其外围电路图，如图 4.3 所示。

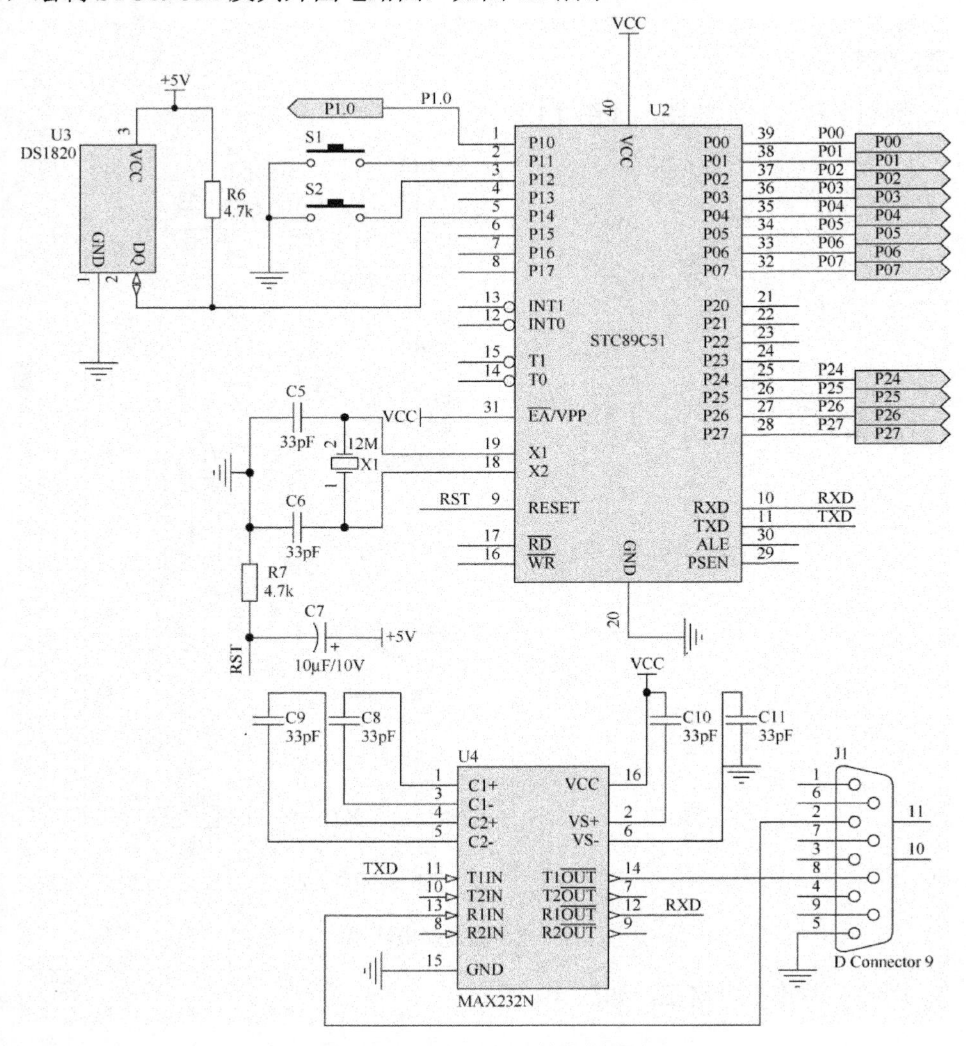

图 4.3　STC89C51 及其外围电路

（4）绘制显示电路图，如图 4.4 所示。

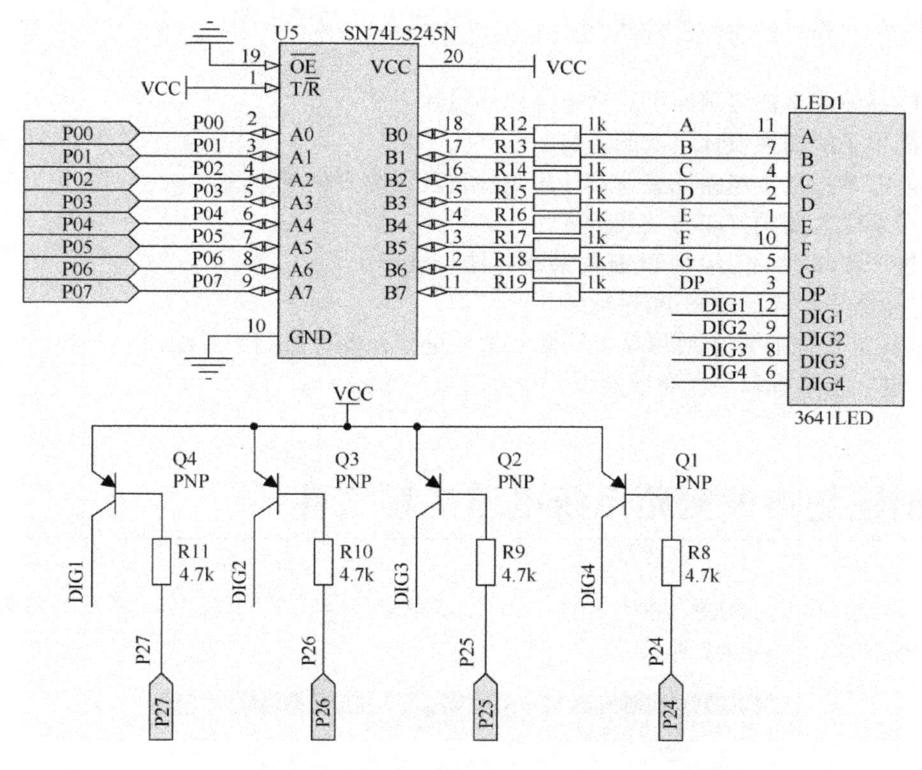

图 4.4　显示电路图

（5）绘制超声波测距系统电路印制板图（即 PCB 图），如图 4.5 所示。

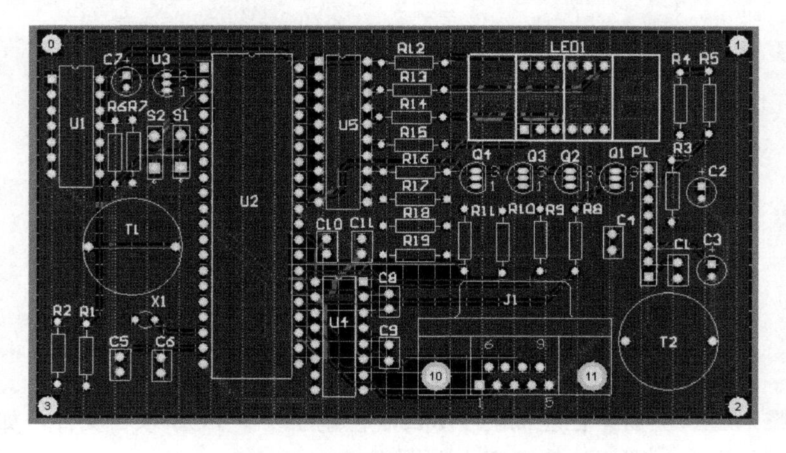

图 4.5　超声波测距系统电路 PCB 图

2．能力目标

（1）掌握层次电路图的基本概念。

（2）掌握层次电路图设计的基本方法及步骤。

（3）简单了解层次电路图中电路方块图及其与子电路图的对应关系。

（4）简单了解层次电路图中电路方块图进出点及其与子电路图中输入/输出端口的对应关系。

（5）能够熟练掌握自顶向下层次电路图的设计方法。

（6）简单了解切换设计层次的方法。

（7）能够掌握层次电路图整体设计规则检查及网络表生成方法。

（8）了解原理图的打印方法及步骤。

（9）进一步掌握手工绘制 PCB 封装的方法与技巧。

（10）能够采用向导绘制 PCB 封装。

（11）掌握在 PCB 板上对层次电路图各模块进行元器件布局的方法。

（12）进一步掌握双层板布线及设计规则检查的方法。

4.2 创建超声波测距系统电路工程文件

（1）启动 Protel DXP 2004 SP2，单击菜单栏中的 文件(F) → 创建(N) → 项目(J) → PCB项目(B) 菜单，如图 4.6 所示。

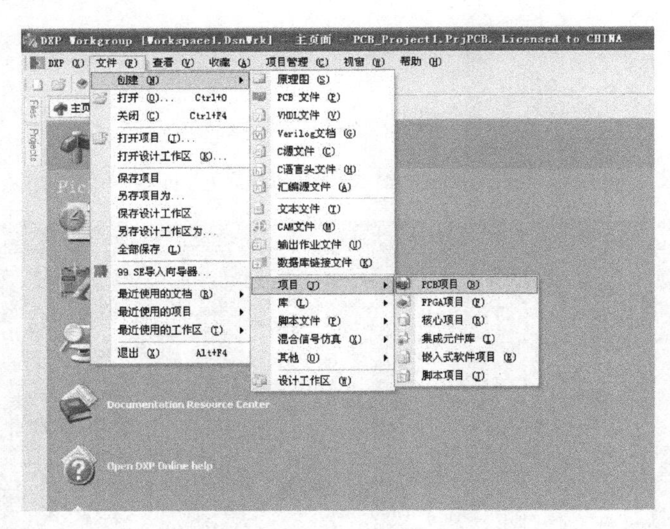

图 4.6 新建 PCB 项目操作

（2）单击 PCB项目(B) 后，在左侧的 Projects 栏建立一个 PCB 项目文件，如图 4.7 所示；单击该标签栏右上角的图标，使它变成图标。

（3）在 PCB_Project1.PrjPCB 上单击鼠标右键，弹出如图 4.8 所示的快捷菜单，选择 保存项目 选项，弹出如图 4.9 所示的对话框；在对话框中选择一个 PCB 项目的保存路径，在该路径下新建一个文件夹，命名为“项目四超声波测距系统电路设计”，打开该文件夹，将 PCB 项目重命名为“超声波测距系统设计.PrjPCB”。

（4）单击 保存(S) 按钮，将“超声波测距系统设计.PrjPCB”PCB 项目保存在“项目四超声波测距系统电路设计”文件夹内。

图 4.7 Projects 标签栏及 PCB 项目文件

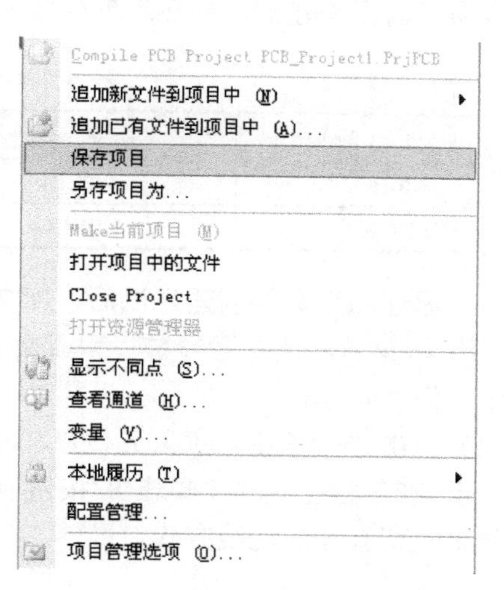

图 4.8 “保存项目”选项

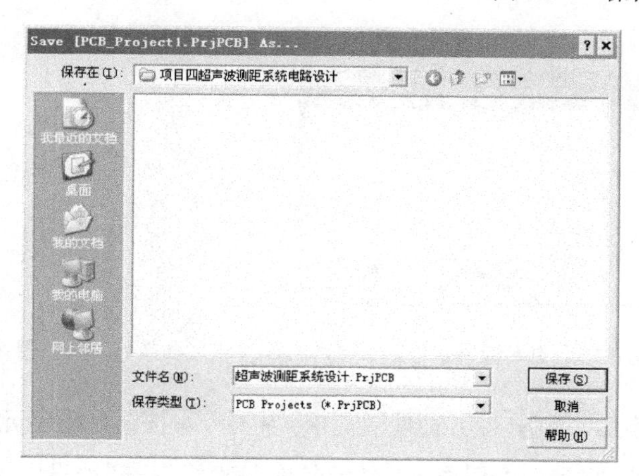

图 4.9 将 PCB 项目重命名

4.3 原理图元件库设计

4.3.1 新建原理图元件库文件

在 超声波测距系统设计.PRJPCB 上单击鼠标右键，选择 追加新文件到项目中 (N)，再单击 Schematic Library，新建一个原理图库文件，再单击工具栏的“保存”按钮，将原理图库文件保存在“项目四超声波测距系统电路设计”文件夹内，并将文件命名为“Ultrasound.SchLib”。

4.3.2 绘制元件

本项目需要创建的原理图库元件如表4.1所示。

表4.1 创建原理图库元件表

元件名称	元件封装	元件名称	元件封装
40-16	TCT	3641LED	3641
CX20106A	HDR1X8	STC89C51	SOT129-1

（1）原理图库文件创建好以后，库文件中已经有一个默认的名为Component_1的元件。单击 工具(T) 菜单，选择 重新命名元件(E)... 命令，弹出如图4.10所示的对话框，在该对话框中将元件重命名为“40-16”。

（2）单击 确认 按钮，进入元件“40-16”编辑界面，单击实用工具栏中的图标，如图4.11所示。在下拉工具栏中单击按钮，绘制元件的轮廓。在绘制斜线时，可以按“Shift+space”组合键来改变直线的走线方式。

图4.10 更名元件

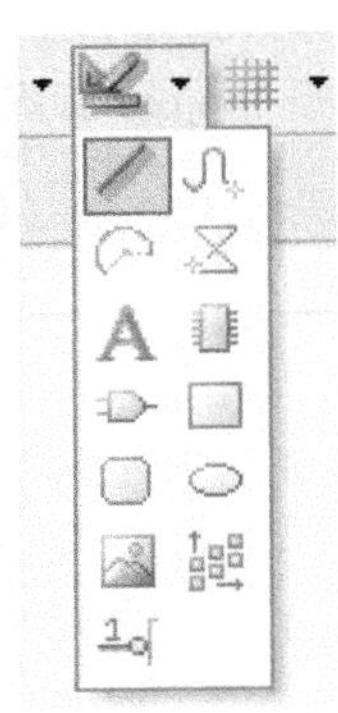

图4.11 实用工具栏

（3）轮廓绘制完毕后，单击实用工具栏中的按钮，绘制元件的两个引脚。绘制完成后设置引脚的属性，将第一个引脚的“显示名称”和“标识符”均设置为“1”，将后面□可视复选框中的勾去掉，如图4.12所示；同样设置第二个引脚的属性，将“显示名称”和“标识符”均设置为“2”，去掉□可视复选框前的勾，绘制完成后的效果图如图4.13所示。

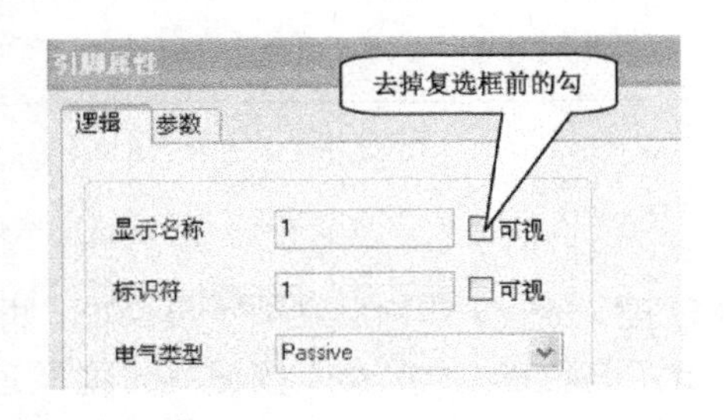

图4.12 设置“40-16”元件的引脚属性

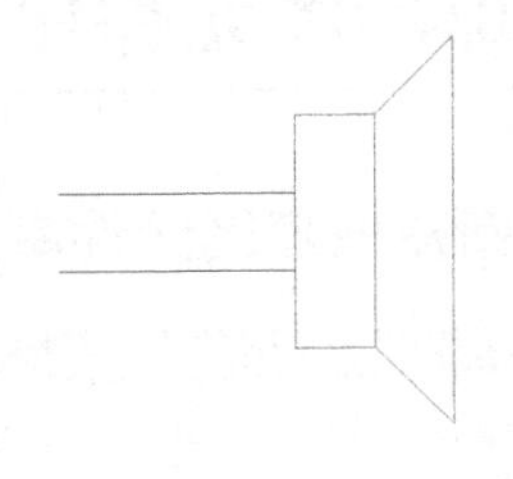

图4.13 “40-16”元件

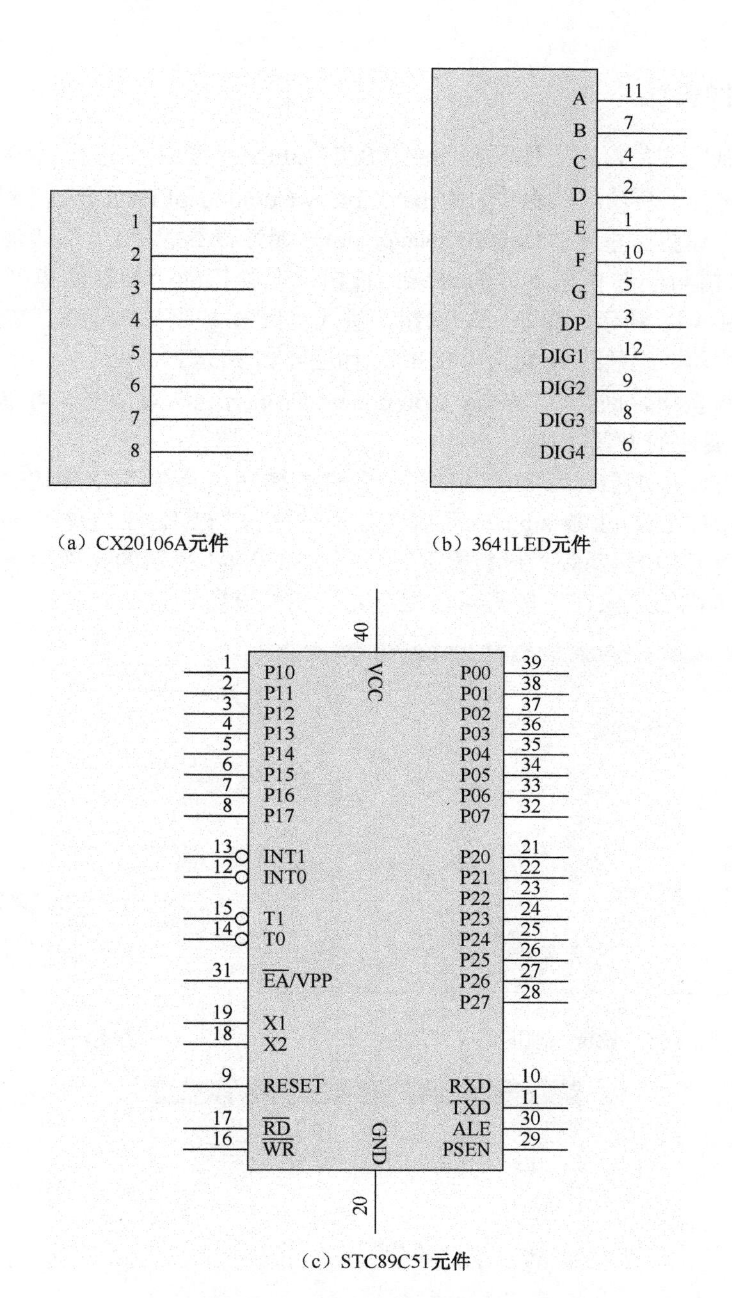

（a）CX20106A元件　　　　（b）3641LED元件

（c）STC89C51元件

图 4.14　要绘制的其余元器件

（4）元件绘制完成后，单击 工具(T) 菜单，选择 新元件(C) 命令，可创建一个新元件。仿照步骤（1）～（3），单击实用工具栏中的 图标，在下拉工具栏中单击 和 按钮，继续完成如图 4.14 所示的其余元器件的创建。其中，图 4.14（a）所示的元器件 CX20106A 的引脚只需显示名称（即只在“显示名称”后面的 可视 复选框中打勾），且标识符和名称相同，其余元器件的引脚名称和标识符都需要显示（即“显示名称”和“标识符”后的 可视 复选框均需打勾）。

4.3.3 添加元件属性

（1）元件绘制完成后，在工作区左侧的“SCH Library”面板中选择“40-16”元件，单击 工具（T）菜单，选择 元件属性（I）... 命令，弹出“Library Component Properties”对话框，如图 4.15 所示。在“属性”设置区里将“Default Designator”属性设置成“T？”，“注释”属性设置成“40-16”。然后单击封装选择区下方的 追加(D)... 按钮，在弹出的“加新的模型”对话框中选择“Footprint”，如图 4.16 所示，单击 确认 按钮，进入“PCB 模型”对话框，在该对话框的“封装模型”设置区中将“名称”设置为“TCT”，如图 4.17 所示。

（2）单击 确认 按钮，回到“Library Component Properties”对话框，再单击 确认 按钮，完成“40-16”元件属性的设置。

（3）按同样方法添加自己绘制的其他三个元件的属性。元件“CX20106A”、“3641LED”和“STC89C51”的“Default Designator”属性分别设置为“P?”、“LED？”和“U？”，“注释”属性分别设置为各元件的名称，“封装模型”分别按照表 4-1 所示的元件封装进行设置。

（4）单击工具栏的“保存”按钮，保存元件属性设置。

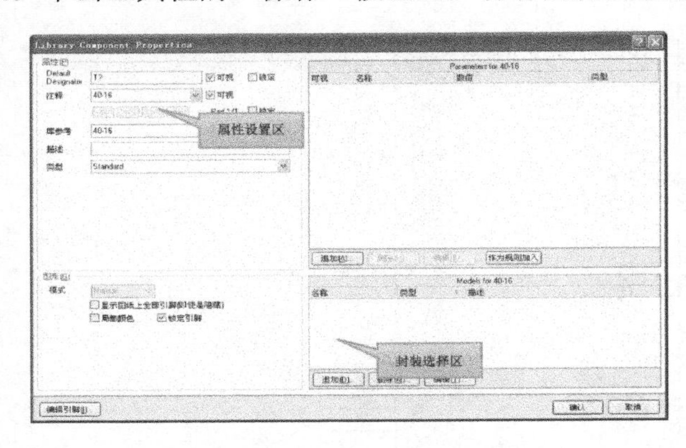

图 4.15 设置原理图库元件属性

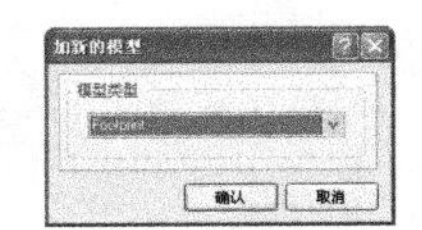

图 4.16 “加新的模型”对话框

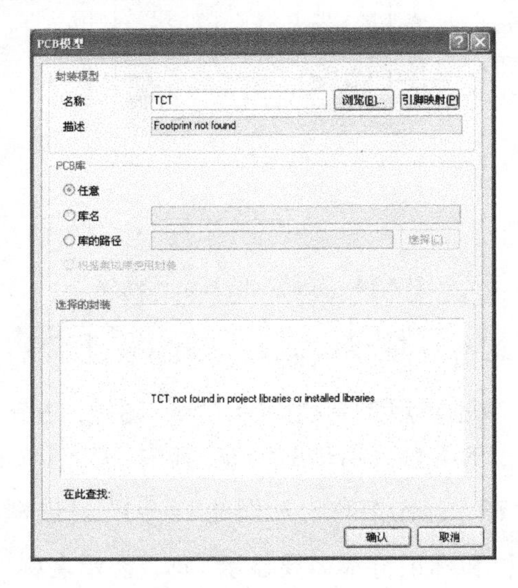

图 4.17 “PCB 模型”对话框

4.4 超声波测距系统电路原理图设计

4.4.1 关于层次原理图

在前面几个项目中，学习了普通电路原理图设计的基本方法，将整个系统的电路绘制在一张图纸上。这种方法适用于规模较小，逻辑结构也比较简单的电路设计。而对于大规模的电路来说，由于所包含的对象数量多，结构关系复杂，很难在一张原理图图纸上完整地绘出，即使勉强绘出来，其错综复杂的结构也不利于电路的阅读和分析。

因此，对于较复杂的电路来说，简单地将电路绘制在一张图纸上是不合适的。对这样的电路通常采用模块化设计方法，将整个电路系统按照功能分解成若干个电路模块，每个电路模块完成一定独立的功能，具有相对独立性，在设计时绘制在不同的图纸上，再使用“层次式”管理方法来对多张电路图进行管理，各电路模块之间的连接关系用一个顶层原理图来表示。这种方法中的顶层原理图主要由若干电路方块图构成，用来展示各个电路模块间的连接关系，而子原理图则分别实现各模块的功能。

对于电路原理图模块化设计，Protel DXP 2004 SP2 系统提供了层次原理图的设计方法，将一个庞大的电路作为一个整体项目，根据系统功能，将一个项目划分成若干个子模块，分别绘制到不同原理图图纸上，各子模块之间的连接关系再用顶层电路图来描述，如图 4.18 所示。

Protel DXP 2004 SP2 提供的层次电路图功能十分强大，每个子电路图还可以根据需要继续细分为若干功能模块，这样依次细分下去就将整个系统划分成了多个层次，电路的设计也就由繁变简。

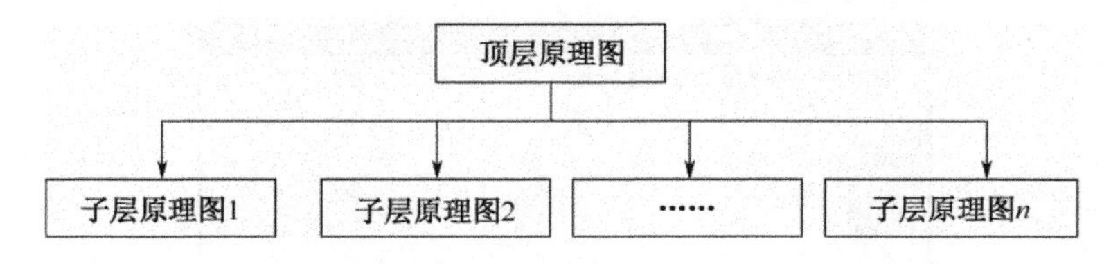

图 4.18　层次原理图的结构

在 Protel 的层次式电路图中，除了以前学过的电路图元器件外，比较特别的图件是电路方块图（Sheet Symbol，也称为图纸符号）、图纸入口（Sheet Entry，也称为电路方块图进出点）及输入/输出端口。层次电路图的设计方法有两种，一种是自顶向下的设计，另一种是自底向上的设计。自顶向下的设计是先对电路进行层次划分，从宏观上将整个电路分成若干功能模块，再将各功能模块连接起来。即先设计顶层原理图，再实现各子原理图功能模块。自底向上的设计是先实现电路各功能模块，再将各功能模块组合起来形成一个总的电路。即先设计各子原理图，再根据各子原理图设计顶层原理图。

本项目采用自顶向下的设计方法，先设计顶层原理图，将电路划分成 4 个功能模块，在顶层原理图中将 4 个功能模块进行连接，再在子原理图中分别实现各模块的功能。自底向上的设计方法将在项目五中介绍。

4.4.2　新建层次原理图模块图文件

（1）在 超声波测距系统设计.PRJPCB 上单击鼠标右键，在弹出的快捷菜单中选择 追加新文件到项目中(N)，再单击 Schematic，新建一个名称为“Sheet1.SchDoc”的原理图文件，如图 4.19 所示。

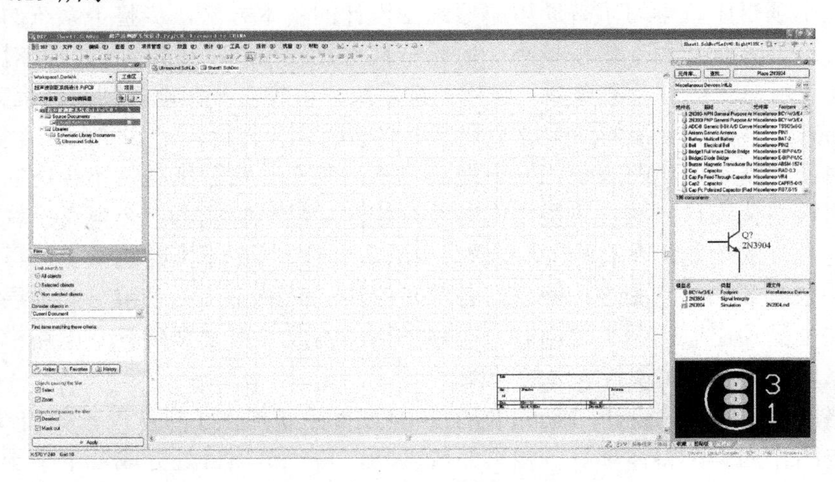

图 4.19　新建的原理图文件

（2）单击工具栏的“保存”按钮，将原理图文件保存在“项目四超声波测距系统电路设计”文件夹内，将文件命名为“主电路.SchDoc”，如图 4.20 所示。

图 4.20　保存主电路图至 PCB 项目文件夹

4.4.3　设置原理图编辑器系统参数

此项目中原理图编辑器系统参数采用默认参数。

4.4.4　设置图纸规格

此项目中主电路图图纸规格采用默认规格。

4.4.5 绘制层次原理图模块图

（1）单击工具栏中的按钮，此时鼠标变成“十”字形，同时光标上出现一个浮动的电路方块图，如图 4.21 所示。

（2）在电路方块图浮动的状态下，按键盘上的“Tab”键，打开“图纸符号”对话框。在该对话框的“属性”栏中将“标识符”设置为“超声波发射电路”，“文件名”设置为“超声波发射电路.SchDoc”，如图 4.22 所示。

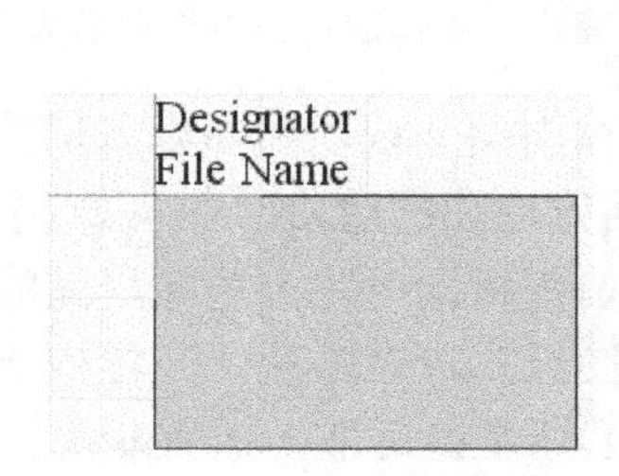

图 4.21　放置电路方块图

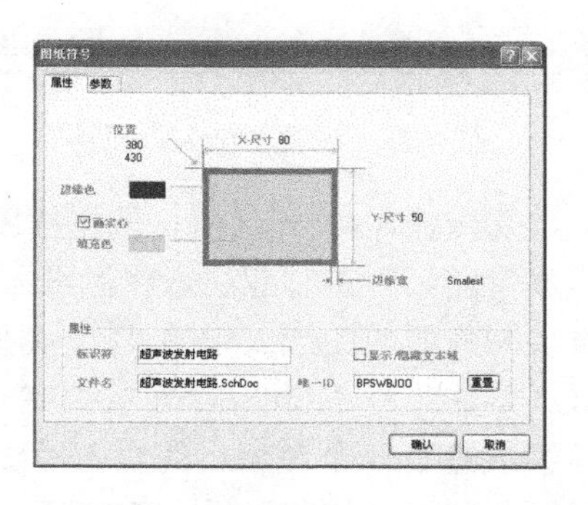

图 4.22　设置图纸符号属性

（3）单击确认按钮，关闭对话框，此时电路方块图随着光标移动，在电路图的合适位置单击鼠标左键，将电路方块图拉至合适大小，再单击鼠标左键，即可将电路方块图放到此处，如图 4.23 所示。

（4）此时光标仍处于继续放置状态。单击鼠标右键，取消继续放置状态，再单击工具栏中的按钮，放置图纸入口。此时光标变成“十”字状态，在刚才创建的“超声波发射电路”电路方块图上单击鼠标左键，此时光标上出现一个浮动的图纸入口图标，如图 4.24 所示。

（5）在图纸入口图标处于浮动状态下，按键盘上的“Tab”键，打开“图纸入口”对话框，在对话框中将“名称”设置为“P1.0”，“I/O 类型”设置为“Input”，如图 4.25 所示。

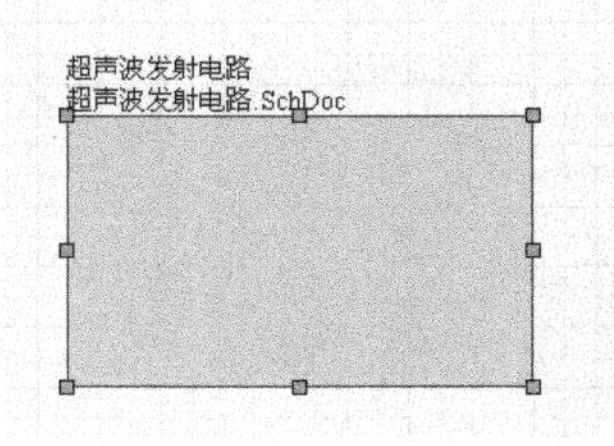

图 4.23　放置电路方块图

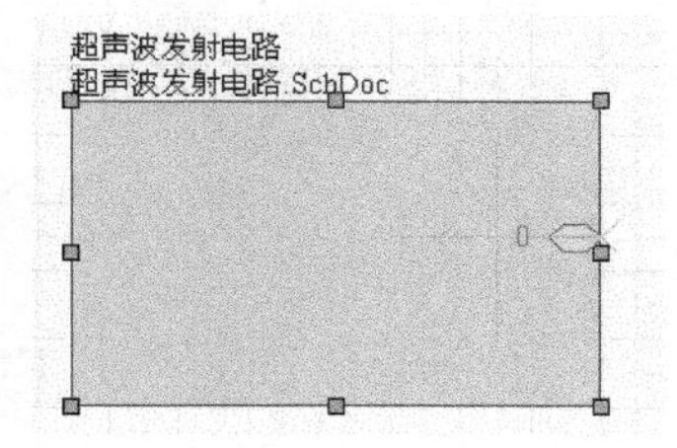

图 4.24　放置图纸入口

（6）单击确认按钮，关闭“图纸入口”对话框，此时图纸入口图标仍处于浮动状态。在方块图右边沿中部单击鼠标左键，放下名称为“P1.0”的图纸入口，再单击鼠标右键，取消放置状态。最终结果如图 4.26 所示。

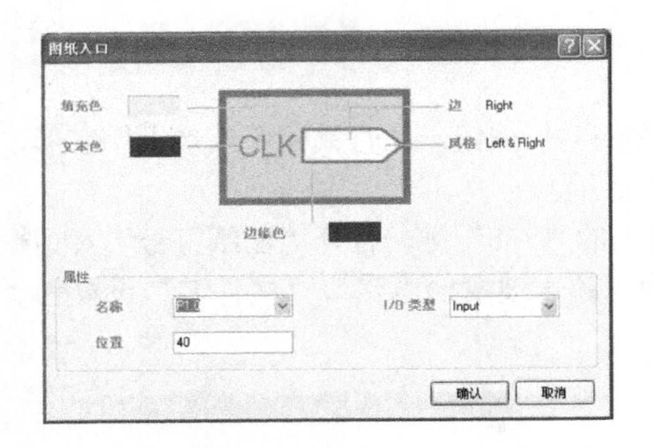

图 4.25　设置图纸入口属性

图 4.26　将图纸入口放置在方块图右边沿

（7）重复步骤（1）～（6），依据样图 4.27 放置另外三个电路方块图和图纸入口，并设置其属性。放置图纸入口时应注意将图纸入口放置在相应电路方块图的边沿。图 4.27 中箭头指向电路方块图外面的图纸入口的“I/O 类型”为“OutPut”，箭头指向电路方块图里面的图纸入口的“I/O 类型”为“Input”。在放置完一个电路方块图或图纸入口对象后，光标处于浮动状态时可继续放置下一个对象。在全部对象放置完毕后单击鼠标右键可取消放置状态。电路方块图或图纸入口对象放置好后，双击某一电路方块图或图纸入口也可弹出如图 4.22 或图 4.25 所示的属性设置对话框，在对话框里可对已放置好的对象进行属性修改。

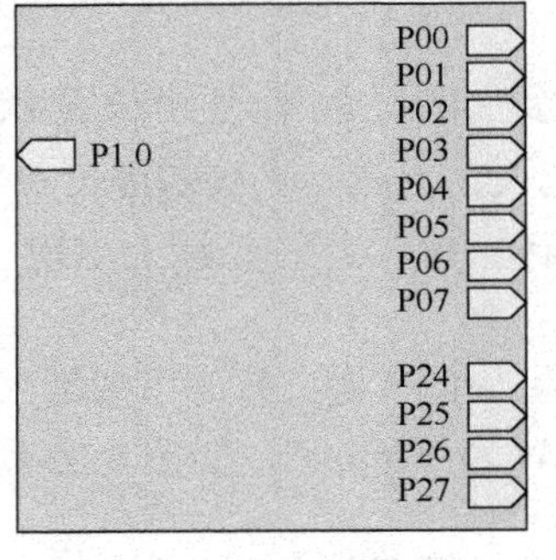

（a）STC89C51及其外围电路方块图

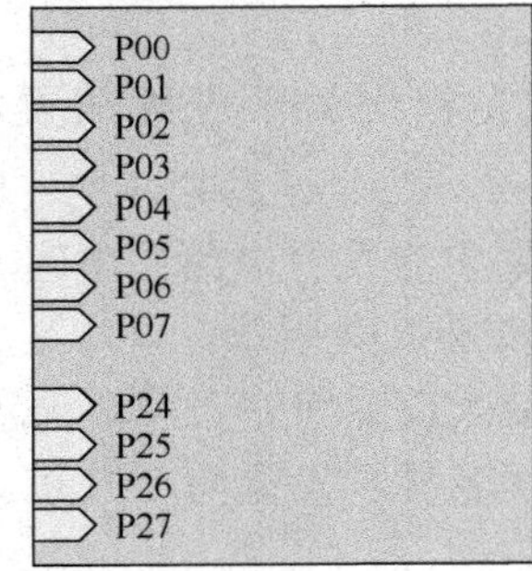

（b）显示电路方块图

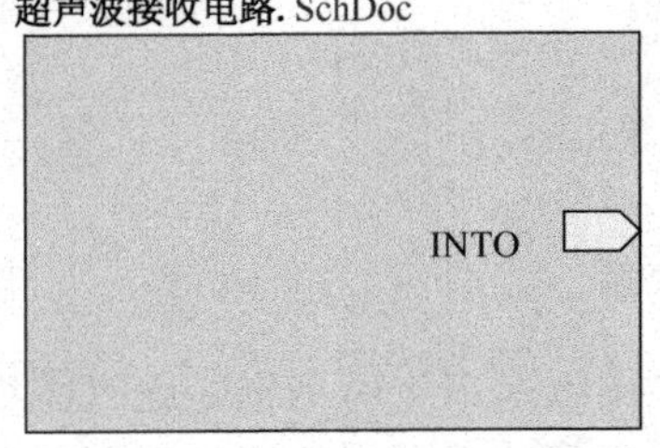

（c）超声波接收电路方块图

图 4.27　需要绘制的其余电路方块图

（8）将绘制好的所有的电路方块图及图纸入口摆放在合适的位置，然后单击

工具栏中的 按钮，绘制导线将每一个电路方块图上名称相同的图纸入口分别连接起来，完成顶层原理图“主电路.SchDoc”的绘制，绘制完成后的结果如图 4.28 所示。

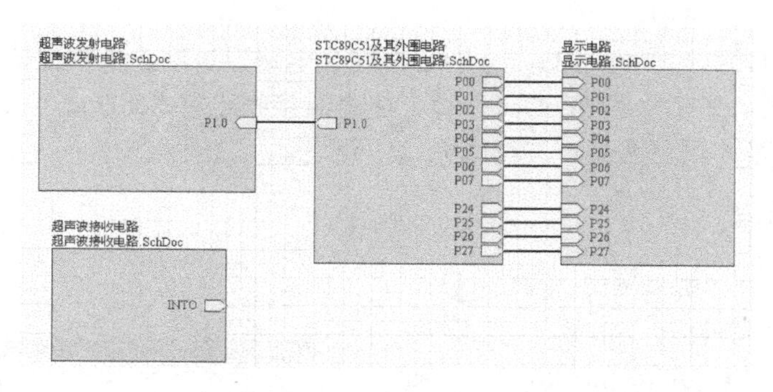

图 4.28 主电路图

（9）单击工具栏的“保存”按钮，保存主电路图。

4.4.6 自顶向下生成各模块子图

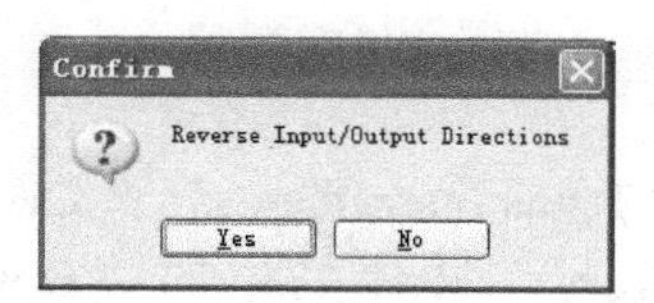

图 4.29 端口方向确认提示框

（1）单击 设计(D) 菜单，选择 根据符号创建图纸(R)，此时光标变成“十”字形，移动光标到“超声波发射电路”方块图内部。

（2）单击鼠标左键，弹出如图 4.29 所示的端口方向确认提示框。

如果单击 Yes 按钮，则创建的子原理图图纸中，输入/输出端口方向会与主电路图图纸入口的输入/输出方向相反，如果单击 No 按钮，则创建的子原理图图纸中，输入/输出端口方向会与主电路图图纸入口的输入/输出方向一致。因此，在本项目中应选择 No 按钮。

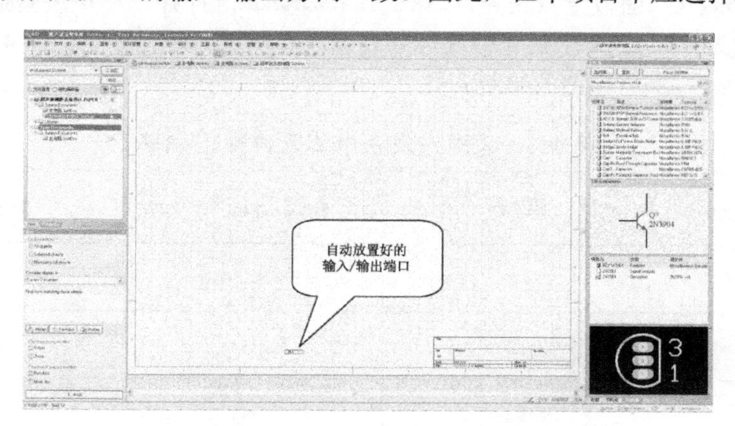

图 4.30 由电路方块图“超声波发射电路”建立的子原理图

单击 No 按钮，此时系统自动生成了一个新的原理图文件，文件名为“超声波发射电路.SchDoc”，与所单击的电路方块图代表的子原理图文件名一致，如图 4.30 所示。同时从生成的子原理图上也可以看出，子原理图上已经自动放置好了一个与原电路方块图图纸入口方向一致的输入/输出端口。

（3）单击工具栏的“保存”按钮，将新生成的子原理图文件保存至“项目四超声波测距系统电路设计”文件夹中。

（4）仿照上述步骤（1）～（3），分别单击其余电路方块图，依次生成“STC89C51 及其外围电路.SchDoc”、“显示电路.SchDoc”和“超声波接收电路.SchDoc”三个子原理图文件，将上述文件都保存至“项目四超声波测距系统电路设计”文件夹中。

4.4.7 加载元件库

打开工作区右侧“元件库”工作面板，除了系统自动安装的 2 个基本元件库“Miscellaneous Devices.IntLib”和“Miscellaneous Connectors.IntLib”外，本项目还需要安装如图 4.31 所示的“TI Logic Gate 2.IntLib”、“TI Interface Line Transceiver.IntLib”、“TI Interface 8-Bit Line Transceiver.IntLib”、“Dallas Sensor Temperature Sensor.IntLib”和“Philips Microcontroller 8-Bit.IntLib”五个集成库文件（前三个集成库文件位于默认安装目录下 Library 文件夹中的“Texas Instruments”子文件夹中，后两个集成库文件分别位于默认安装目录下“Library”文件夹中的“Dallas Semiconductor”和“Philips”两个子文件夹中）。

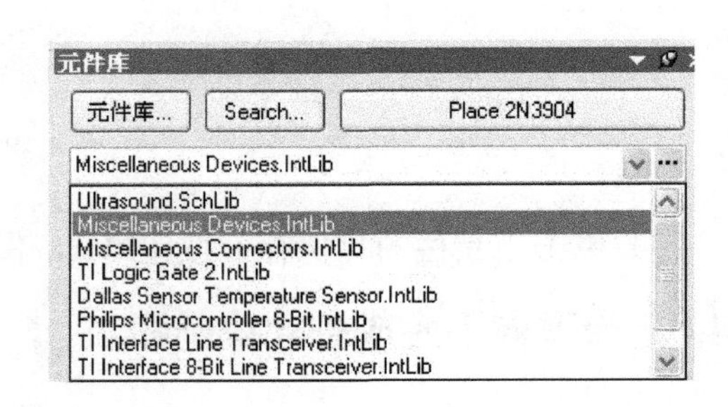

图 4.31 加载的集成库文件

4.4.8 绘制各模块子图原理图

（1）在“Projects”面板上双击 超声波发射电路.SchDoc，打开“超声波发射电路.SchDoc”子原理图文件，按照表 4.2 所示的元件属性列表选取并放置元件，参照样图 4.32，完成“超声波发射电路.SchDoc”子原理图的绘制。

表 4.2 超声波发射电路元件属性列表

元件库中名称	标识符	注释	Footprint 封装
SN74LS04N	U1	SN74LS04N	N014
Res2	R1	1kΩ	AXIAL-0.4
Res2	R2	1kΩ	AXIAL-0.4
40-16	T1	TCT40-16	TCT（自建）

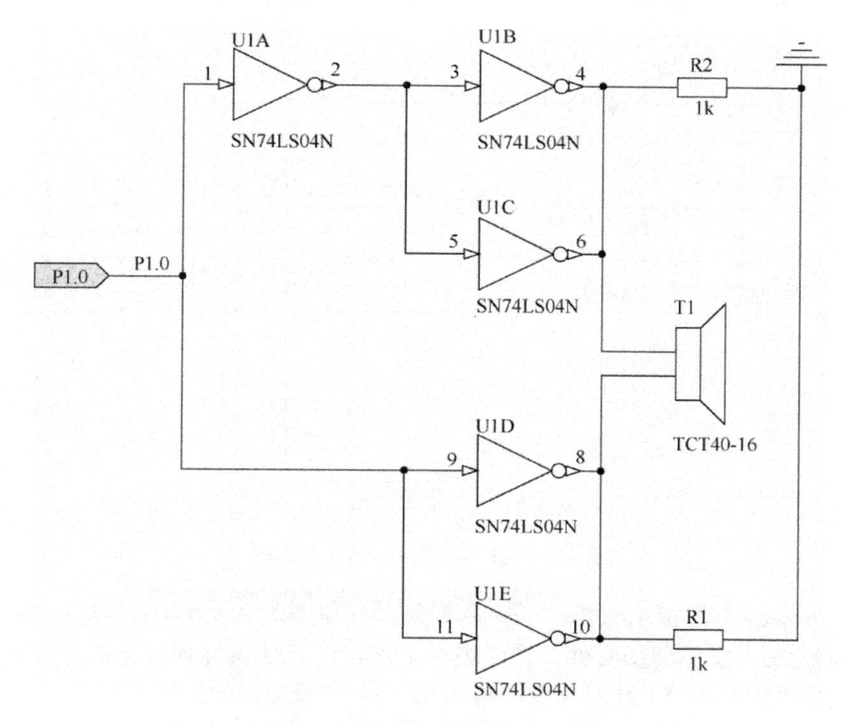

图 4.32　超声波发射电路子原理图

（2）在“Projects”面板上双击 超声波接收电路.SchDoc，打开“超声波接收电路.SchDoc”子原理图文件，按照表 4.3 所示的元件属性列表选取并放置元件，参照样图 4.33，完成“超声波接收电路.SchDoc”子原理图的绘制。

表 4.3　超声波接收电路元件属性列表

元件库中名称	标识符	注释	Footprint 封装
CX20106A	P1	CX20106A	HDR1×8
Res2	R3	4.7kΩ	AXIAL-0.4
Res2	R4	200kΩ	AXIAL-0.4
Res2	R5	200kΩ	AXIAL-0.4
Cap	C1	470pF	CAPR2.54-5.1x3.2
Cap Pol1	C2	3.3μF/25V	CAPPR2-5x6.8
Cap Pol1	C3	3.3μF/25V	CAPPR2-5x6.8
Cap	C4	330pF	CAPR2.54-5.1x3.2
40-16	T2	R-40-16	TCT（自建）

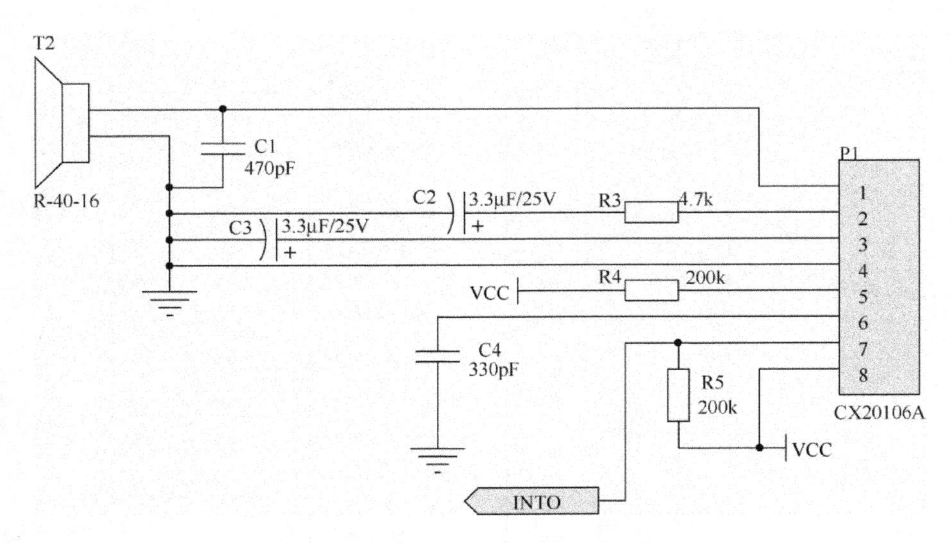

图 4.33　超声波接收电路子原理图

（3）在“Projects”面板上双击 STC89C51及其外围电路.SchDoc，打开“STC89C51 及其外围电路.SchDoc”子原理图文件，按照表 4.4 所示的元件属性列表选取并放置元件，参照样图 4.34，完成“STC89C51 及其外围电路.SchDoc”子原理图的绘制。

表 4.4　STC89C51 及其外围电路元件属性列表

元件库中名称	标识符	注释	Footprint 封装
STC89C51	U2	STC89C51	SOT129-1
DS1820	U3	DS1820	PR35
SW-PB	S1		SPST-2
SW-PB	S2		SPST-2
Cap	C5	33pF	CAPR2.54-5.1x3.2
Cap	C6	33pF	CAPR2.54-5.1x3.2
Cap Pol1	C7	10μF/10V	CAPPR2-5x6.8
Cap	C8	33pF	CAPR2.54-5.1x3.2
Cap	C9	33pF	CAPR2.54-5.1x3.2
XTAL	X1	12MHz	BCY-W2/D3.1
Res2	R6	4.7kΩ	AXIAL-0.4
Res2	R7	4.7kΩ	AXIAL-0.4
MAX232N	U4	MAX232N	N016
D Connector 9	J1	D Connector 9	DSUB1.385-2H9

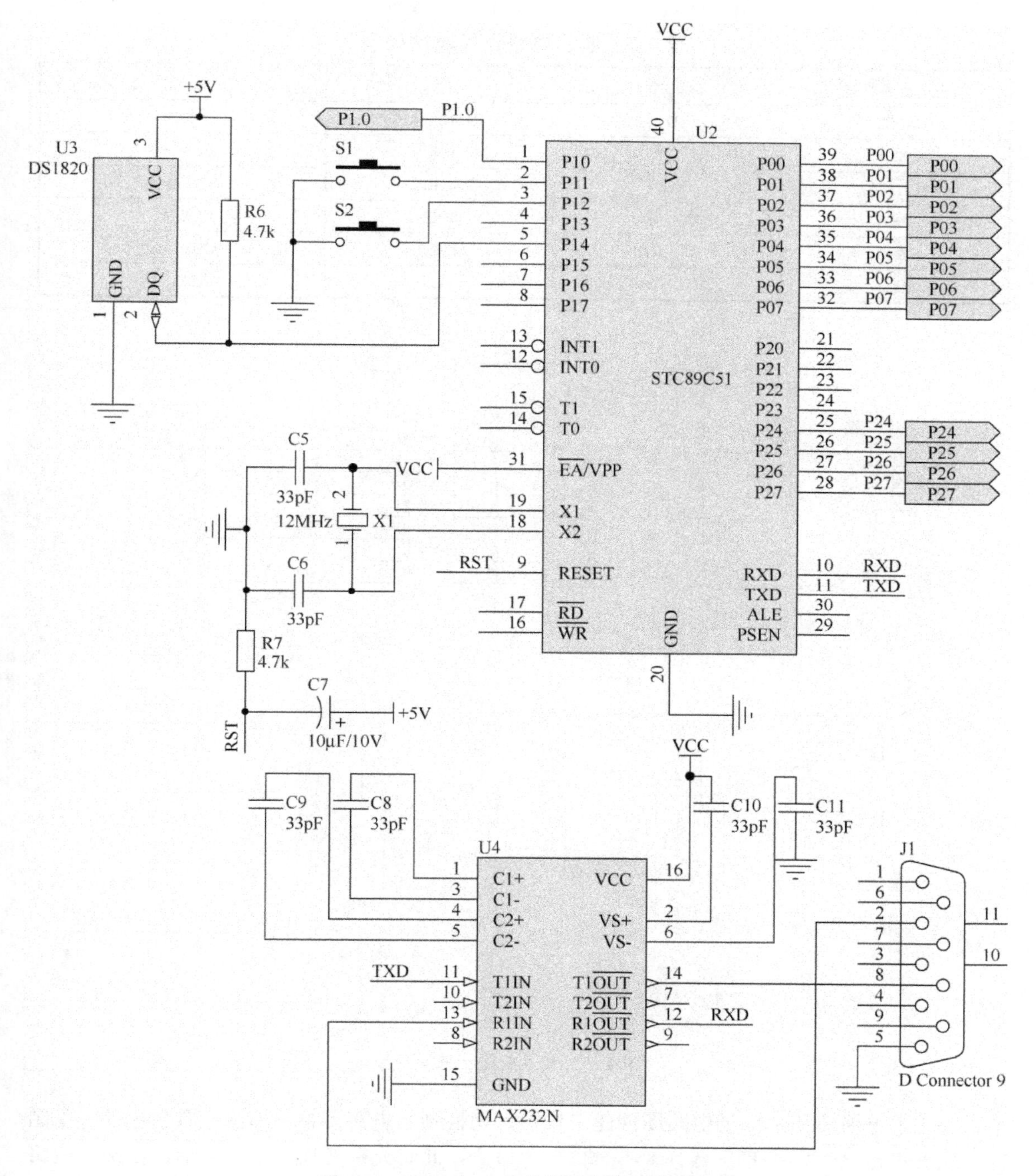

图 4.34　STC89C51 及其外围电路子原理图

（4）在“Projects”面板上双击显示电路.SchDoc，打开“显示电路.SchDoc”子原理图文件，按照表 4.5 所示的元件属性列表选取并放置元件，参照样图 4.35，完成“显示电路.SchDoc”子原理图的绘制。

（5）子原理图绘制完成后，单击文件(F)菜单，选择全部保存(L)命令，保存全部操作结果。

表 4.5　显示电路元件属性列表

元件库中名称	标识符	注释	Footprint 封装
SN74LS245N	U5	SN74LS245N	N020
PNP	Q1	PNP	BCY-W3
3641LED	LED1	3641LED	3641（自建）
PNP	Q2～Q4	PNP	BCY-W3
Res2	R8～R10	4.7kΩ	AXIAL-0.4
Res2	R12～R19	1kΩ	AXIAL-0.4

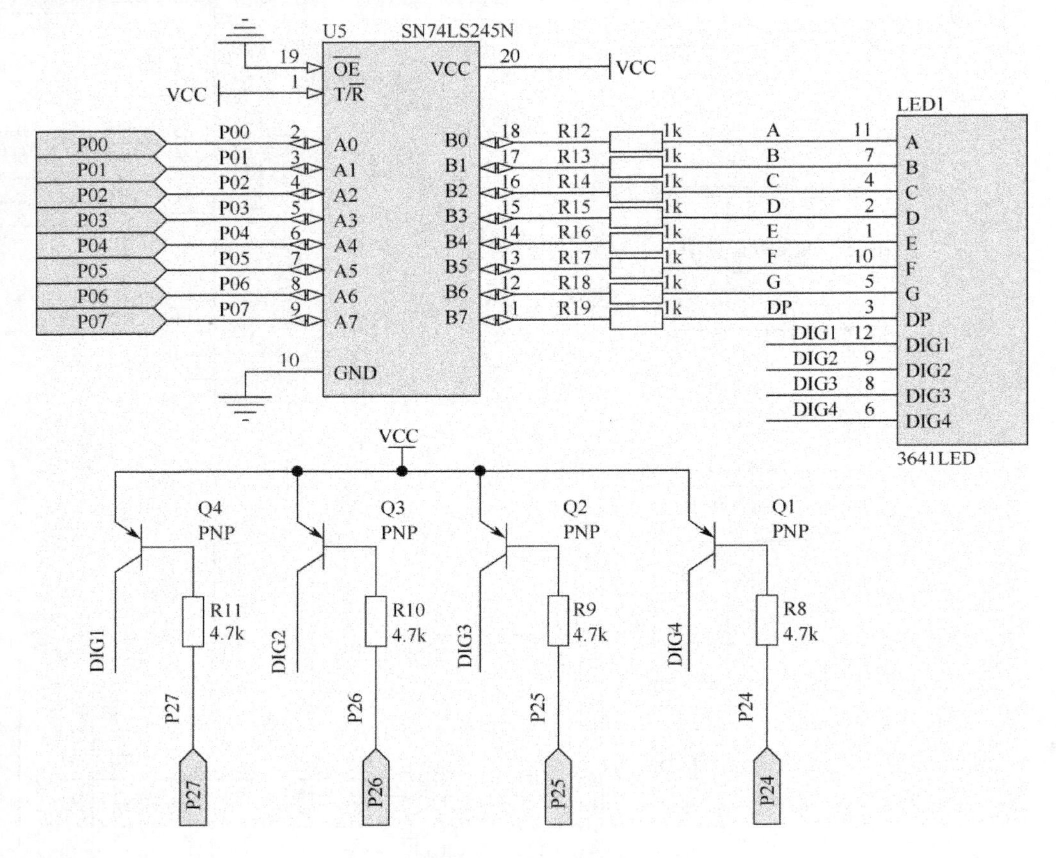

图 4.35　显示电路子原理图

（6）主电路图和全部子电路图创建完毕后，切换到主电路图中，单击工具栏中的图标，或者单击 工具（T） 菜单，选择 改变设计层次（H） 命令，此时光标变成“十”字形，在某一电路方块图上单击鼠标左键，则系统将自动切换到该电路方块图所对应的子原理图上，如图 4.36 所示。同样，在子电路图中，单击工具栏中的图标，或者单击 工具（T） 菜单，选择 改变设计层次（H） 命令，此时光标变成“十”字形，在某一输入/输出端口上单击鼠标左键，则系统会自动切换到主电路图，且该输入/输出端口在主电路图上对应的图纸入口会高亮显示，如图 4.37 所示。这样，就可以方便地在主原理图和子原理图之间进行相互切换。

单击工具栏中图标后在主原理图上的电路方块图上单击鼠标左键，系统自动由主电路上的电路方块图[图 4.36（a）]切换到对应的子原理图[图 4.36（b）]。

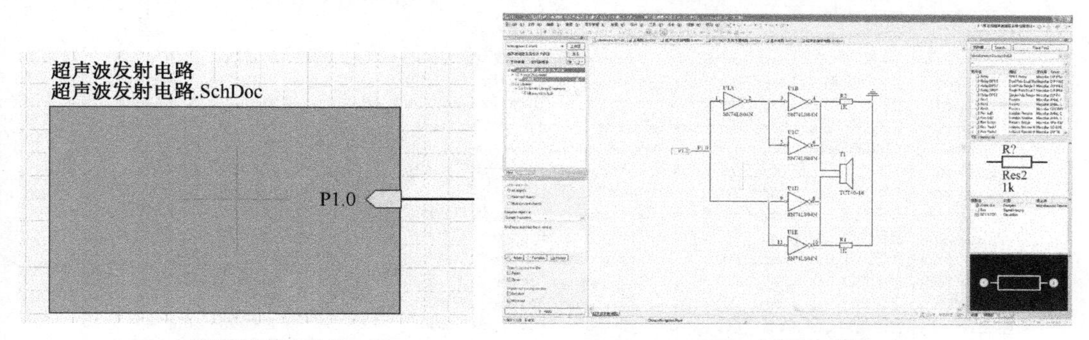

（a）主原理图电路方块图　　（b）对应子电路图

图 4.36　主原理图及其对应的子电路图

单击工具栏中图标后在子原理图上的输入/输出端口上单击鼠标左键，系统自动由 4.37（a）子原理图输入/输出端口切换到图 4.37（b）主原理图相应的图纸入口。

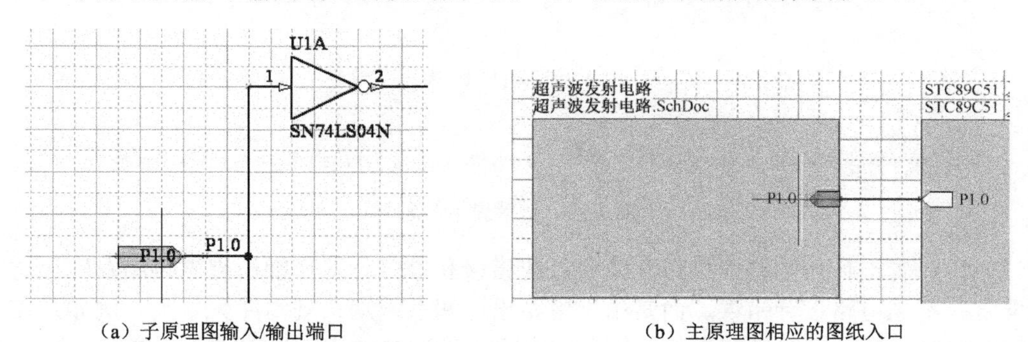

（a）子原理图输入/输出端口　　（b）主原理图相应的图纸入口

图 4.37　子原理图输入/输出端口与主原理图相应的图纸入口

4.4.9　层次原理图电气规则检查

（1）单击 项目管理 (C) 菜单，由于当前项目包含多个原理图，需要对多个原理图一起进行编译，因此应该选择 Compile PCB Project 超声波测距系统设计.PRJPCB 命令，如图 4.38 所示，弹出如图 4.39 所示的错误提示信息。

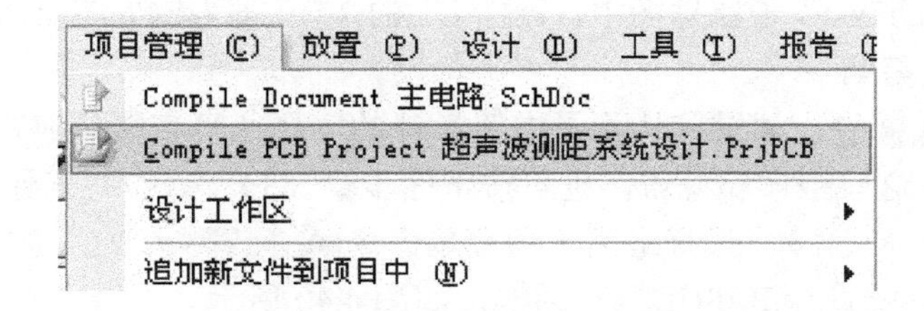

图 4.38　选择“编译超声波测距系统设计.PrjPCB”命令

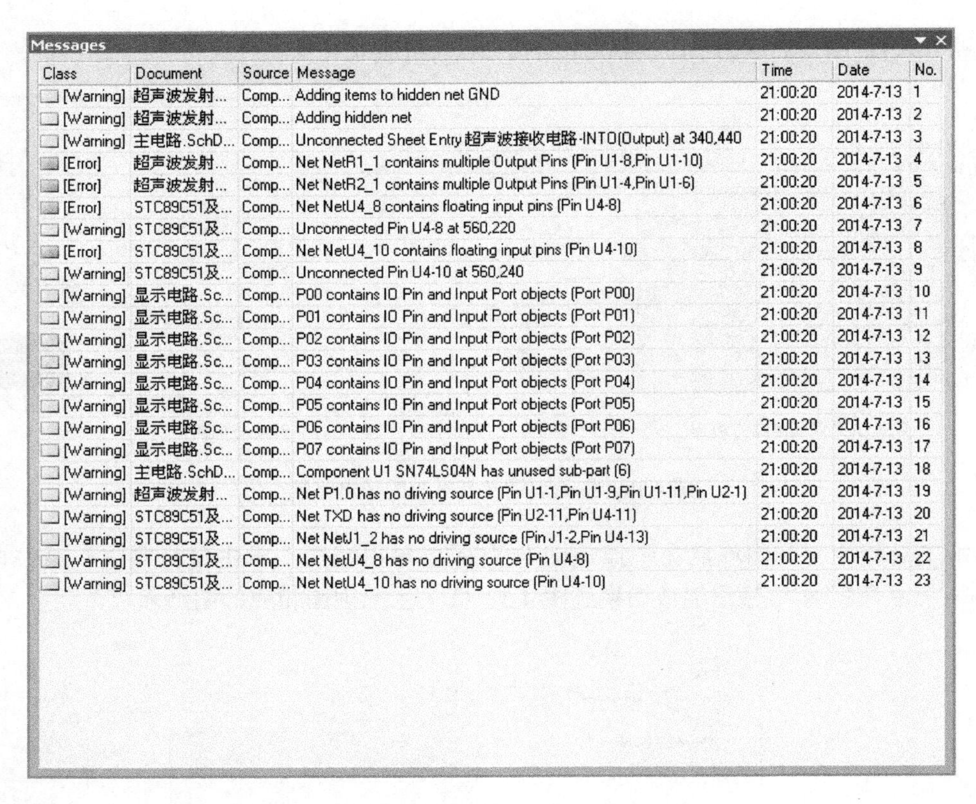

图 4.39　错误提示信息

（2）可以看出目前电路图中有几处明显的错误和警告。但仔细检查电路图发现，这些错误和警告并不是电路设计错误，而是由于电路设计和系统默认规则冲突导致。例如，在“超声波发射电路.SchDoc”子原理图中，非门 U1B 的 4 脚和 U1C 的 6 脚连接，系统报告“NetR2_1 包含多个输出引脚”错误：

[Error]　超声波发射...　Comp... Net NetR2_1 contains multiple Output Pins (Pin U1-4,Pin U1-6)

但事实上，本电路中两个非门的输出引脚直接连接是可以的，目的是为了增强非门输出端带负载的能力。同样的问题还出现在 U1D 的 8 脚和 U1E 的 10 脚的连接上。另外，在“STC89C51 及其外围电路.SchDoc”子原理图中，元件 U4 的 8 脚及 10 脚为输入引脚，这里悬空未输入信号，系统同样报告了错误，但实际上这两个输入引脚在本电路中无须输入信号。还有在“显示电路.SchDoc”子原理图中，元件 U5 的 2～9 脚为输入/输出引脚，但这里只用这些引脚来输入信号，等等。

对于这些错误或警告，如果确认不是电路设计的问题，可直接忽略，并不影响后续的操作。如果不希望出现这些错误和警告，也可按下面步骤（3）～（7）来处理。

（3）单击 项目管理 (C) 菜单，选择最后一项菜单命令 项目管理选项 (O)...，弹出“Options for PCB Project 超声波测距系统设计.PrjPCB”对话框，如图 4.40 所示。

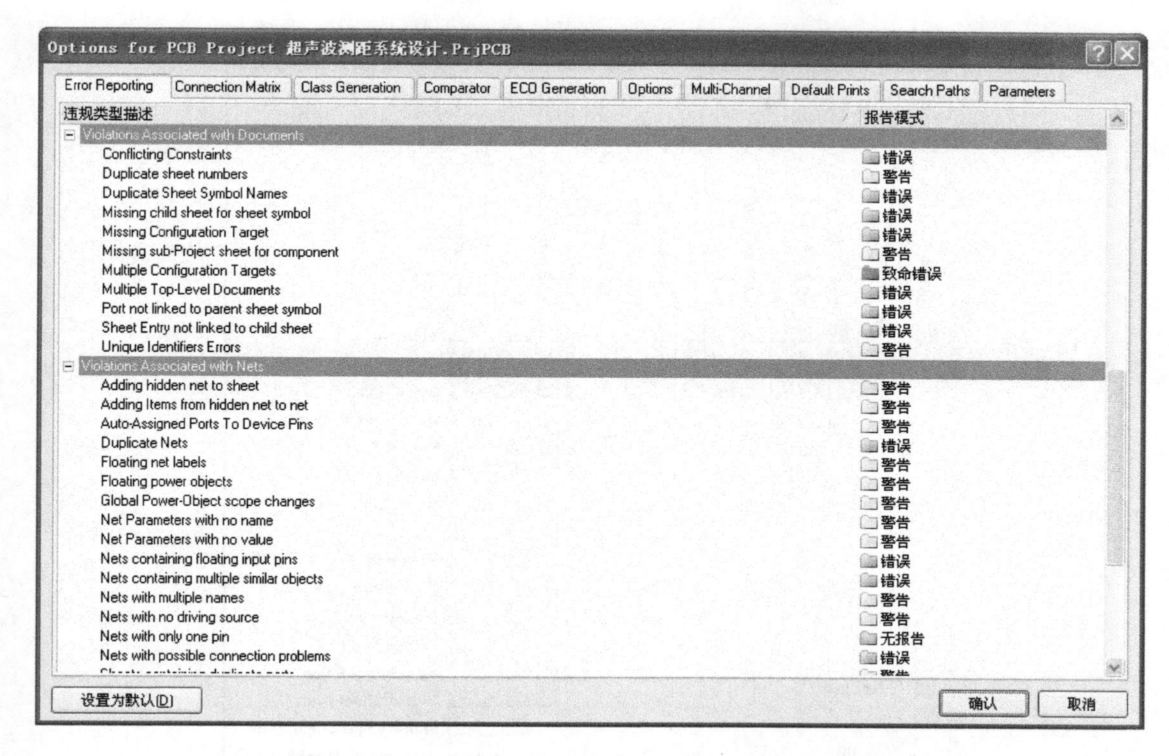

图 4.40 “OPtions for PCB Project 超声波测距系统设计.PrjPCB”对话框

（4）选择 Adding hidden net to sheet 选项（即“增加隐藏引脚到图纸”），将后面的“报告模式”修改成“无报告”，如图 4.41 所示。

图 4.41 修改报告模式

（5）按同样方法，选择 Nets containing floating input pins 选项（即“网络包含悬空的输入引脚”）及Nets with no driving source 选项（即“网络没有驱动源”），将后面的“报告模式”修改成“无报告”。

（6）切换到第二个选项卡 Connection Matrix ，如图 4.42 所示，分别连续单击图中箭头 1、2、3 所指位置的矩形方块，直到矩形颜色变为绿色为止（绿色表示不报告错误）。

（7）操作完毕后单击 确认 按钮关闭对话框，再执行步骤（1），系统此时不再报告错误（不报告错误系统不会弹出图 4.39 所示的错误提示信息）。

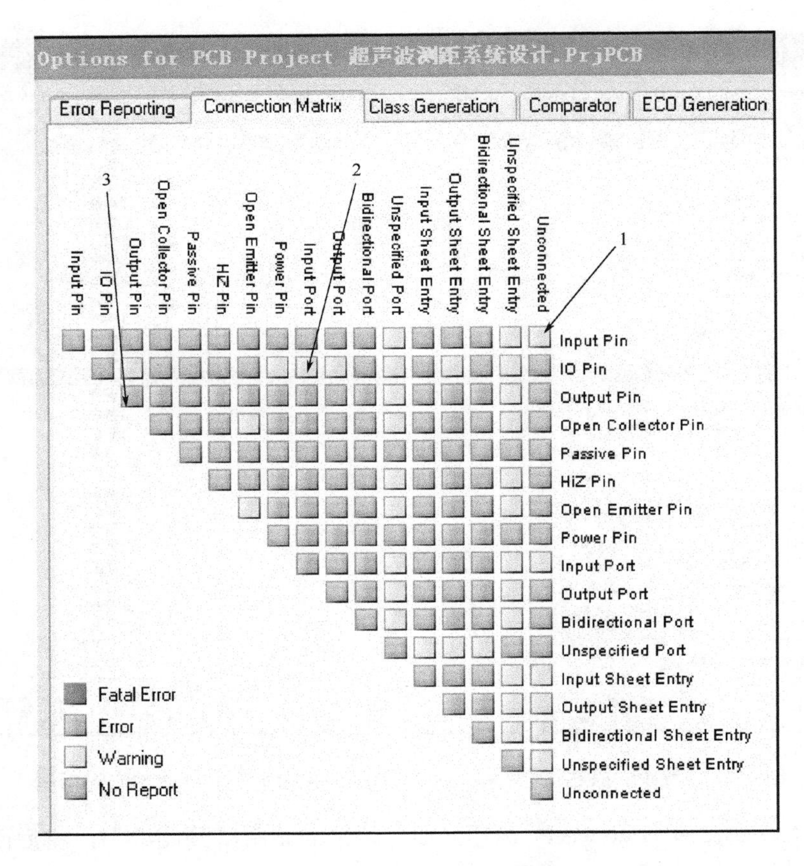

图 4.42　修改连接矩阵

4.4.10　生成网络表

单击 设计(D) 菜单，由于本项目包含主原理图和子原理图，需要对所有原理图文件统一生成一张网络表，因此这里需要选择下拉菜单选项中的 设计项目的网络表(N) → Protel，生成整个项目的网络表。操作完成后系统会生成了一个"Generated"文件夹和一个"Netlist Files"文件夹，如图 4.43 所示，单击左侧的 ⊞ 号展开文件夹，可发现已经生成了一个网络表文件"超声波测距系统设计.NET"，双击该文件可打开网络表。

图 4.43　生成的网络表文件

4.4.11　原理图打印输出

（1）单击 文件(F) 菜单，选择 页面设定(U)... 命令，弹出"Schematic Print Properties"对话框，如图 4.44 所示。

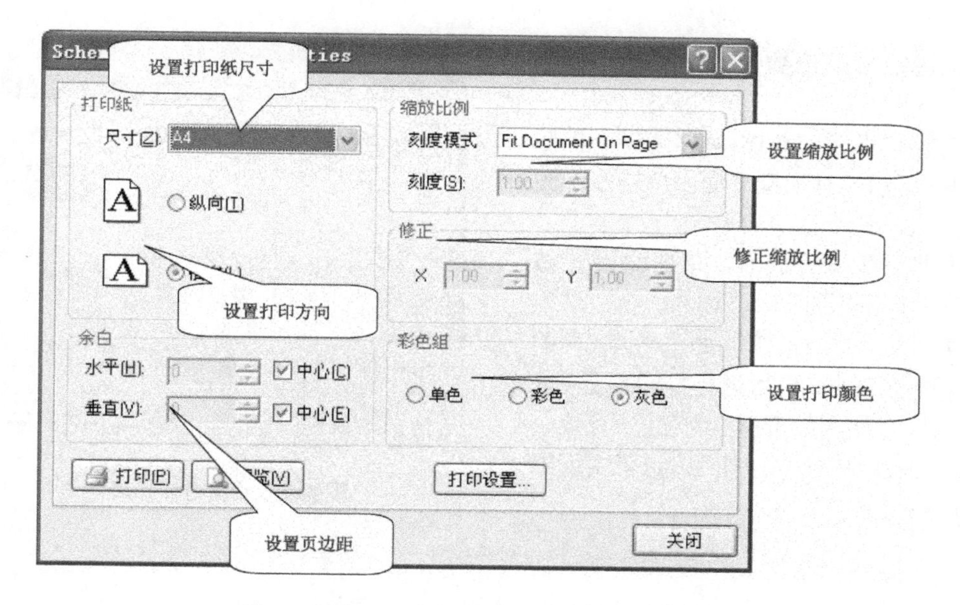

图 4.44 “Schematic Print Properties”对话框

各设置项的含义如下。

①“打印纸”栏：设置纸张，其中在“尺寸”右边的下拉框中可选择纸张的尺寸，下方的○纵向(T)和⊙横向(L)两个单选按钮设置纸张的摆放方向。

②“余白”栏：设置页边距，下面的“水平”和“垂直”两个输入框分别用来设置水平和垂直页边距，默认单位是 mil。默认情况下，两个输入框右边的☑中心(C)复选框为选中状态，而两个输入框均为灰色，表示默认图纸居中显示。若要手工设置页边距，可将右边的☑中心(C)复选框中的勾去掉，则相应的输入框将处于可编辑状态，此时可手工输入相应的页边距值。

③“缩放比例”栏：用来设置打印比例，下面有“刻度模式”和“刻度”两个设置项。其中，“刻度模式”有两个选项：“Fit Document On Page”和“Scaled Print”，如图 4.45 所示。默认情况为“Fit Document On Page”，表示打印时系统会自动调整比例，使整张图纸打印到一张打印纸上。此时下方的“刻度”设置项和“修正”设置栏均为灰色。“刻度模式”的另一个选项“Scaled Print”表示由用户自定义比例的大小，此时整张图纸将以用户自定义的比例打印，可以打印在一张打印纸上，也可以打印在多张打印纸上。

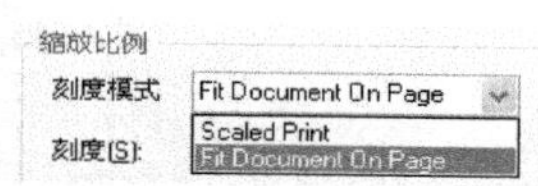

图 4.45 刻度模式选项

④“修正”栏：当“缩放比例”栏中的“刻度模式”选项设置为“Scaled Print”时，可在这里修正打印比例。

⑤“彩色组”栏：用来设置打印颜色，有三种选择：单色、彩色和灰度。

（2）打印。

打印参数设置完毕后，可按照如下步骤打印原理图。

①连接打印机，打开打印机电源，装上打印纸，等待片刻。

②当打印机准备就绪后，仍在图 4.44 所示的设置界面中，单击打印设置...按钮，进入如图 4.46 所示的对话框，在该对话框里选择打印机名称，确保打印机名称和实际打印机一致，选择打

印页码范围及打印份数（即图中的“拷贝数”）等。

③设置完毕后，单击确认按钮，仍回到图 4.44 所示的对话框界面，单击左下角的预览按钮，预览打印效果。

④设置、预览完成后，单击打印(P)按钮，即可进行图纸打印。

⑤此外，执行 文件(F) 菜单下的 打印预览(V)... 命令，也可进行打印预览；执行 文件(F) 菜单下的 打印(P)... Ctrl+P 命令，或者单击工具栏中的按钮，也可实现原理图的打印功能。

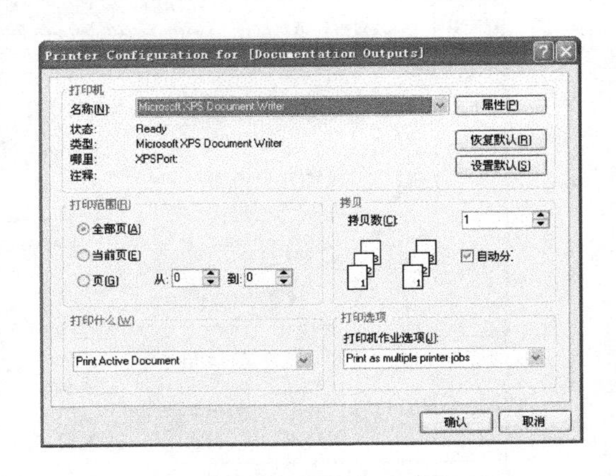

图 4.46　设置打印机属性

4.5　PCB 封装库设计

4.5.1　新建 PCB 封装库文件

（1）仿照创建原理图文件的方法，在“Projects”面板的超声波测距系统设计.PRJPCB上单击鼠标右键，在弹出的快捷菜单中选择追加新文件到项目中(N)→PCB Library，如图 4.47 所示，新建一个 PCB 封装库文件。

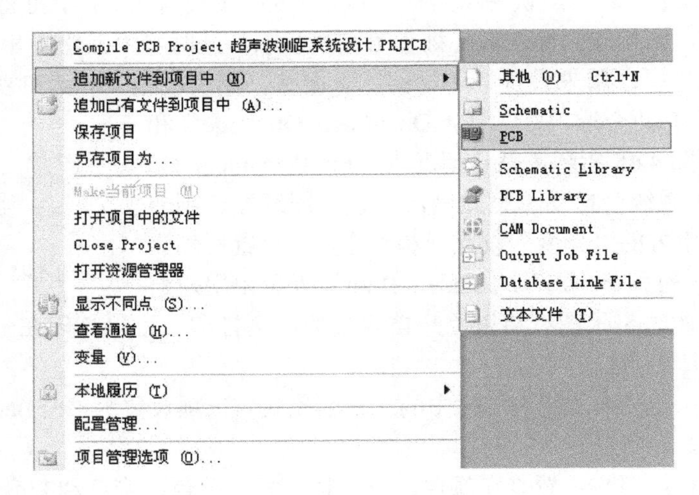

图 4.47　新建 PCB 库文件

（2）单击工具栏中的按钮，将 PCB 封装库文件保存在“项目四超声波测距系统电路设计”文件夹内，并重命名为“Ultrasound.PcbLib”，如图 4.48 所示。

本项目需要创建的 PCB 封装共有 2 个，分别为元件“3641LED”的封装“3641”和元件“40-16”的封装“TCT”，下面分别用手工绘制和向导绘制两种方法绘制这两个封装。

图 4.48 保存 PCB 库文件为“Ultrasound.PcbLib”

4.5.2 手工绘制 PCB 封装元件

（1）“Ultrasound.PcbLib”文件创建成功后，系统自动进入该文件的编辑界面。在左侧的“PCB Library”面板中有一个默认元件“PCBCOMPONENT_1”，如图 4.49 所示。双击此元件，在弹出的“PCB 库元件”对话框中将此元件重命名为“3641”，如图 4.50 所示。

（2）单击 确认 按钮，回到 PCB 封装库编辑界面。切换到顶层丝印层（Top Overlay），按照图 4.51 标注的尺寸，在顶层丝印层用 10mil 的线宽在默认原点处绘制一个尺寸为 1200mil ×550mil（长×宽）矩形方框（将矩形左下角放置在默认原点），在矩形方框内部等间距绘制三条竖线，将原矩形分成 4 部分，再在矩形方框中部绘制一条横的参考线，如图 4.52 所示。

图 4.49 “PCB Library”面板

图 4.50 重命名 PCB 库元件

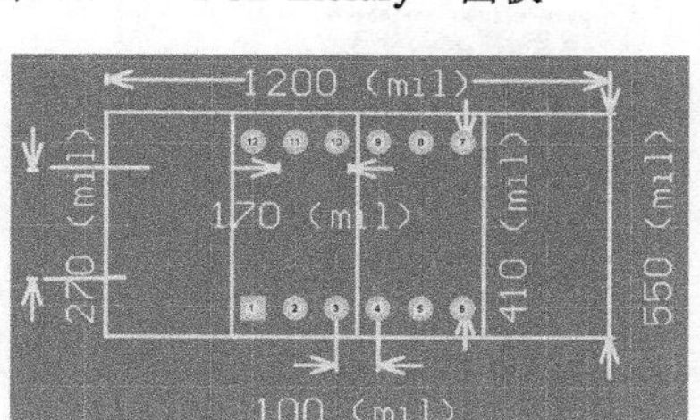

图 4.51 3641 元件尺寸标注

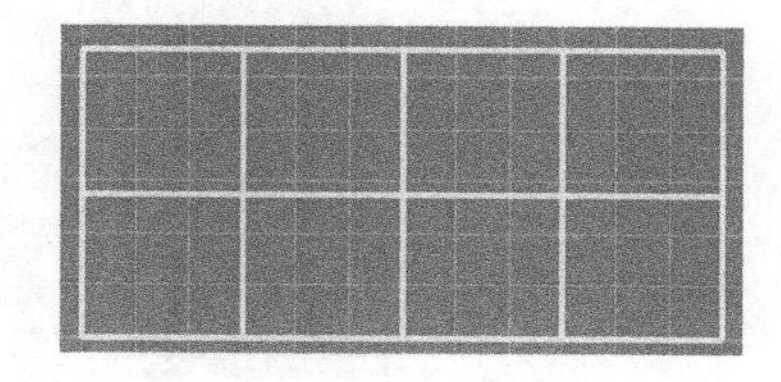

图 4.52 绘制矩形方框及参考线

（3）变换参考原点至左边第一个矩形框的中心位置。单击 编辑(E) 菜单，选择 设定参考点(F) → 位置(L) 命令，此时光标变成“十”字形，按键盘上的“J+L”组合键，在弹出的“跳转到某位置”对话框中的“X 位置”和“Y 位置”文本框中分别输入“150”和“275”，如图 4.53 所示，单击 确认 按钮，鼠标跳转到相应位置后再单击鼠标左键，将参考点更换至原坐标的（150，275）

位置处。

（4）参照图 4.51 的标注可知，数码管的高度和宽度（即图中“8”字的高度和宽度）分别为 270mil 和 180mil，参照此高度，在第一个矩形框中绘制一个参考框，如图 4.54 所示。参考框 4 个顶点的坐标分别为（-65，135）、（115，135）、（65，-135）和（-115，-135）。绘制斜线可用“Shift+Space”组合键改变走线方式。绘制完成后的结果如图 4.54 所示。

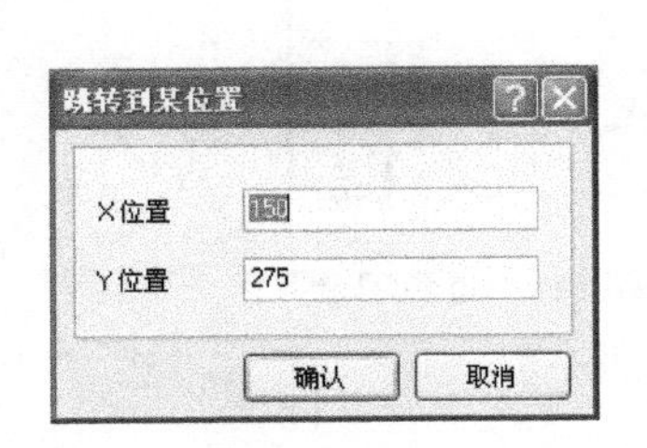

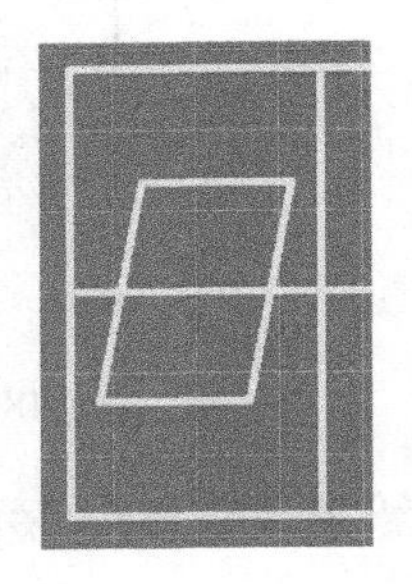

图 4.53 “跳转到某位置”对话框　　图 4.54 在第一个矩形框中绘制参考框

（5）切换到机械层 1（Mechanical 1），改用 30mil 的线宽，沿刚才绘制的参考框绘制数码管的轮廓。由于数码管之间有空隙，因此数码管的长度应该小于参考框的边长。七段数码管各段的起止坐标如表 4.6 所示，绘制成功后的效果如图 4.55（a）所示。

表 4.6 七段数码管各段起止坐标

数码管各段编号	起始坐标	终止坐标
A	（-45，135）	（95，135）
B	（110，115）	（95，20）
C	（85，-20）	（65，-115）
D	（-95，-135）	（45，-135）
E	（-110，-115）	（-95，-20）
F	（-85，20）	（-65，115）
G	（-70，0）	（70，0）

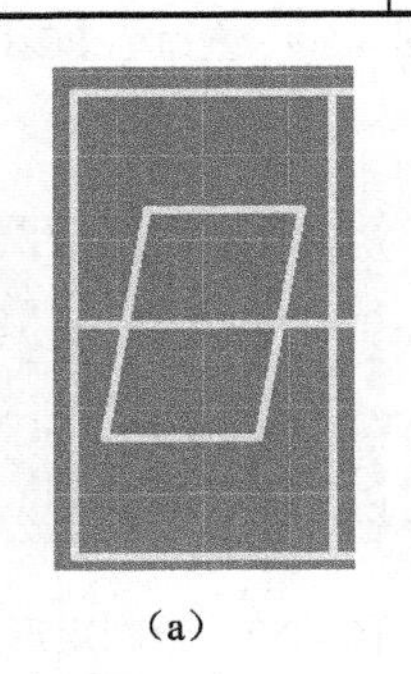

（a）

（b）

图 4.55 绘制第一个数码管

（6）删除步骤（4）绘制的参考框，再在“8”字的右下角画圆，圆的半径为“5mil”，线宽为“30mil”，圆心坐标为（100，-135），如图 4.55（b）所示。

（7）变换坐标参考点，参考上面的步骤，绘制其余三个数码管。

（8）数码管绘制完毕后将坐标参考点定位至图纸中心（即矩形框中间的竖线和参考横线的交点），然后按照图 4.51 所示的尺寸标注放置焊盘。焊盘的孔径为“35mil”，外径 X、Y 均为“60mil”。

（9）焊盘放置完毕后，删除中间的参考横线，保存操作结果，完成封装“3641”的绘制。最终绘制的效果图如图 4.56 所示。

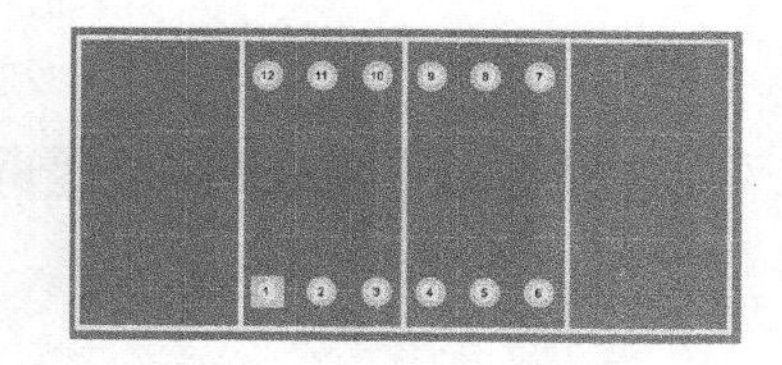

图 4.56　完成 3641 元件封装绘制

4.5.3　用向导绘制 PCB 封装元件

（1）在“Ultrasound.PcbLib”文件的编辑界面左侧的“PCB Library”面板上单击鼠标右键，弹出如图 4.57 所示的快捷菜单，选择元件向导(W)...命令，进入如图 4.58 所示的“元件封装向导”对话框。

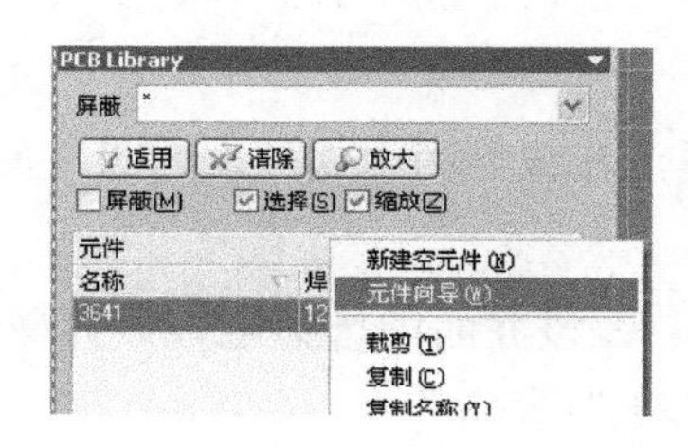

图 4.57　启动元件向导

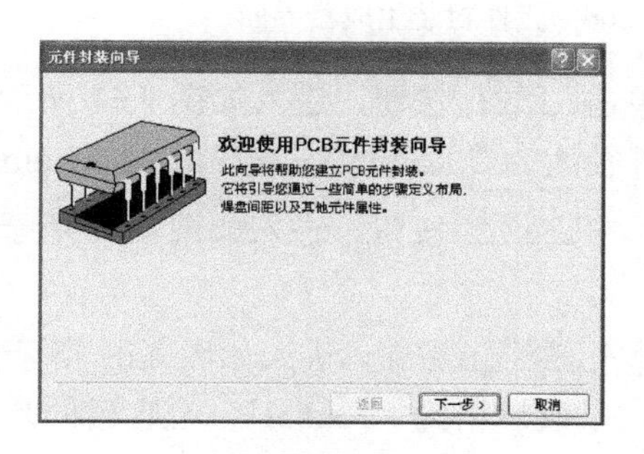

图 4.58　进入元件封装向导

（2）单击下一步>按钮，进入如图 4.59 所示的向导界面。由于 TCT40-16 的形状尺寸和圆形无极性电容类似，因此，在这里创建一个无极性电容封装来封装该器件。在该界面中选择“Capacitors”，“选择单位”为“Metric”。

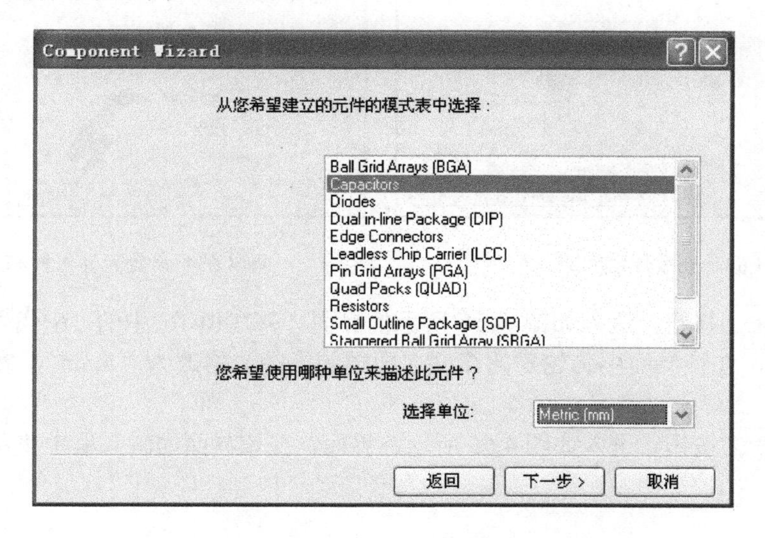

图 4.59　元件向导界面

（3）单击 下一步> 按钮，进入如图 4.60 所示的元件封装生成器界面，在该界面中选择“Through Hole”（穿孔式）。

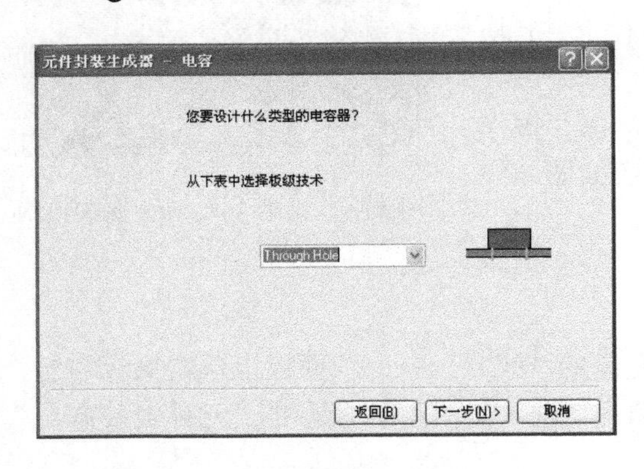

图 4.60　元件封装生成器界面

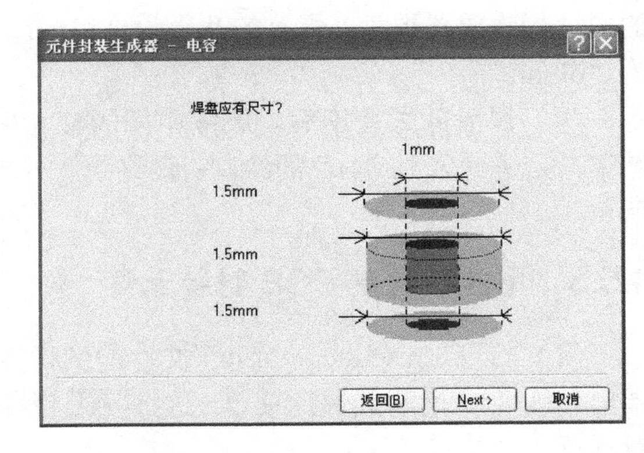

图 4.61　修改焊盘尺寸

（4）单击 下一步> 按钮，进入如图 4.61 所示的界面，在该界面中修改焊盘的尺寸，按图示将焊盘的外径改为“1.5mm”，孔径改为“1mm”。

（5）单击 Next> 按钮，进入如图 4.62 所示的界面，在该界面中将两个焊盘之间的间距改为“14mm”。

（6）单击 Next> 按钮，进入如图 4.63 所示的界面，在该界面中选择电容器的极性为“Not Polarised”，贴装风格为“Radial”，电容器的几何形状为“Circle”。

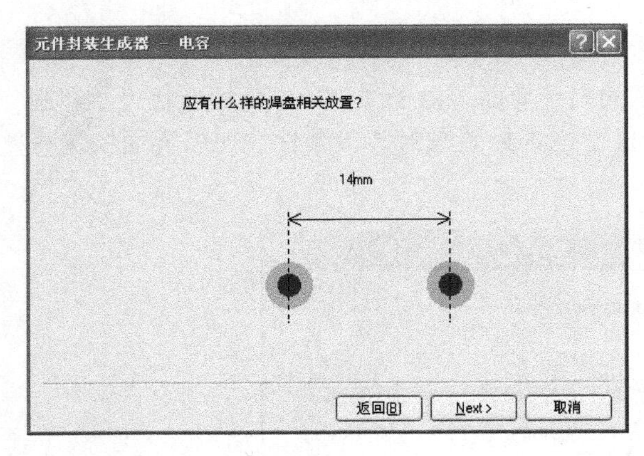

图 4.62　修改焊盘间距

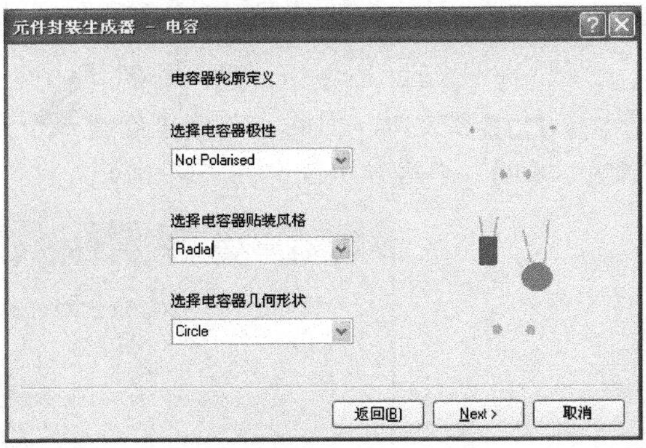

图 4.63　设置元件极性和形状

（7）单击 Next> 按钮，进入如图 4.64 所示的界面。TCT40-16 中的 16 代表器件的直径为“16mm”，因此，在该界面中将轮廓的高度（即圆的半径）修改为“8mm”，宽度仍然默认为“0.2mm”。

（8）单击 Next> 按钮，进入如图 4.65 所示的界面，在该界面的输入框中将所创建封装命名为“TCT”。

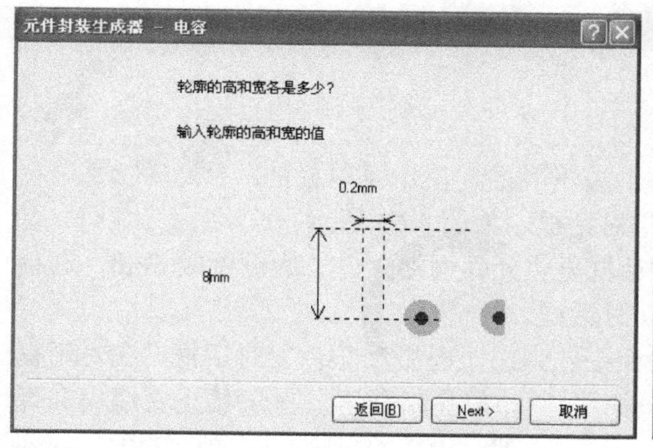

图 4.64　修改轮廓的高和宽

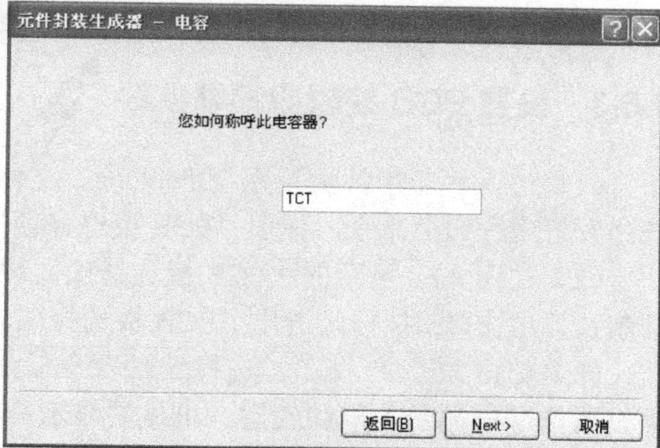

图 4.65　输入封装的名字

（9）单击 Next> 按钮，在如图 4.66 所示的界面中单击 Finish 按钮，完成封装的创建，创建后的结果如图 4.67 所示。

图 4.66　完成封装的创建

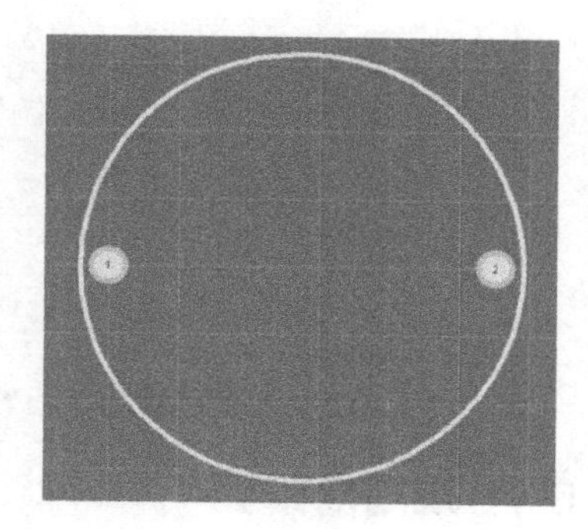

图 4.67　利用向导创建的封装

4.6　超声波测距系统电路 PCB 图设计

4.6.1　新建 PCB 文件

（1）仿照创建原理图文件的方法，在 超声波测距系统设计.PRJPCB 上单击鼠标右键，在弹出的快捷菜单中选择 追加新文件到项目中 (N)，再单击 PCB，新建一个 PCB 文件。

（2）单击工具栏的“保存”按钮，将 PCB 文件保存在“项目四超声波测距系统电路设计”文件夹内，将文件命名为“超声波测距系统.PcbDoc”。

4.6.2　加载封装库文件

在绘制原理图时已经加载了几个集成库，本项目所需的封装均包含在已加载的集成库或者自己新建的“Ultrasound.PcbLib”封装库文件中，因此这里无须再加载其他封装库文件。

4.6.3 设置 PCB 编辑器系统参数

（1）进入“超声波测距系统.PcbDoc”文件的编辑界面，单击菜单栏的 设计(D) 菜单，选择 PCB板选择项(O)... 命令，弹出“PCB 板选择项”对话框，如图 4.68 所示。

（2）在图 4.68 所示的“PCB 板选择项”对话框里将元件网格 X、Y 均设置成 5mil，其他项默认，单击 确认 按钮，退出“PCB 板选择项”对话框。

（3）单击 设计(D) 菜单，选择 PCB板层次颜色(L)... 命令，弹出“板层和颜色”对话框。在对话框中设置信号层显示顶层和底层、机械层显示第一层、丝印层显示顶层、显示禁止布线层和焊盘层；设置显示飞线（Connections and From Tos）、在线 DRC 错误检查有效（DRC Error Markers）、显示可视网格 2（Visible Grid2）、显示焊盘孔（Pad Holes）、显示过孔（Via Holes）。所有设置完成后如图 4.69 所示，单击 确认 按钮，退出“板层和颜色”对话框。

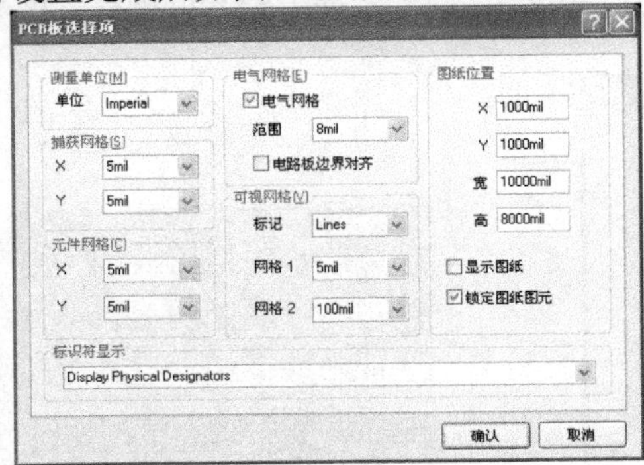

图 4.68 “PCB 板选择项”对话框

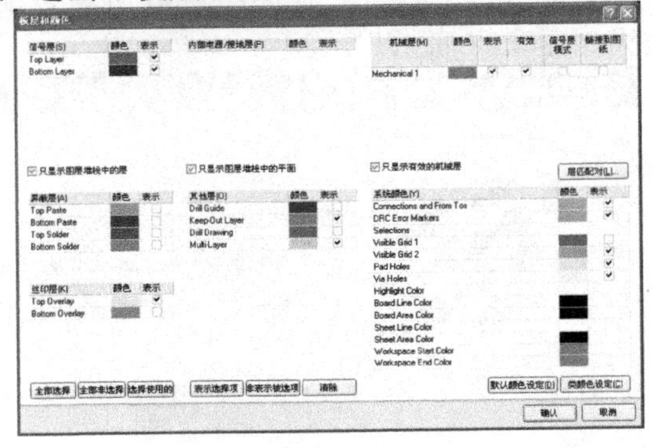

图 4.69 “板层和颜色”对话框

4.6.4 规划电路板

（1）单击 编辑(E) 菜单，选择 原点(O) → 设定(S) 命令，此时光标变成“十”字形。在合适的位置单击鼠标左键，设置相对坐标原点。

（2）单击 设计(D) 菜单，选择 PCB板形状(S) → 重定义PCB板形状(R) 命令，来重新定义 PCB 板形状。此时光标变成“十”字形，原有的 PCB 形状变成绿色，背景变成黑色。

（3）按键盘上的“J+L”组合键，调出“坐标设置”对话框，在对话框中设置坐标为（0，0），再单击 确认 按钮，鼠标自动跳转到了相对原点位置。在该位置单击鼠标左键，确认 PCB 板形状的起点。

（4）再按键盘上的“J+L”组合键，分别设置 PCB 板形状的其他三个顶点的坐标为（4500，0）、（4500，2500）、（0，2500），当鼠标跳到相应坐标时单击鼠标左键确认，通过上述步骤定义一个尺寸为 4500mil×2500mil 的矩形 PCB 板。

（5）在 PCB 编辑器中的板层标签中选择机械层 1（Mechanical 1），单击实用工具栏中的 图标，在下拉工具栏中单击 按钮，沿 PCB 外边沿绘制一个闭合区域，描出该 PCB 板的外形轮廓。这样，PCB 板的物理边界就确定了。

（6）在板层标签中选择禁止布线层（Keep-Out Layer），单击 放置(P) 菜单，选择禁止布线区(K)→导线(T)命令，在禁止布线层沿 PCB 板外边沿绘制一个封闭矩形，最终效果图如图 4.70 所示。这样，禁止布线层设置完毕，PCB 板的电气边界也就确定了。

图 4.70　规划电路板的尺寸

4.6.5　加载网络表

（1）单击设计(D)菜单，选择Import Changes From 超声波测距系统设计.PRJPCB命令，弹出“工程变化订单（ECO）”对话框，如图 4.71 所示；单击使变化生效按钮，检查网络和元件封装是否都能装入。如果有网络或元件不能装入需检查和修改原理图，再重新生成网络表。确认没问题后单击执行变化按钮，装入网络表和元件封装，如图 4.72 所示。

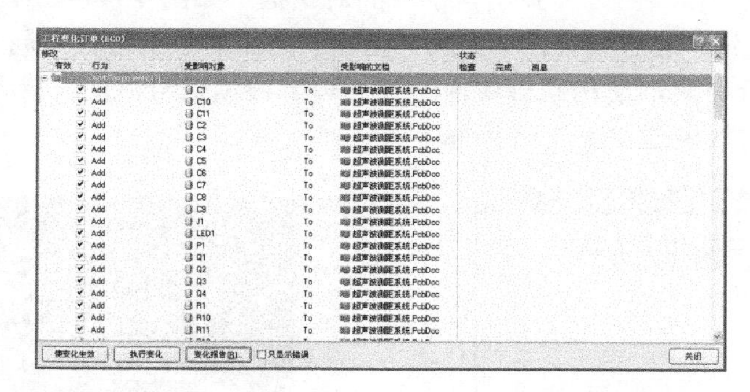

图 4.71　“工程变化订单（ECO）”对话框

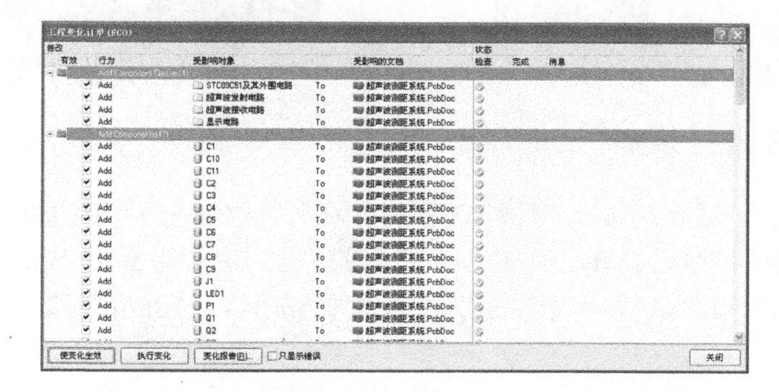

图 4.72　执行变化

（2）单击对话框右下角的关闭按钮，退出“工程变化订单（ECO）”对话框，网络表和元件封装便导入 PCB 文件，如图 4.73 所示。

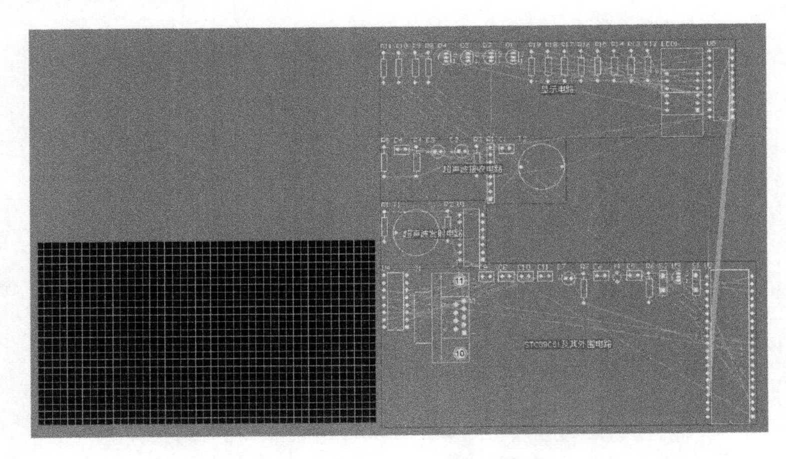

图 4.73　导入网络表和元件封装

4.6.6　元件布局

（1）删除各子电路模块的 Room 空间。

（2）如果元件都集中堆放在板中心，则需要先对元件进行自动布局。单击 工具(T) 菜单，选择 放置元件(L) → 自动布局(A)... 命令，弹出自动布局对话框，如图 4.74 所示。

（3）单击 确认 按钮，进行分组自动布局，元件散开后需手工进行布局。布局时尽量根据各电路功能模块来进行布局，使相同模块内走线最短，根据信号流的方向及相关布局规则调整元件，布局完成后的效果图如图 4.75 所示。

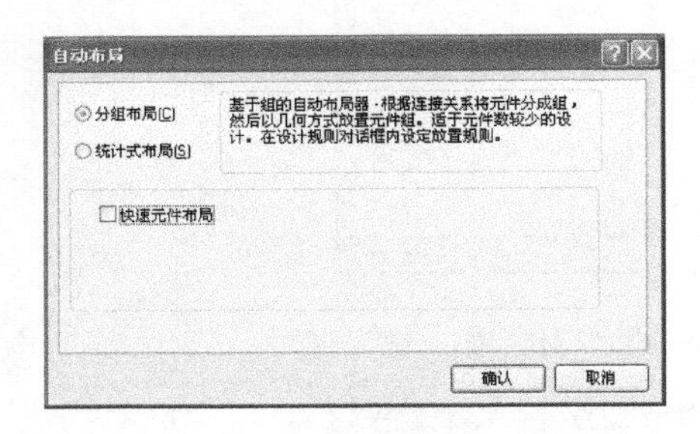

图 4.74　“自动布局”对话框

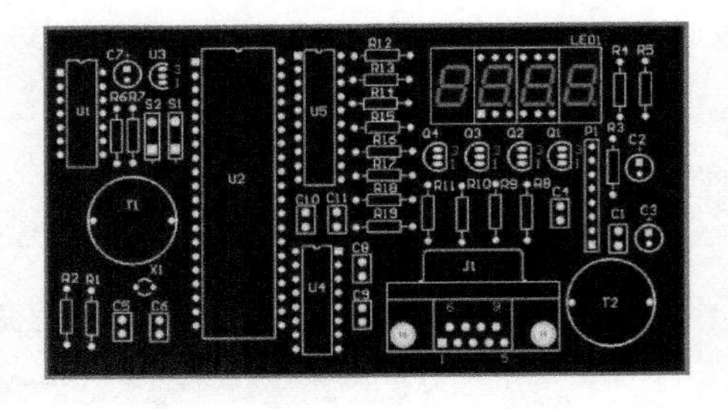

图 4.75　调整完成后的布局图

4.6.7　设置 PCB 设计规则

（1）单击 设计(D) 菜单，选择 规则(R)... 命令，弹出“PCB 规则和约束编辑器”对话框，单击 Routing 前面的+号，再单击 Width 前面的+号。选中下面的 Width 规则，将“最小宽度”、“优选尺寸”和“最大宽度”分别设置成“5mil”，“10mil”和“40mil”，如图 4.76 所示。

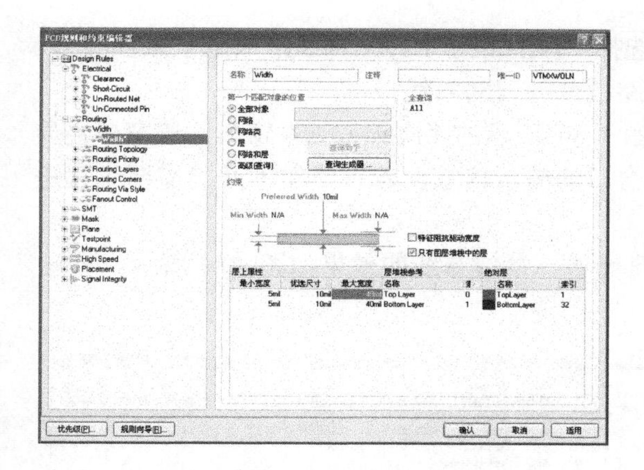

图 4.76　设置整个电路板的布线线宽规则

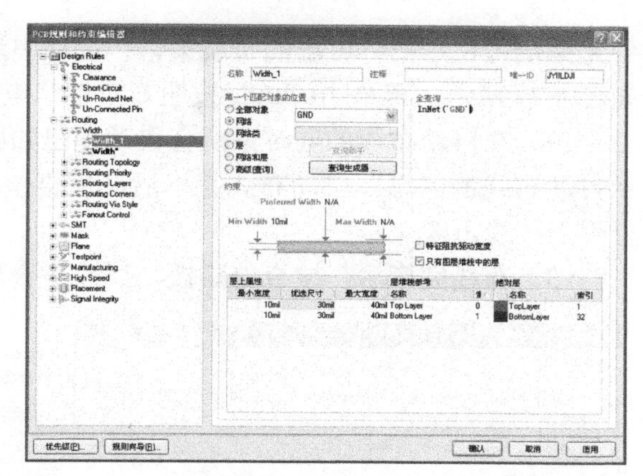

图 4.77　设置网络 GND 的布线线宽规则

（2）在 Width 节点上单击鼠标右键，在弹出的菜单中选择新键规则(X)...，则系统新建了一个规则 Width_1。选中该规则，在“第一个匹配对象的位置”单选按钮中选择“网络”，在右侧下拉列表中选择“GND”，再将“最小宽度”、“优选尺寸”和“最大宽度”分别设置成“10mil”、“30mil”和“40mil”，如图 4.77 所示。

（3）按同样的方法，设置电源类网络“VCC”和“+5V”的布线规则，将两个网络的“最小宽度”、“优选尺寸”和“最大宽度”分别设置成“10mil”、“20mil”和“40mil”。

（4）单击 Manufacturing 前面的+号，再单击 Hole Size 前面的+号。选中下面的 Hole Size 规则，将最大值改为“200mil”，如图 4.78 所示。

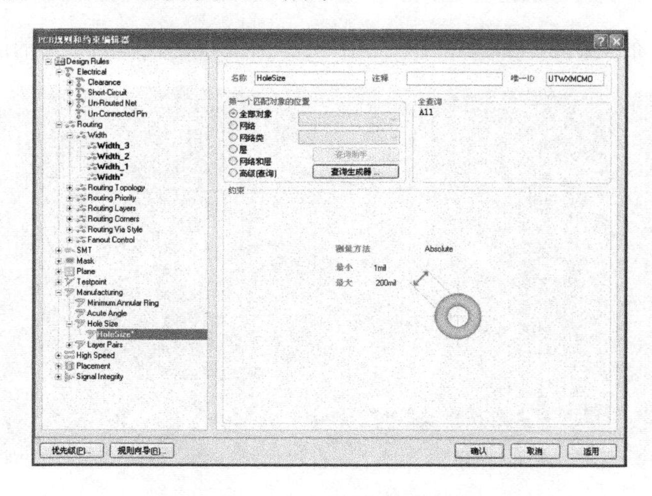

图 4.78　设置 Hole Size 规则

（5）规则设置完成后，单击确认按钮，关闭对话框。

4.6.8　进行 PCB 双面板布线

（1）单击自动布线(A)菜单，选择全部对象(A)...命令，弹出“Situs 布线策略”对话框。若该对话框的“布线设置报告”栏有错误或警告，则需要重新修改电路板或者修改布线规则，直到无错误为止。在“可用的布线策略”选项中选择“Default 2 Layer Board”（默认双面板），如图 4.79 所示，再单击 Route All 按钮，对整个电路板进行自动布线。

（2）在自动布线的同时系统会自动弹出如图 4.80 所示的“Messages”窗口，该窗口会显示自动布线的信息。自动布线完毕后，检查该窗口的提示信息，若有线布不通则需要继续进行手工布线。

（3）布线完毕后，检查电路板，修改不合理布线，最终布线的效果如图 4.81 所示。

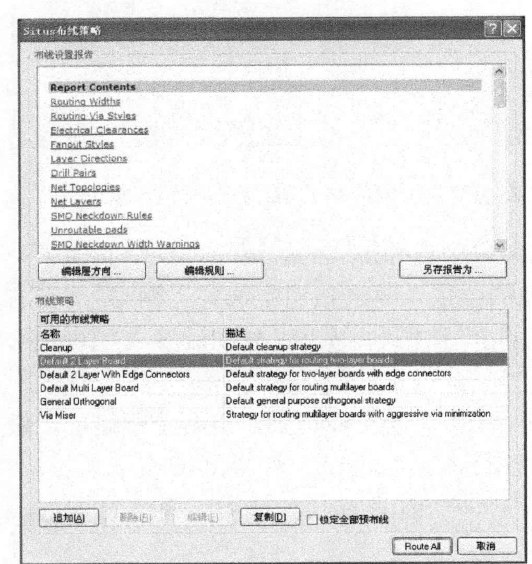

图 4.79 “Situs 布线策略”对话框

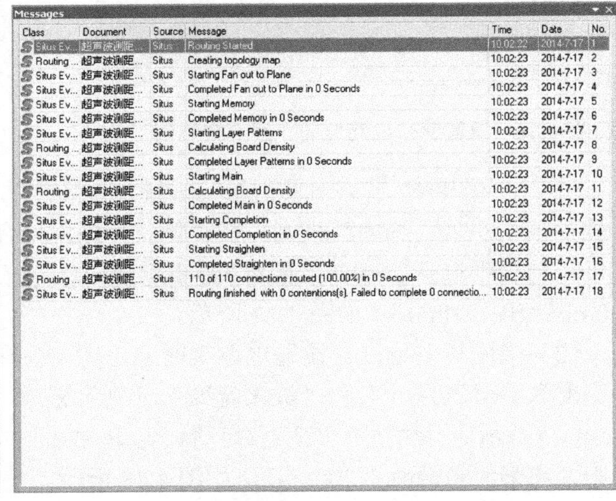

图 4.80 自动布线时的信息窗口

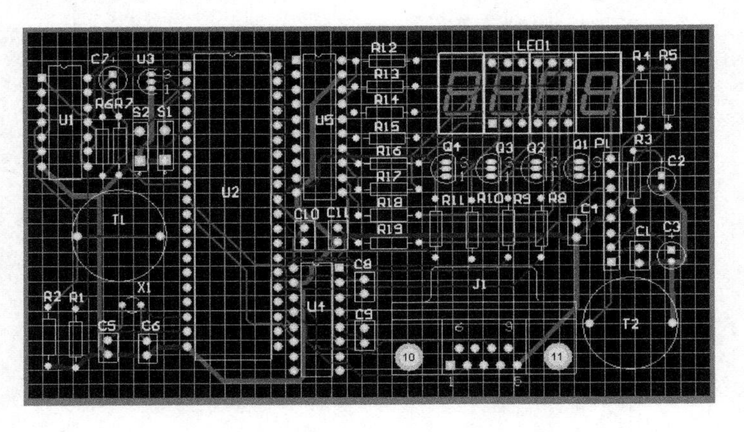

图 4.81 最终布线效果

4.6.9 局部放置填充图形

（1）单击 工具栏中的 按钮，弹出如图 4.82 所示的“焊盘”对话框，设置焊盘的 X、Y 尺寸和孔径均为“130mil”，再单击 确认 按钮，将焊盘放置在 PCB 板四角合适位置作为安装孔。

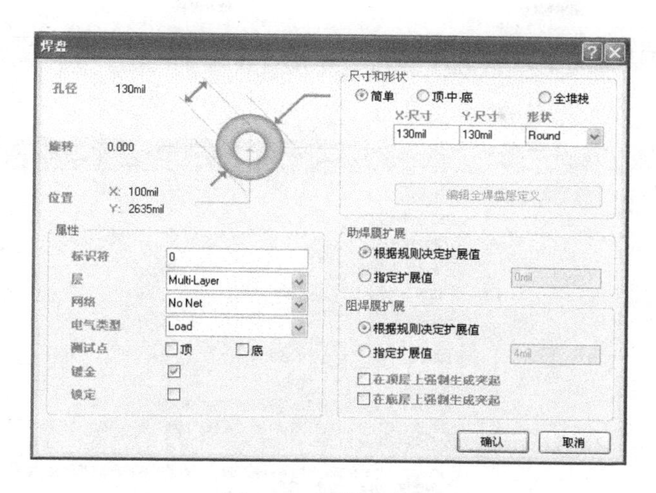

图 4.82　放置安装孔

（2）在工作区下边的板层状态区选择“Bottom Layer”层，单击工具栏中的按钮，打开 “覆铜”对话框。在该对话框中按图 4.83 所示设置“导线宽度”为“10mil”，在“填充模式”单选框中选择“影线化填充（导线/弧）”，在“属性”设置区选择“层”为“Bottom Layer”，在“网络选项”设置区设置“连接到网络”为“GND”、“Pour Over All Same Net Objects”，并选中“删除死铜”复选框。

（3）单击确认按钮，此时光标变成“十”字形，在底层对 PCB 板进行覆铜，覆铜距板边的距离要求大于20mil。覆铜完成后的效果如图4.84所示。

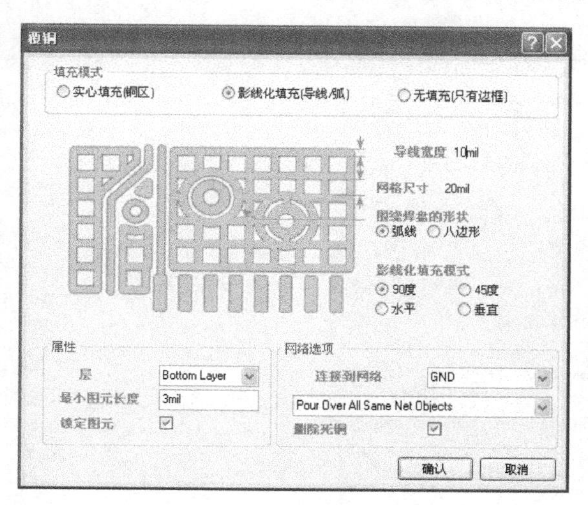

图 4.83　“覆铜”对话框

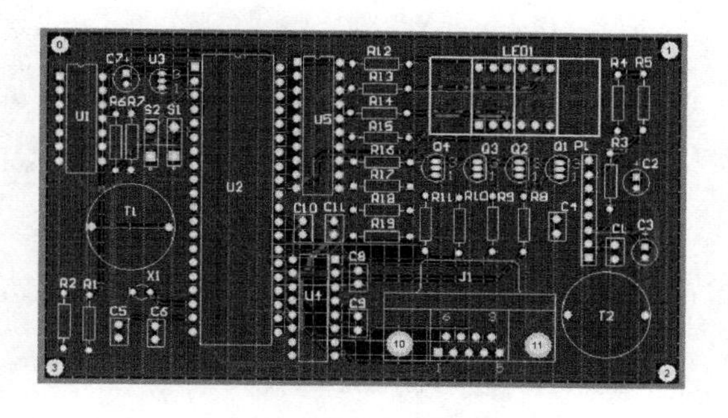

图 4.84　覆铜后的最终结果

4.6.10　PCB 设计规则检查及浏览 3D 效果图

（1）调整文字标注，避免文字盖住焊盘和过孔。文字方向尽可能向上靠近元件，以便识别。

（2）单击工具(T)菜单，选择设计规则检查(D)...命令，弹出如图 4.85 所示的“设计规则检查器”对话框，保持对话框的默认设置，单击对话框左下方的 运行设计规则检查(R)... 按钮，进行设计规则检查。

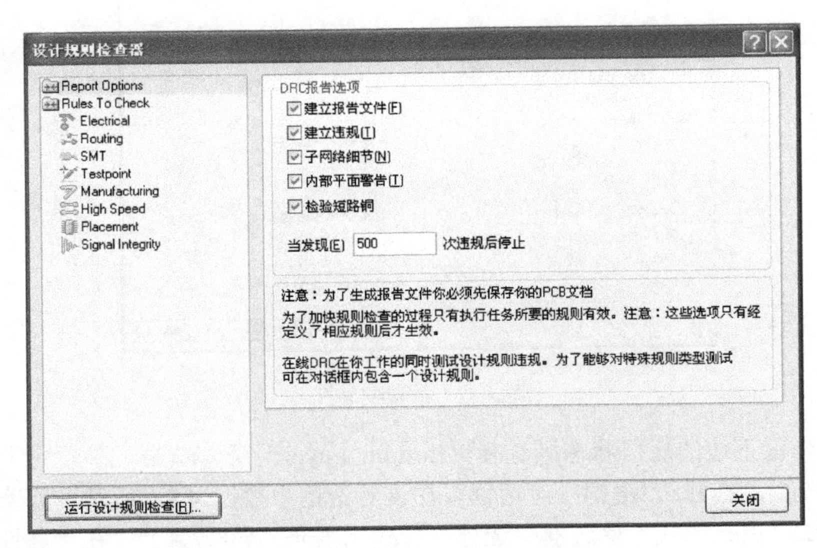

图 4.85　“设计规则检查器”对话框

（3）对本项目进行设计规则检查后会自动生成一个名为“超声波测距系统.DRC”的文件。检查该文件的报告信息，如果有错误需要继续修改电路板，直到无错误为止。电路无错误时该文件的输出结果如图 4.86 所示。

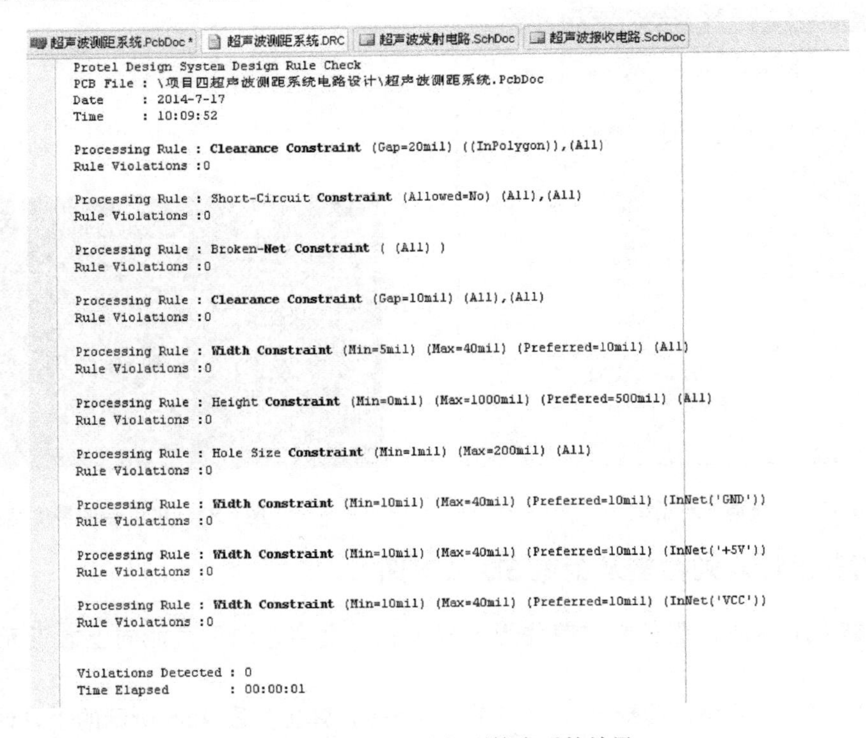
超声波测距系统.PcbDoc * | 超声波测距系统.DRC | 超声波发射电路.SchDoc | 超声波接收电路.SchDoc

```
Protel Design System Design Rule Check
PCB File : \项目四超声波测距系统电路设计\超声波测距系统.PcbDoc
Date     : 2014-7-17
Time     : 10:09:52

Processing Rule : Clearance Constraint (Gap=20mil) ((InPolygon)),(All)
Rule Violations :0

Processing Rule : Short-Circuit Constraint (Allowed=No) (All),(All)
Rule Violations :0

Processing Rule : Broken-Net Constraint ( (All) )
Rule Violations :0

Processing Rule : Clearance Constraint (Gap=10mil) (All),(All)
Rule Violations :0

Processing Rule : Width Constraint (Min=5mil) (Max=40mil) (Preferred=10mil) (All)
Rule Violations :0

Processing Rule : Height Constraint (Min=0mil) (Max=1000mil) (Prefered=500mil) (All)
Rule Violations :0

Processing Rule : Hole Size Constraint (Min=1mil) (Max=200mil) (All)
Rule Violations :0

Processing Rule : Width Constraint (Min=10mil) (Max=40mil) (Preferred=10mil) (InNet('GND'))
Rule Violations :0

Processing Rule : Width Constraint (Min=10mil) (Max=40mil) (Preferred=10mil) (InNet('+5V'))
Rule Violations :0

Processing Rule : Width Constraint (Min=10mil) (Max=40mil) (Preferred=10mil) (InNet('VCC'))
Rule Violations :0


Violations Detected : 0
Time Elapsed        : 00:00:01
```

图 4.86　运行设计规则检查后的结果

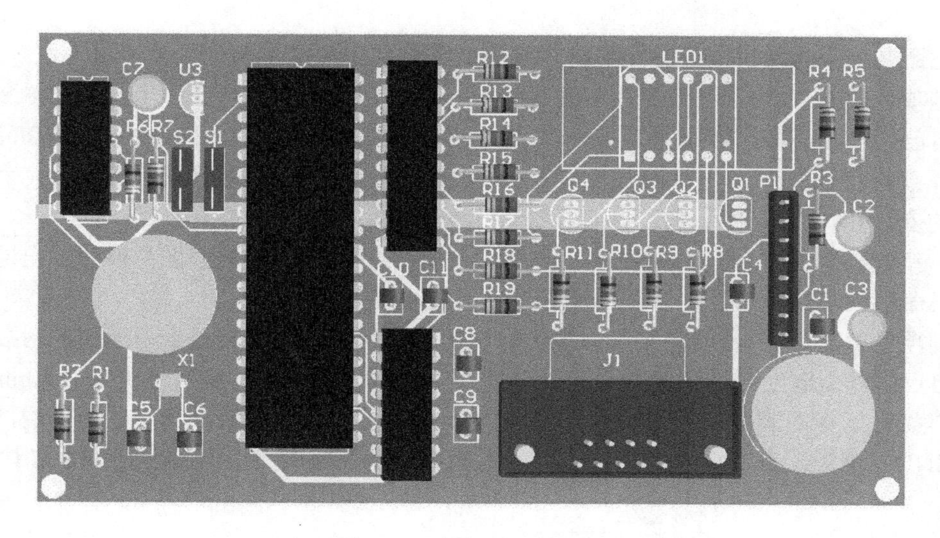

图 4.87　三维 PCB 效果图

（4）单击菜单栏的 查看(V) 按钮，选择 显示三维PCB板(3) 命令，生成电路板的 3D 效果图，如图 4.87 所示。

（5）单击 文件(F) 菜单，选择 全部保存(L) 命令，保存全部操作结果。

4.7　小结与习题

1．小结

（1）原理图文件、原理图库文件、PCB 文件、PCB 封装库文件等的创建。
（2）元器件的绘制和属性设置。
（3）层次电路图的基本概念及作用。
（4）主电路中各电路方块图的创建。
（5）采用自顶向下的方法，根据主电路图创建各子电路图。
（6）原理图的打印。
（7）电气规则检查及错误的排除。
（8）网络表的创建。
（9）PCB 封装的两种创建方法。
（10）规划 PCB 板。
（11）导入网络表，布局元件。
（12）规则的设置。
（13）双层板布线及 DRC 检查。

2．习题

（1）新建一个 PCB 项目，按照图 4.88 所示的模块创建相应的原理图文件并画出层次电路图，自己命名相应的模块，给出图中所有元件的封装并生成网络表。

绘制项目的 PCB 图，要求采用双面板，板的尺寸尽可能小，自己给出元件的封装，没有的封装自己制作，板上信号线宽为 12mil，电源网络线宽为 40mil，地网络线宽为 60mil，对所有插座焊盘进行补泪滴操作，用交互式布线的方式进行布线，在板的四周放置 4 个孔径为 130mil 的安装孔，完成后要进行 DRC 检查。

（2）新建一个 PCB 项目，按照图 4.89 所示的模块创建相应的原理图文件并画出层次电路图，自己命名相应的模块，给出图中所有元件的封装并生成网络表。

绘制项目的 PCB 图，要求采用双面板，板的尺寸尽可能小，自己给出元件的封装，没有的封装自己制作，板上信号线宽为 10mil，电源网络线宽为 30mil，地网络线宽为 40mil，对所有插座焊盘进行补泪滴操作，用交互式布线的方式进行布线，然后对底层进行覆铜，覆铜与网络“GND”连接，且覆铜距电路板边界的距离不小于 20mil，完成后要进行 DRC 检查。

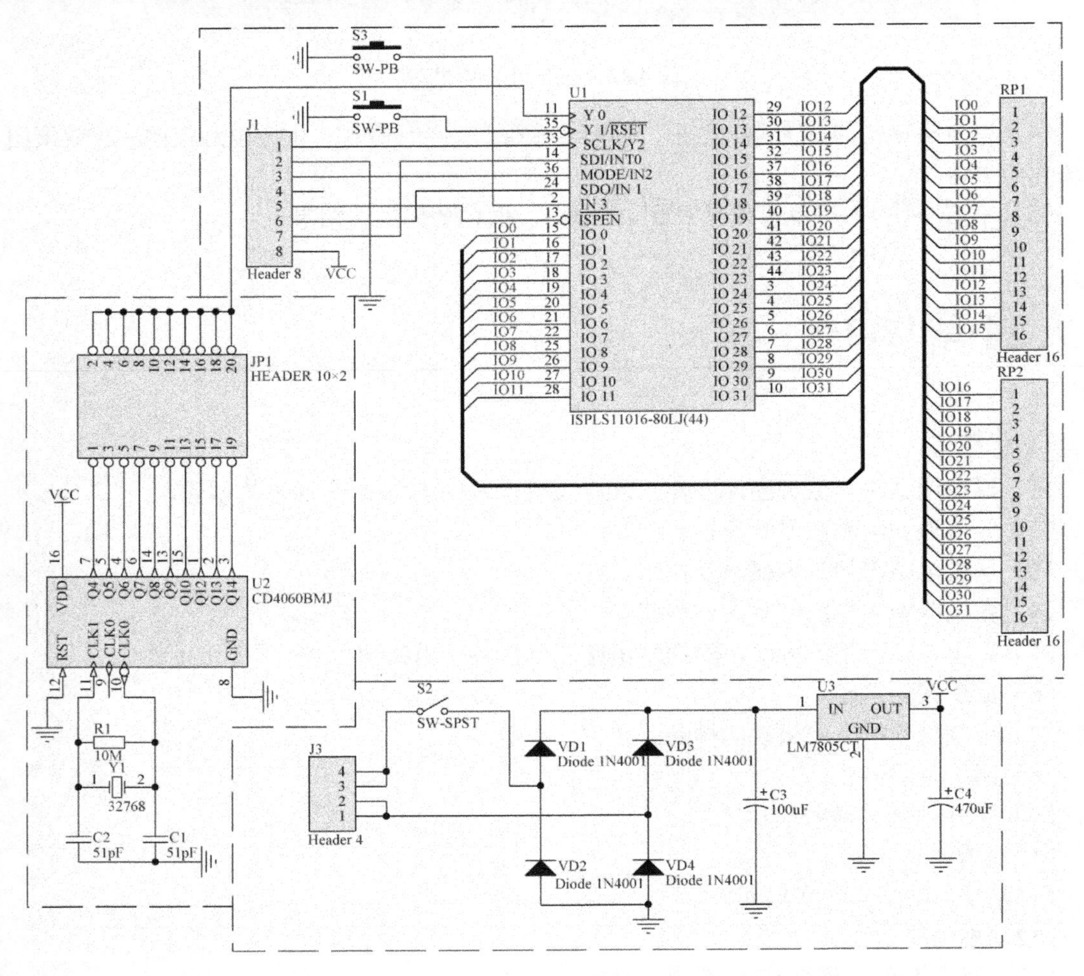

图 4.88　习题（1）原理图

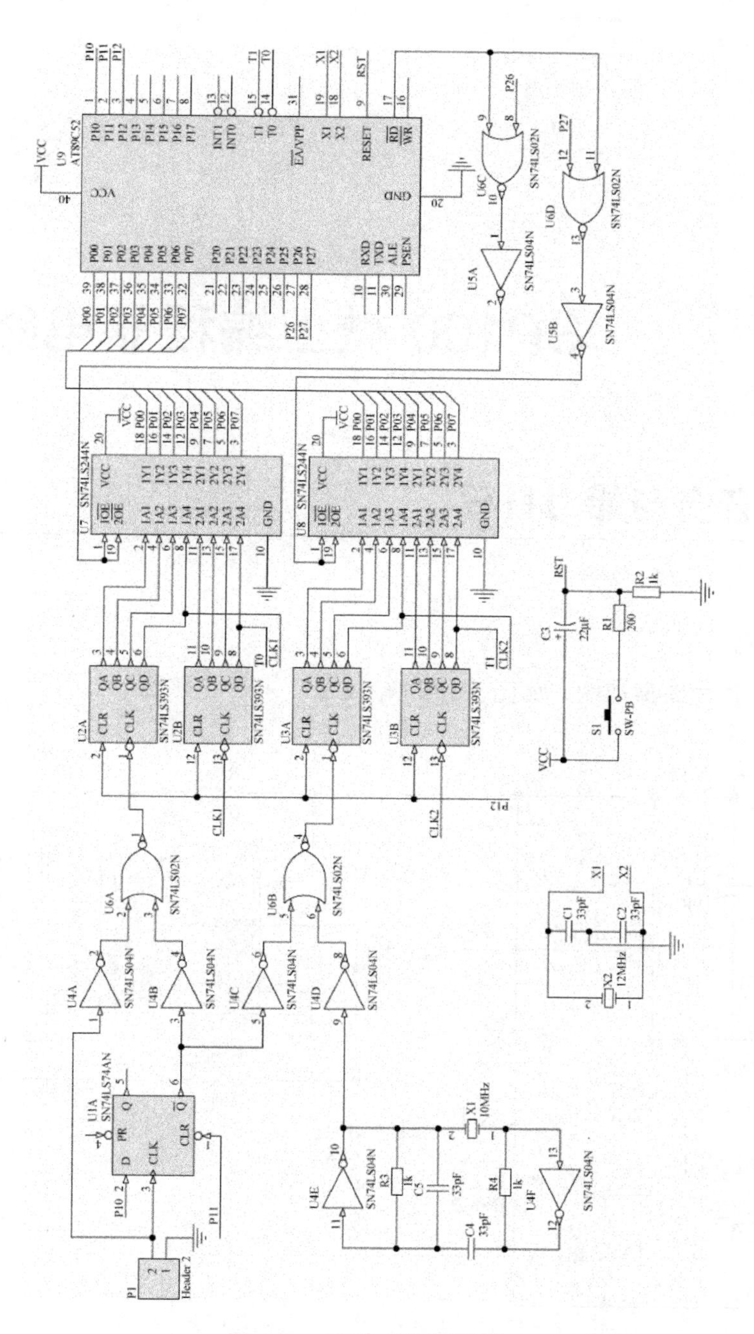

图 4.89　习题（2）原理图

项目五

SP100 微型编程器电路设计

5.1 设计任务与能力目标

1. 设计任务

（1）电源模块电路原理图，如图 5.1 所示。

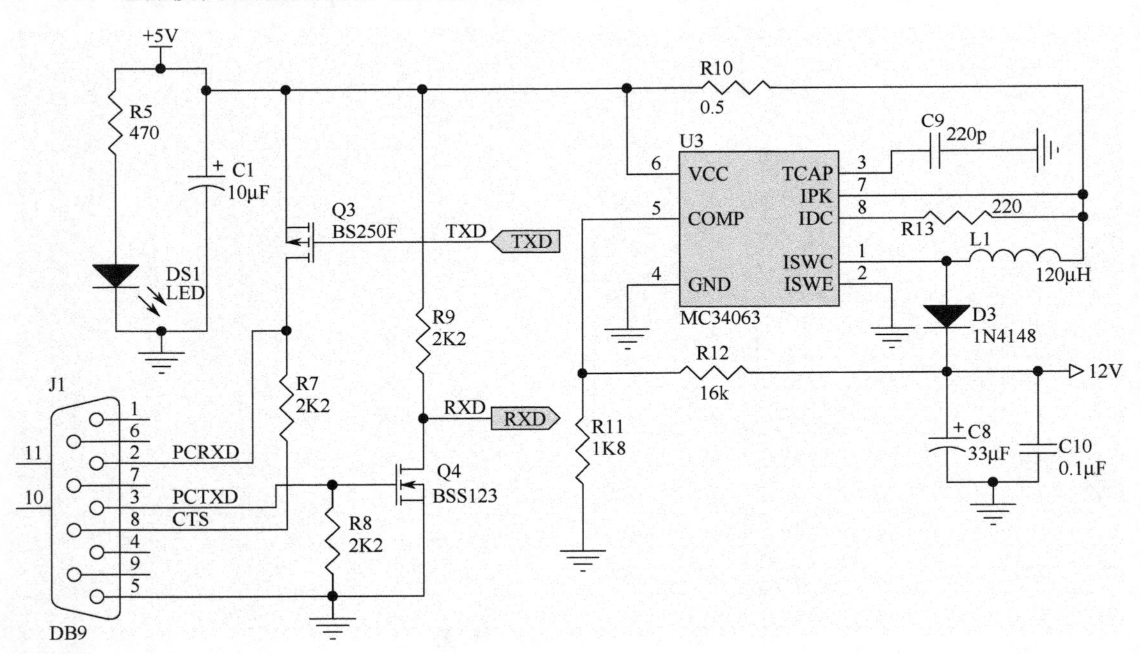

图 5.1　电源模块电路原理图

（2）芯片选择模块电路原理图，如图 5.2 所示。

（3）控制模块电路原理图，如图 5.3 所示。

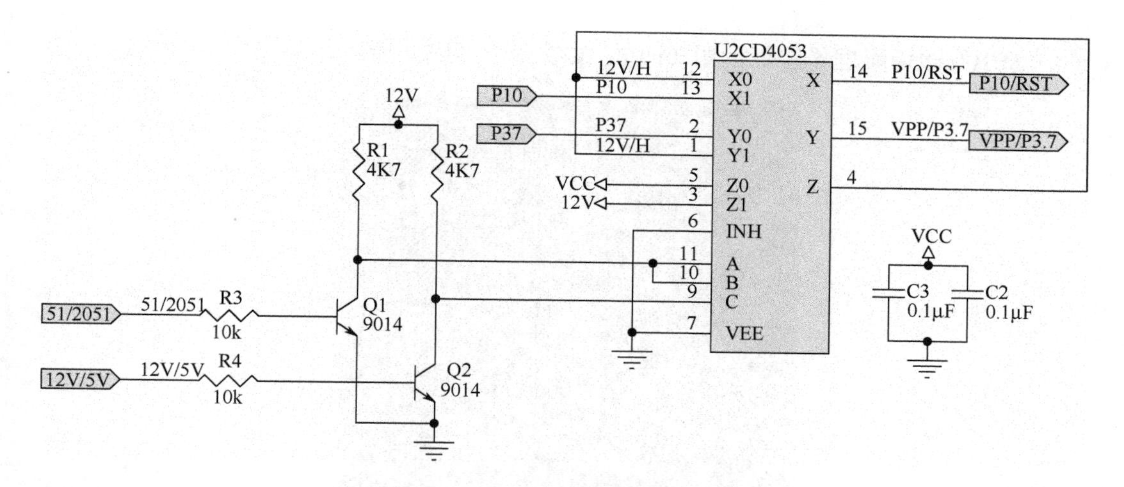

图 5.2　芯片选择模块电路原理图

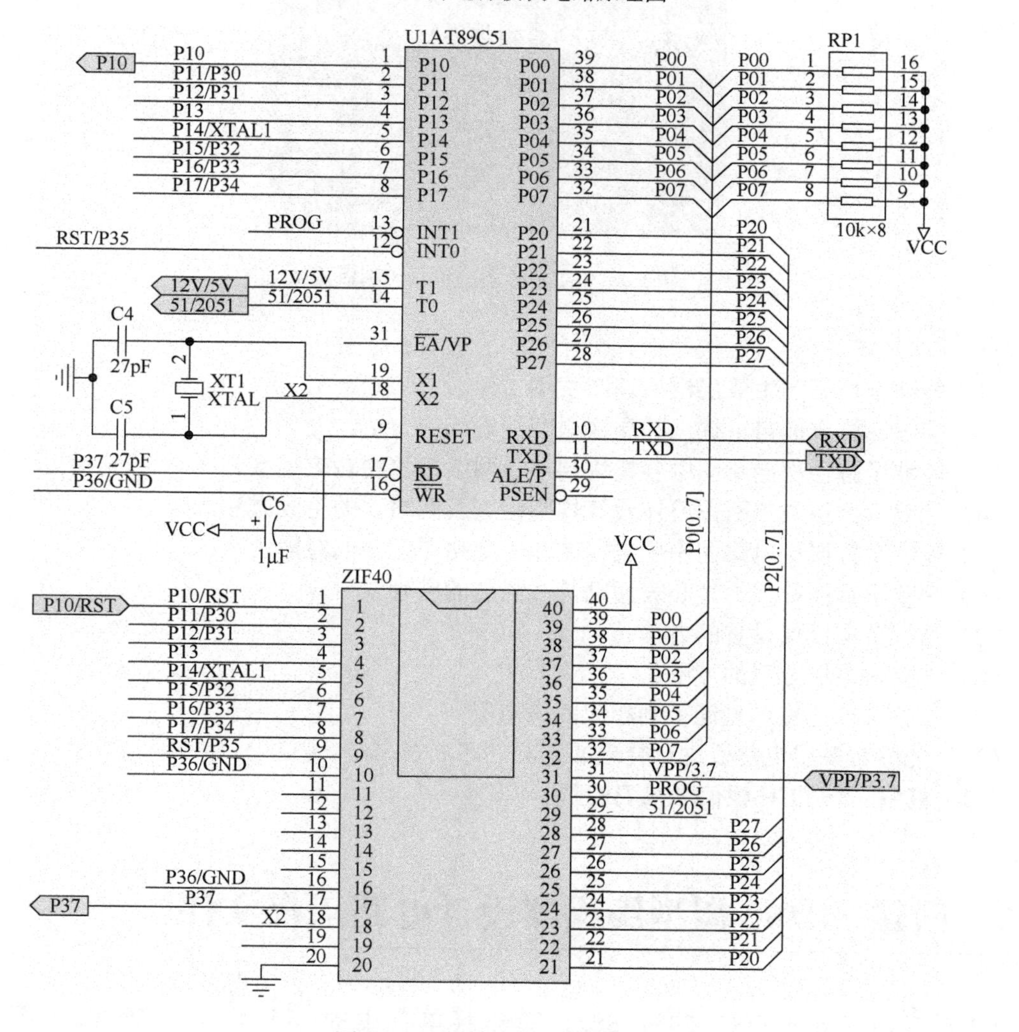

图 5.3　控制模块电路原理图

（4）SP100 微型编程器印制板图（即 PCB 图），如图 5.4 所示。

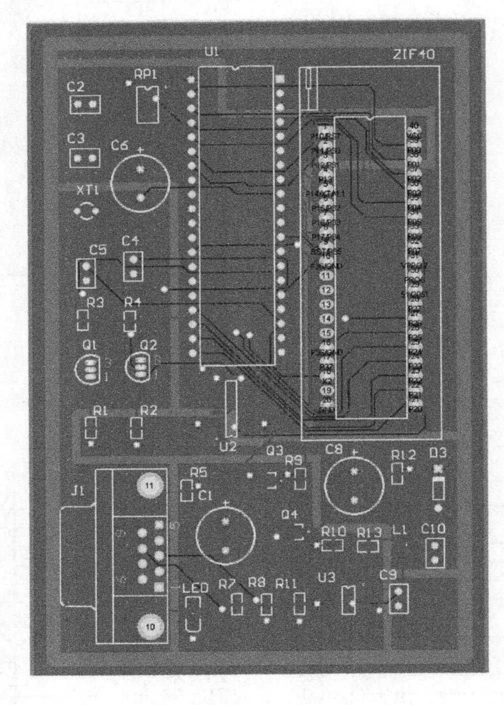

图 5.4　SP100 微型编程器印制板图

2. 能力目标

（1）能够根据子图生成层次原理图主图文件。
（2）能够熟练掌握自下往上的层次原理图设计的方法。
（3）能够了解层次电路图中各模块端口、网络标签的对应关系。
（4）能够掌握层次电路图整体设计规则检查及网络表的生成方法。
（5）能够掌握层次电路图中主电路图和子电路图之间的对应关系。
（6）简单了解插针式封装和表面贴片式封装的区别。
（7）掌握多层板层设置的方法。
（8）掌握内电层分割的方法。
（9）能够合理地将焊盘连接到相应的内电层。
（10）能够对多层电路板进行合理的元器件布局及布线。
（11）能够了解 PCB 板信息报表的基本内容。

5.2　创建 SP100 微型编程器设计电路工程文件

（1）启动 Protel DXP 2004 SP2，单击菜单栏中的 文件(F) → 创建(N) → 项目(J) → PCB项目(B) 菜单，如图 5.5 所示。

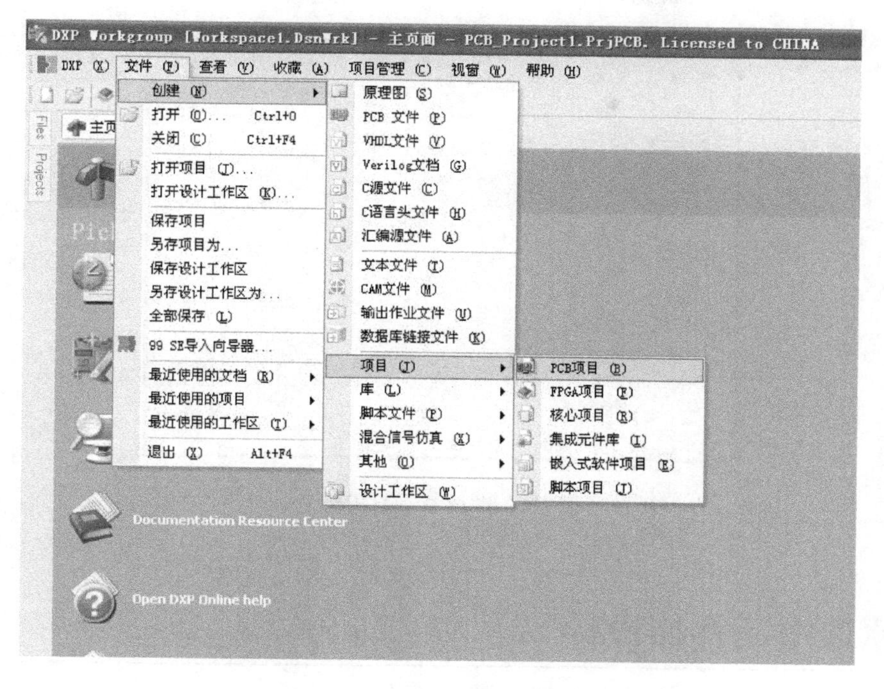

图 5.5 新建 PCB 项目操作

（2）单击PCB项目 (B)后，在左侧标签栏的 Projects 栏建立一个 PCB 项目文件，如图 5.6 所示；单击该标签栏右上角的图标，使它变成图标。

（3）在PCB_Project1.PrjPCB上单击鼠标右键，弹出如图 5.7 所示的快捷菜单，选择保存项目选项，弹出如图 5.8 所示的对话框；在对话框中选择一个 PCB 项目的保存路径，在该路径下新建一个文件夹，命名为“项目五 SP100 微型编程器设计”，打开该文件夹，将 PCB 项目重命名为“SP100 微型编程器.PrjPCB”。

（4）单击保存(S)按钮，将“SP100 微型编程器.PrjPCB”PCB 项目保存在“项目五 SP100 微型编程器设计”文件夹内。

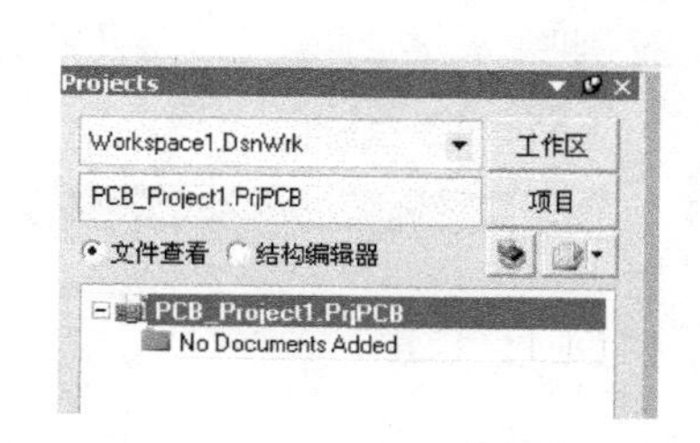

图 5.6 Projects 标签栏及 PCB 项目文件

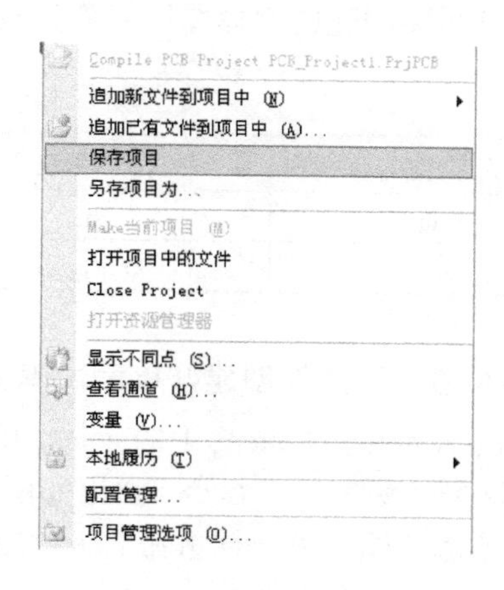

图 5.7 “保存项目”选项

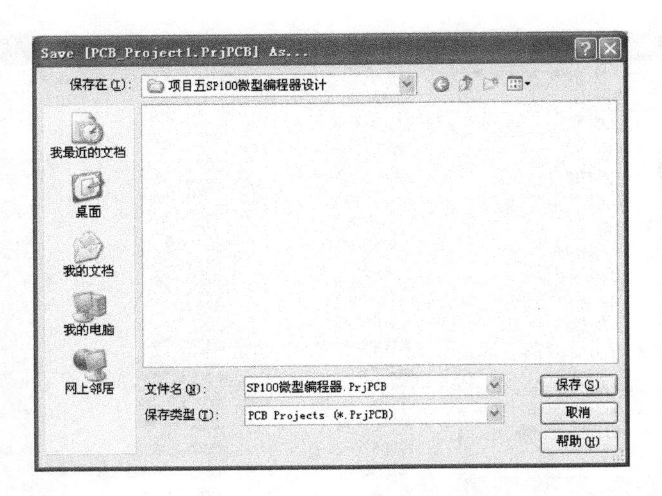

图 5.8　将 PCB 项目重命名

5.3　原理图元件库设计

5.3.1　新建原理图元件库文件

在 SP100微型编程器.PRJPCB 上单击鼠标右键，在弹出的快捷菜单中选择 追加新文件到项目中 (N)，再单击 Schematic Library，新建一个原理图库文件，然后单击工具栏中的“保存”按钮，将原理图库文件保存在“项目五 SP100 微型编程器设计”文件夹内，并将文件命名为“SP100.SchLib”。

5.3.2　绘制元件

本项目需要创建的原理图库元件如表 5.1 所示。

表 5.1　创建原理图库元件表

元件名称	元件封装	元件名称	元件封装
ZIF40	ZIF	CD4053	M16A
AT89C51	SOT129-1	MC34063	751-02

（1）原理图库文件创建好以后，库文件中已经有一个默认的名为 Component_1 的元件。单击 工具 (T) 菜单，选择 重新命名元件 (E)... 命令，弹出如图 5.9 所示的对话框，在该对话框中将元件重命名为“ZIF40”。

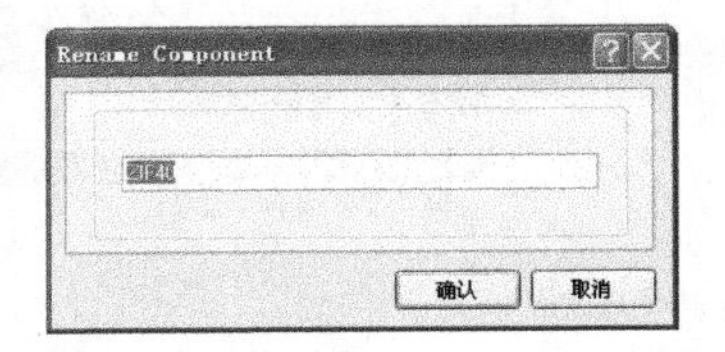

图 5.9　更名元件

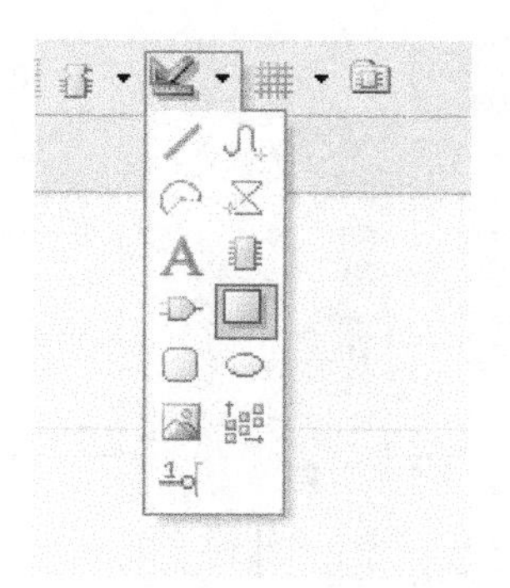

图 5.10　实用工具栏

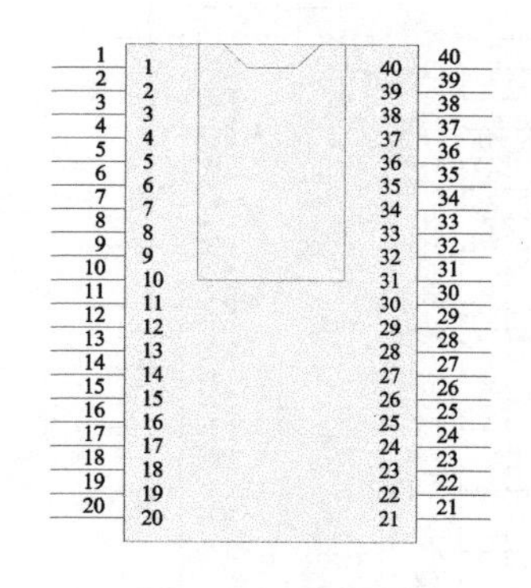

图 5.11　ZIF40 元件

（2）单击确认按钮，进入元件 ZIF40 编辑界面，单击实用工具栏中的图标，如图 5.10 所示，在下拉工具栏中依次单击、和按钮，参照如图 5.11 所示的 ZIF40 元件样图，分别绘制矩形方框、直线和元件引脚。绘制元件引脚时，当光标呈“十”字浮动状态时按“Tab”键或双击放置的引脚可弹出如图 5.12 所示的“引脚属性”对话框，在对话框中可对引脚属性进行设置。

（3）元件绘制完成后，单击工具(T)菜单，选择新元件(C)命令，可创建一个新元件。仿照步骤（1）与（2），继续完成如图 5.13 所示的元件的绘制。绘制元器件 AT89C51 和 CD4053 时，需要设置部分引脚的隐藏属性。AT89C51 序号为 20 和 40 的引脚为隐藏引脚，样图中未标出。其中序号为 20 的引脚名称为“GND”，序号为 40 的引脚名称为“VCC”。隐藏属性的设置方法为：在“引脚属性”对话框中，选中“隐藏”复选框，“连接到”后面的文本框输入该引脚默认连接的网络名称，如图 5.14 所示。本项目中，AT89C51 的 20 脚默认连接到“GND”网络，40 脚默认连接到“VCC”网络。同样设置元件 CD4063 的 8 脚和 16 脚的隐藏属性，其中 8 脚名称为“GND”，默认连接到“GND”网络，16 脚名称为“VCC”，默认连接到“VCC”网络。

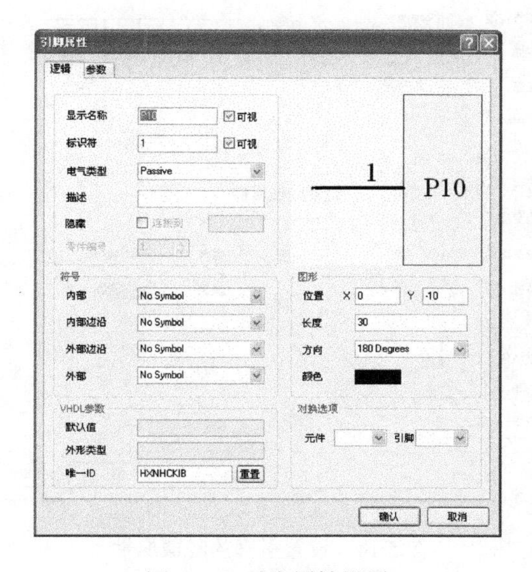

图 5.12　引脚属性设置

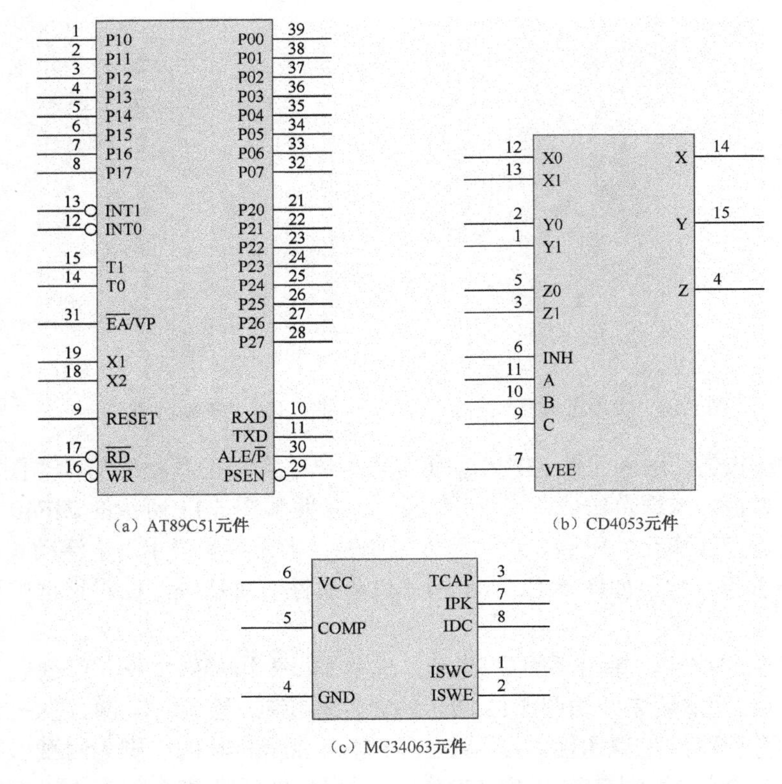

（a）AT89C51元件

（b）CD4053元件

（c）MC34063元件

图 5.13　要绘制的其余元器件

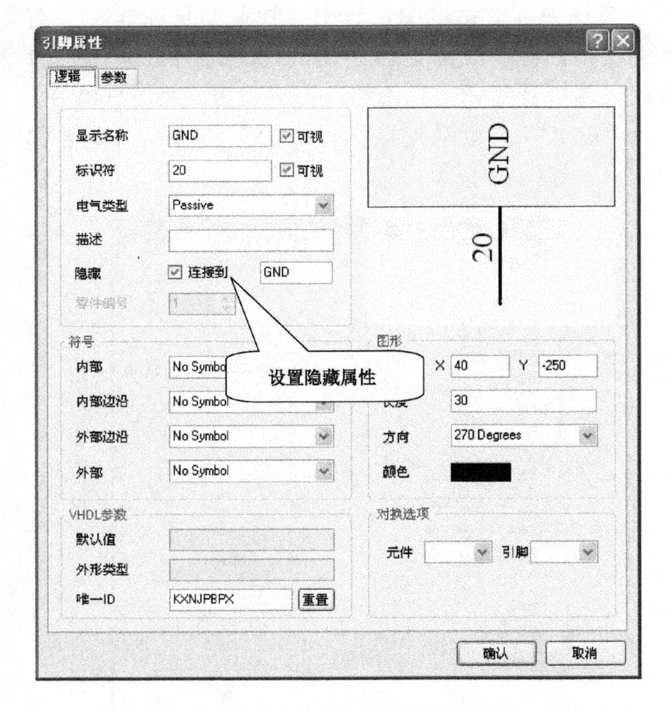

图 5.14　设置引脚的隐藏属性

5.3.3 添加元件属性

（1）元件绘制完成后，在工作区左侧的“SCH Library”面板中选择“ZIF40”元件，单击 工具(T) 菜单，选择 元件属性(I)... 命令，弹出“Library Component Properties”对话框，如图 5.15 所示，在“属性”设置区中将“Default Designator”属性设置成“U？”，“注释”属性设置成“ZIF40”。然后单击封装选择区下方的 追加(D)... 按钮，在弹出的“加新的模型”对话框中选择“Footprint”，如图 5.16 所示，单击 确认 按钮，进入“PCB 模型”对话框，在该对话框的“封装模型”设置区中将“名称”设置为“ZIF”，如图 5.17 所示。

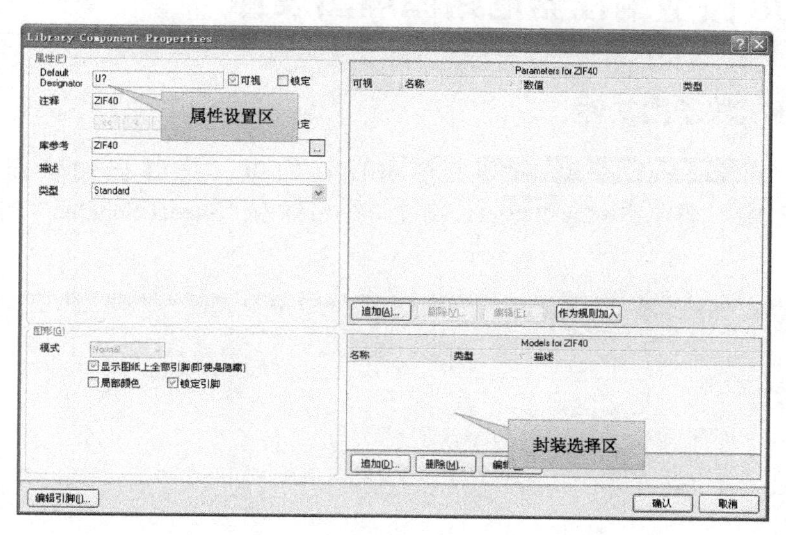

图 5.15 设置原理图库元件属性

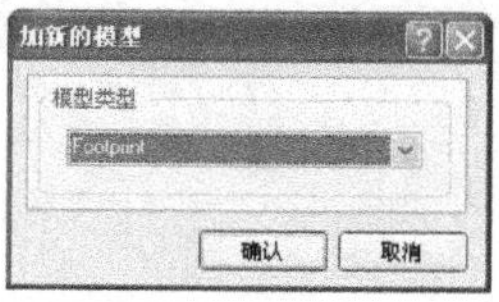

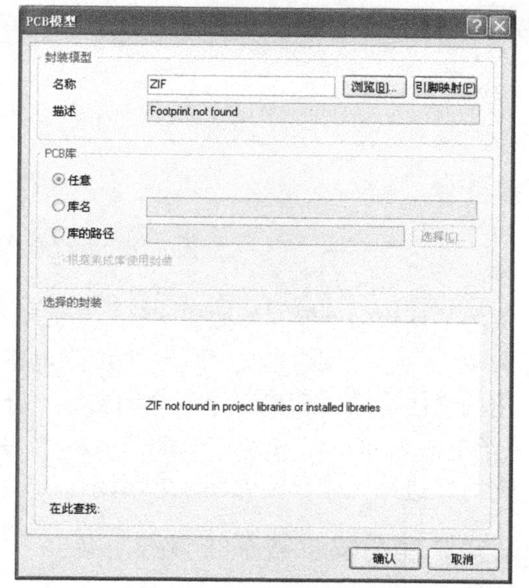

图 5.16 “加新的模型”对话框

图 5.17 “PCB 模型”对话框

（2）单击确认按钮，回到“Library Component Properties”对话框，再单击确认按钮，完成ZIF元件属性的设置。

（3）按同样方法添加自己绘制的其他三个元件的属性，每个元件的“Default Designator”属性都设置成“U?”，“注释”分别设置为各元件的名称，“封装模型”分别按照表5.1所示的元件封装进行设置。

5.4 SP100微型编程器电路原理图设计

5.4.1 新建各模块子图文件

（1）在 SP100微型编程器.PRJPCB 上单击鼠标右键，在弹出的快捷菜单中选择 追加新文件到项目中（N），再单击 Schematic，新建一个名称为“Sheet1.SchDoc”的原理图文件，如图5.18所示。

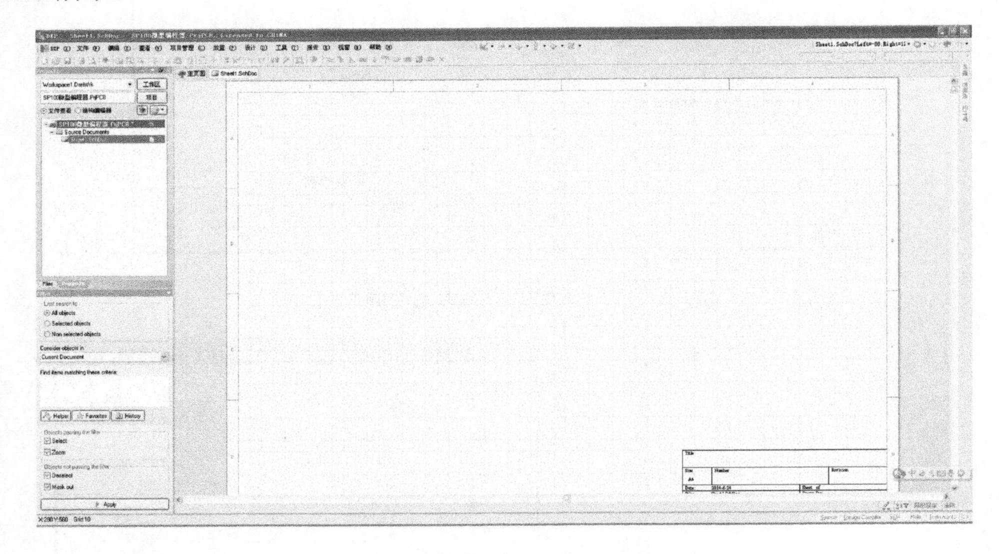

图5.18 新建的原理图文件

（2）单击工具栏的“保存”按钮，将原理图文件保存在“项目五 SP100微型编程器设计”文件夹内，并将文件命名为“电源模块子电路.SchDoc”，如图5.19所示。

（3）用同样的方法再新建三个原理图文件，分别命名为“芯片选择模块子电路.SchDoc”、“控制模块子电路.SchDoc”和“主电路.SchDoc”，并全部保存在“项目五 SP100微型编程器设计”文件夹内，最终工作界面如图5.20所示。

5.4.2 设置原理图编辑器系统参数

此项目中原理图编辑器系统参数采用默认参数。

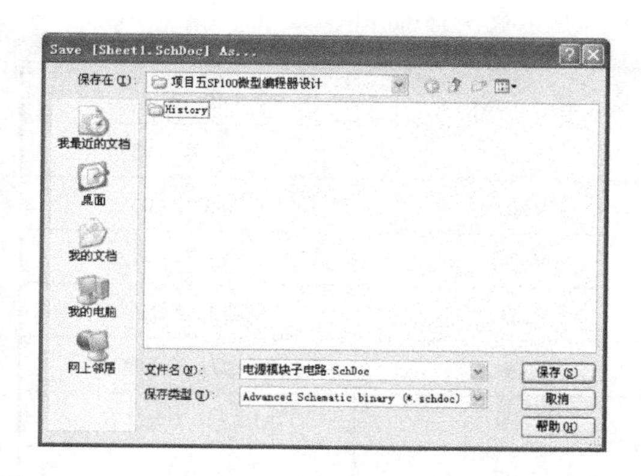

图 5.19　保存原理图文件至 PCB 项目文件夹

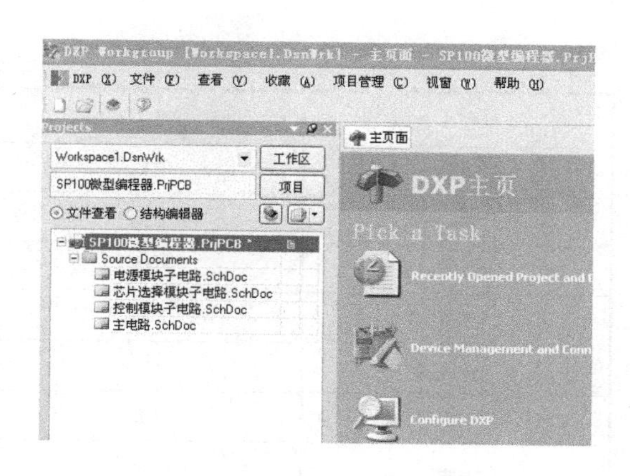

图 5.20　项目中的原理图文件

5.4.3　设置各模块子图规格

此项目中各模块子图规格采用默认规格。

5.4.4　加载元件库

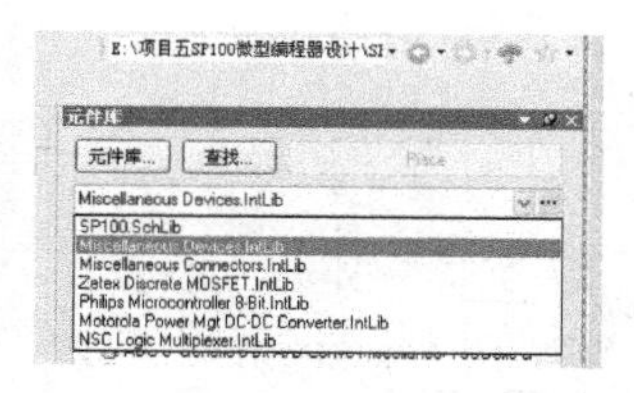

图 5.21　加载的集成库文件

打开工作区右侧“元件库”工作面板，除了系统自动安装的两个基本元件库“Miscellaneous Devices.IntLib”和“Miscellaneous Connectors.IntLib”外，本项目还需要安装如图 5.21 所示的“Zetex Discrete MOSFET.IntLib”、“Motorola Power Mgt DC-DC Converter.IntLib”、“Philips Microcontroller 8-Bit.IntLib”和“NSC Logic Multiplexer.IntLib”四个集成库文件（分别位于默认安装目录下的 Library 文件夹中的“Zetex”、“Motorola”、“National Semiconductor”和“Philips”四个子文件夹中）。

5.4.5　绘制各模块子图原理图

（1）在“Projects”面板上双击 电源模块子电路.SchDoc ，打开“电源模块子电路.SchDoc”原理图文件，按照表 5.2 所示的元件属性列表选取并放置元件，参照样图 5.22，完成“电源模块子电路.SchDoc”子原理图的绘制。

表 5.2　电源模块子电路元件属性列表

元件库中名称	标识符	注　释	Footprint 封装
D Connector 9	J1	DB9	DSUB1.385-2H9
Res3	R5	470	C1608-0603
Res3	R7	2K2	C1608-0603
Res3	R8	2K2	C1608-0603
Res3	R9	2K2	C1608-0603
Res3	R10	0.5	C1608-0603
Res3	R11	1K8	C1608-0603

续表

元件库中名称	标识符	注　释	Footprint 封装
Res3	R12	16k	C1608-0603
Res3	R13	220	C1608-0603
Diode 1N4148	D3	1N4148	DIO7.1-3.9x1.9
LED2	DS1	LED	DSO-F2/D6.1
Cap Pol1	C1	10μF	RB-.2/.4（自建）
Cap Pol1	C8	33μF	RB-.2/.4（自建）
Cap	C9	220pF	RAD-0.3
Cap	C10	0.1μF	RAD-0.3
BS250F	Q3	BS250F	SOT23
BSS123	Q4	BSS123	SOT23
Inductor	L1	120μH	INDC1005-0402
MC34063	U3	MC34063	751-02

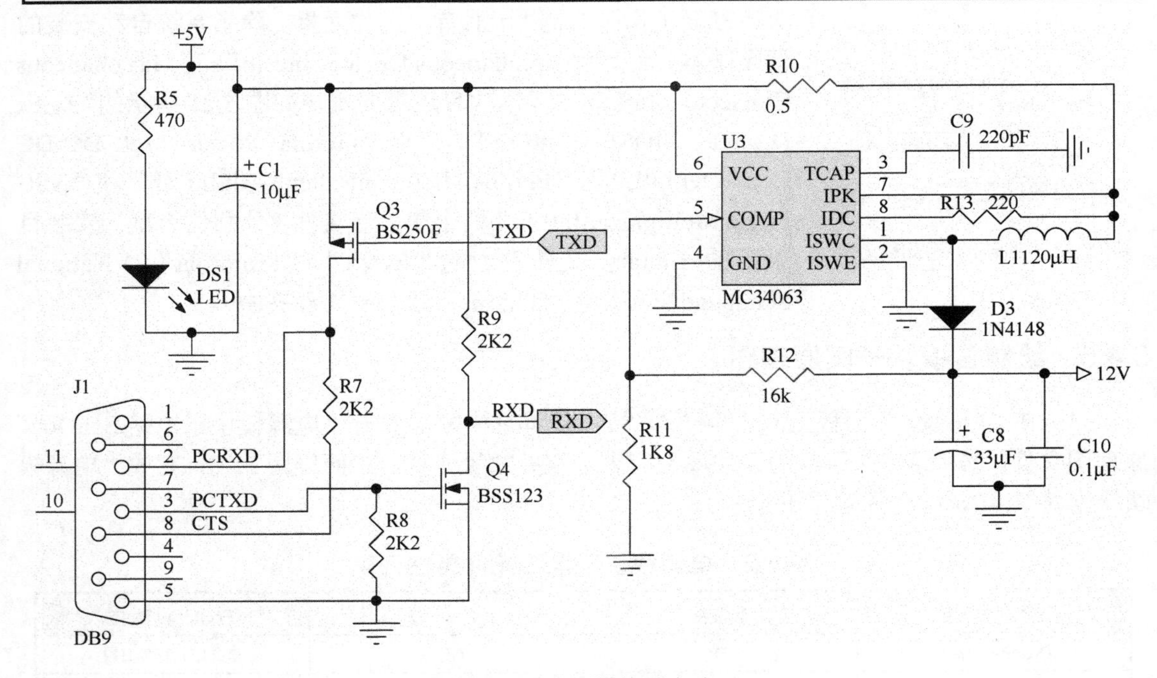

图 5.22　电源模块子电路

（2）在“Projects”面板上双击 芯片选择模块子电路.SchDoc，打开“芯片选择模块子电路.SchDoc”原理图文件，按照表 5.3 所示的元件属性列表选取并放置元器件，参照样图 5.23，完成“芯片选择模块子电路.SchDoc”子原理图的绘制。

表 5.3　芯片选择模块子电路元件属性列表

元件库中名称	标识符	注释	Footprint 封装
Res3	R1	4K7	C1608-0603
Res3	R2	4K7	C1608-0603
Res3	R3	10k	C1608-0603
Res3	R4	10k	C1608-0603
NPN	Q1	9014	BCY-W3
NPN	Q2	9014	BCY-W3
Cap	C3	0.1μF	RAD-0.3
Cap	C4	0.1μF	RAD-0.3
CD4053	U2	CD4053	N16E

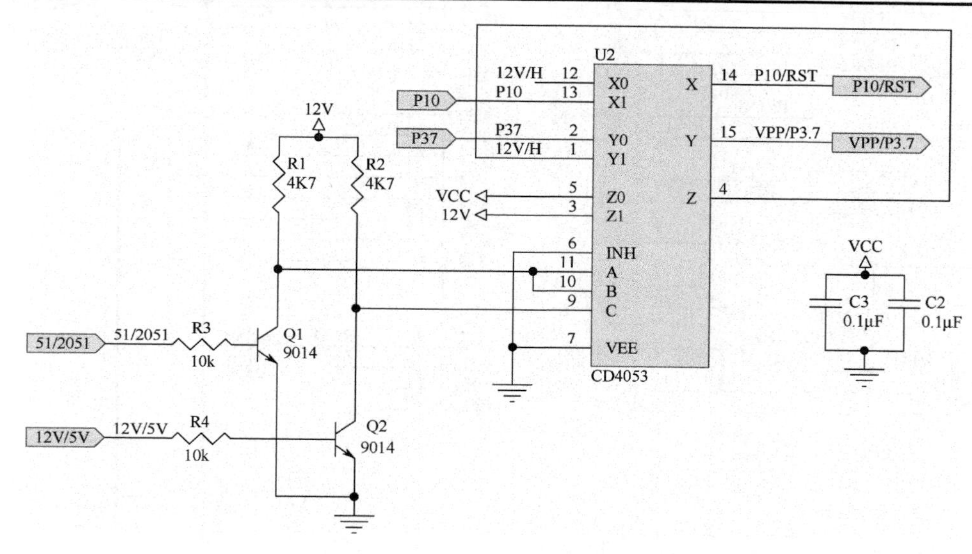

图 5.23　芯片选择模块子电路

（3）在“Projects”面板上双击 控制模块子电路.SchDoc，打开“控制模块子电路.SchDoc”子原理图文件，按照表 5.4 所示的元件属性列表选取并放置元器件，参照样图 5.24，完成“控制模块子电路.SchDoc”子原理图的绘制。

表 5.4　控制模块子电路元件属性列表

元件库中名称	标识符	注释	Footprint 封装
Res Pack4	RP1	10k×8	SSO-G16/X.4
Cap	C4	27pF	RAD-0.3
Cap	C5	27pF	RAD-0.3
Cap Pol1	C6	1μF	RB-.2/.4（自建）
XTAL	XT1	XTAL	BCY-W2/D3.1
AT89C51	U1	AT89C51	DIP40（自建）
ZIF40	ZIF40	ZIF40	ZIF（自建）

5.4.6 由各模块子原理图自下向上生成模块总图

（1）保存各子电路，在“Projects”面板上双击 主电路.SchDoc，打开“主电路.SchDoc”原理图文件。

（2）单击 设计(D) 菜单，选择 根据图纸建立图纸符号(Y) 命令，弹出如图 5.25 所示的“选择文件放置”对话框。

（3）在该对话框中列出了项目里除当前原理图以外的其余所有原理图文件。选择“电源模块子电路.SchDoc”，单击 确认 按钮，弹出如图 5.26 所示的图纸入口方向确认提示框。

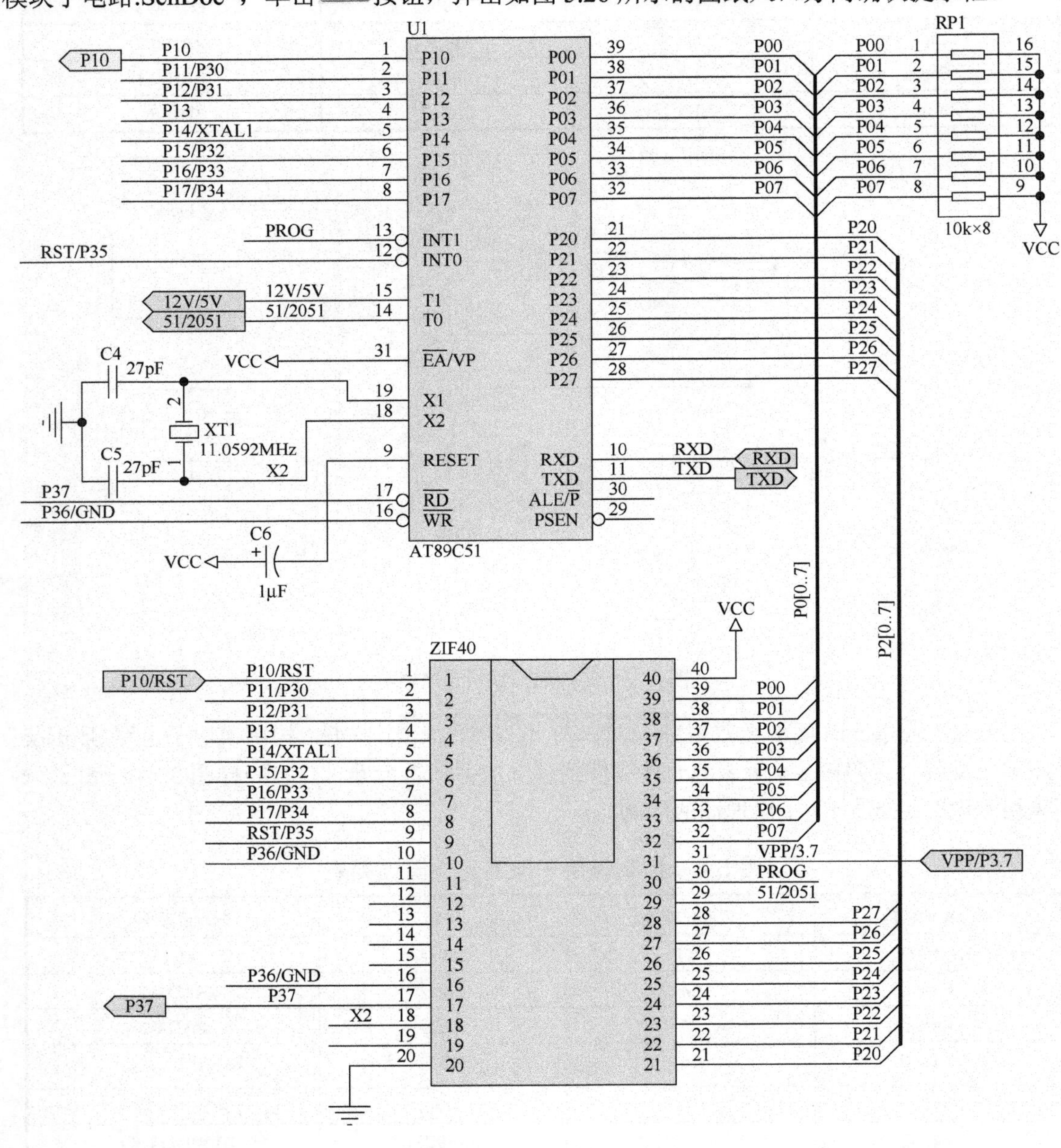

图 5.24　控制模块子电路

如果单击Yes按钮，则建立的图纸符号中，图纸入口方向会与子原理图的输入/输出端口方向相反，如果单击No按钮，则图纸入口方向会与子原理图中的输入/输出端口方向保持一致。因此，在本项目中应单击No按钮。

单击No按钮，生成“U_电源模块子电路”电路方块图符号，将该符号放置到工程图编辑界面，如图 5.27 所示。

（4）双击方块图，弹出的“图纸符号”对话框，在对话框的“属性”选项卡中，将“标识符”修改为“电源模块子电路”，如图 5.28 所示，再单击确认按钮，回到工程图编辑界面。

（5）重复步骤（2）、（3）、（4），在“选择文件放置”对话框中依次选择“控制模块子电路.SchDoc”和“芯片选择模块子电路.SchDoc”，分别生成“控制模块子电路”和“芯片选择模块子电路”模块电路图的方块图符号。

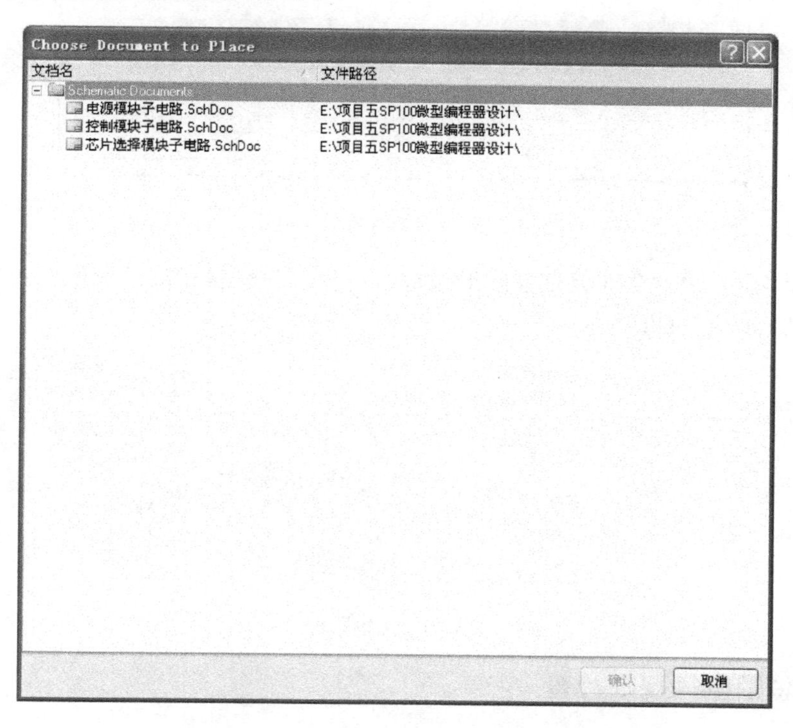

图 5.25 “选择文件放置”对话框

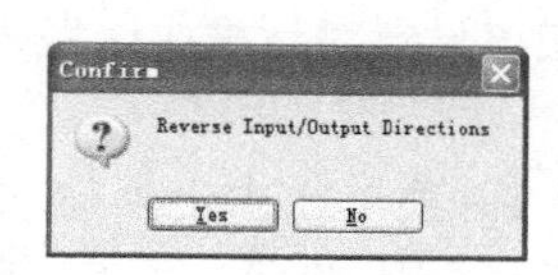

图 5.26 图纸入口方向确认提示框

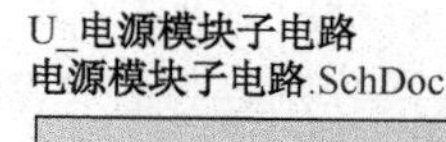

图 5.27 建立的图纸符号

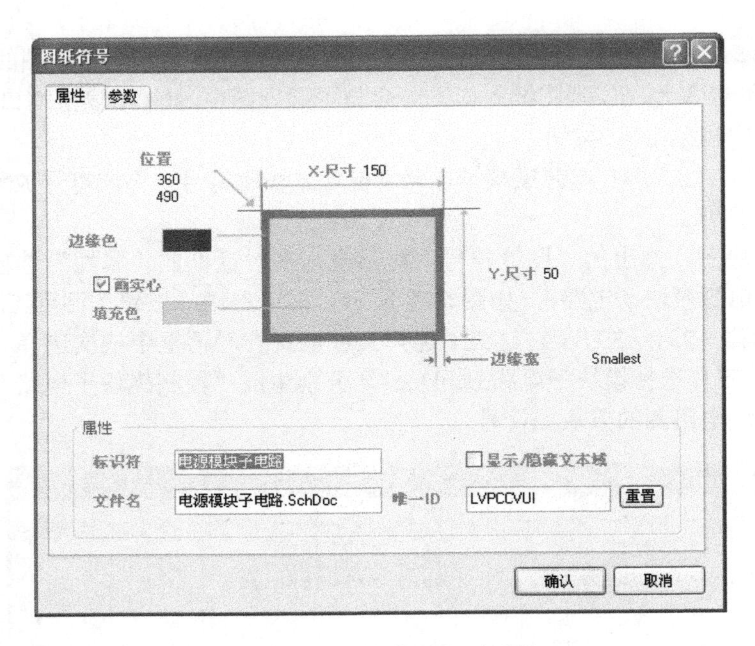

图 5.28 “图纸符号”对话框

（6）参照样图 5.29，合理调整各图纸入口的位置，将名称相同的图纸入口用导线连接，完成“主电路.SchDoc”的绘制。

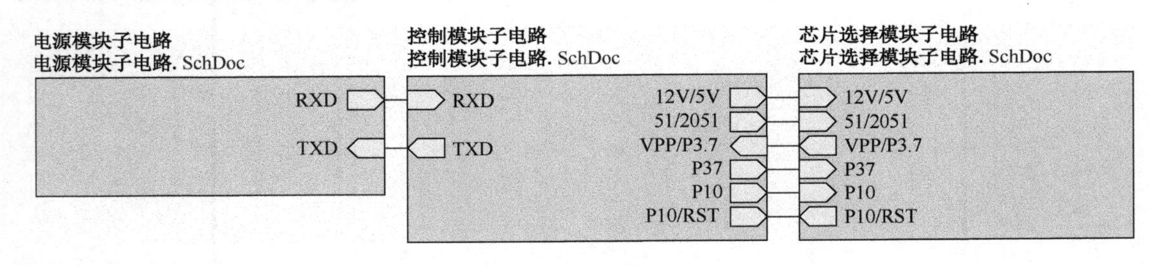

图 5.29 主电路图

5.4.7 模块总图电气规则检查

（1）单击 项目管理 (C) 菜单，选择最后一个菜单选项 项目管理选项 (O)...，弹出“PCB 项目管理选项”对话框，如图 5.30 所示。本项目中，元件 AT89C51 和元件 CD4053 都有隐藏引脚 VCC 和 GND，且隐藏引脚默认分别连接在“VCC”和“GND”网络上，在进行电气规则检查时，“添加隐藏引脚到网络”默认正确，不需进行报告。因此，在该设置对话框中，将“Adding Items from hidden net to net”选项修改成“无报告”。

（2）单击 确认 按钮，回到工程图编辑界面。再单击 项目管理 (C) 菜单，由于当前项目包含多个原理图，需要对这些原理图同时进行编译，因此这里应该选择 Compile PCB Project SP100微型编程器.PrjPCB 命令，如图 5.31 所示。单击该菜单，对整个项目里的原理图进行电气规则检查，直到无错误为止。

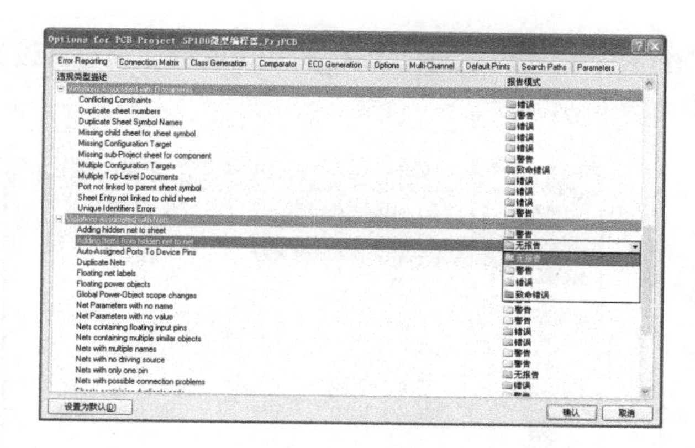

图 5.30　PCB 项目管理选项对话框

图 5.31　选择“编译 SP100 微型编程器.PrjPCB PCB 项目”命令

5.4.8　生成层次原理图网络表

单击 设计(D) 菜单，选择 设计项目的网络表(N) → Protel，生成整个设计项目的网络表“SP100 微型编程器.net”，同时还生成了一个“Generated”文件夹和一个“Netlist Files”文件夹，如图 5.32 所示，双击网络表文件可以打开网络表。

图 5.32　生成的网络表文件

5.5　PCB 封装库设计

5.5.1　新建 PCB 封装库文件

（1）仿照创建原理图文件的方法，在“Projects”面板的 SP100微型编程器.PrjPCB 上单击鼠标右键，在弹出的快捷菜单中选择 追加新文件到项目中(N) → PCB Library，如图 5.33 所示，新建一个 PCB 封装库文件。

（2）单击工具栏中的按钮，将 PCB 封装库文件保存在“项目五 SP100 微型编程器设计”内，并重命名为“SP100.PcbLib”，如图 5.34 所示。

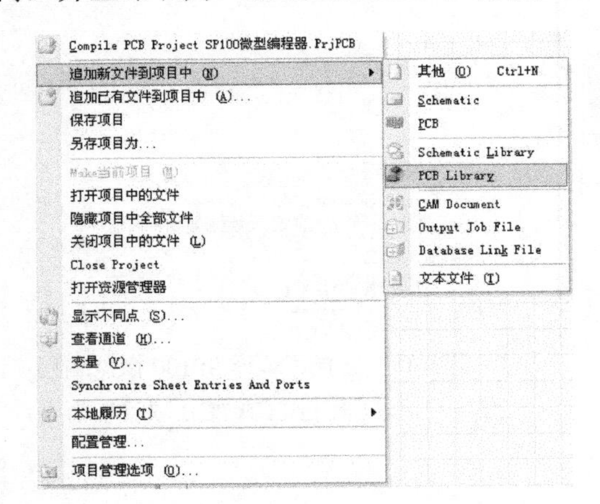

图 5.33　新建 PCB 库文件操作

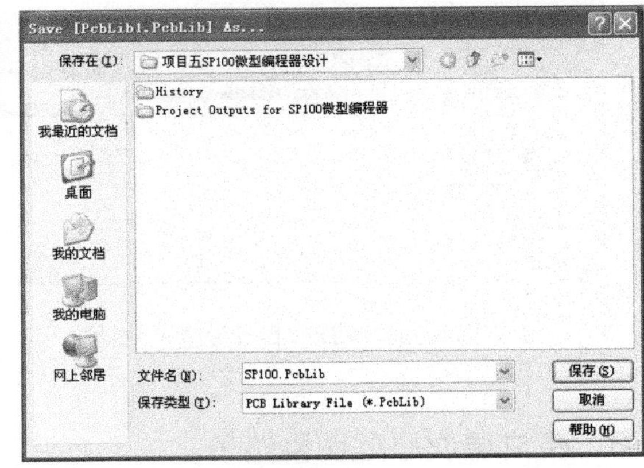

图 5.34　保存 PCB 库文件为“SP100.PcbLib”

5.5.2　绘制 PCB 封装元件

（1）“SP100.PcbLib”文件创建成功后，系统自动进入该文件的编辑界面。在左侧的“PCB Library”面板中有一个默认元件“PCBCOMPONENT_1”，如图 5.35 所示。双击此元件，在弹出的“PCB 库元件”对话框中将此元件重命名为“RB-.2/.4”，如图 5.36 所示。

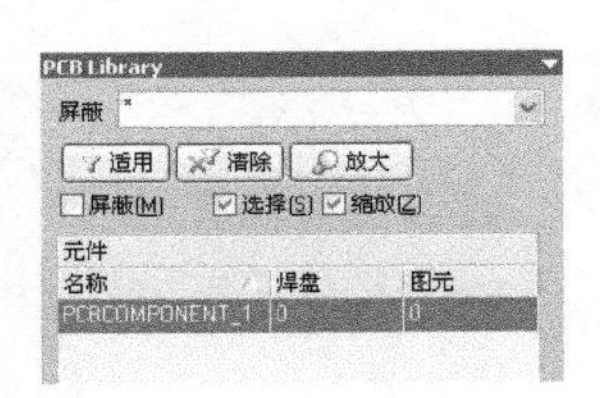

图 5.35　PCB Library 面板

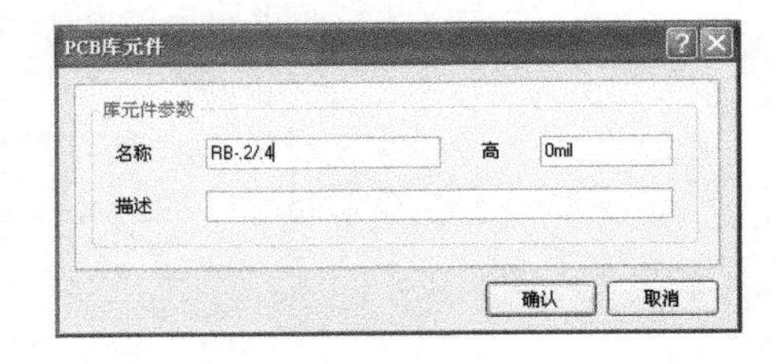

图 5.36　“PCB 库元件”对话框

（2）单击确认按钮，回到库文件编辑界面。元件封装尺寸如图 5.37 所示。在放置工具栏中单击按钮，按“J+L”组合键，调出“坐标设置”对话框，按如图 5.38 所示设置第一个焊盘的坐标为（0，0）。

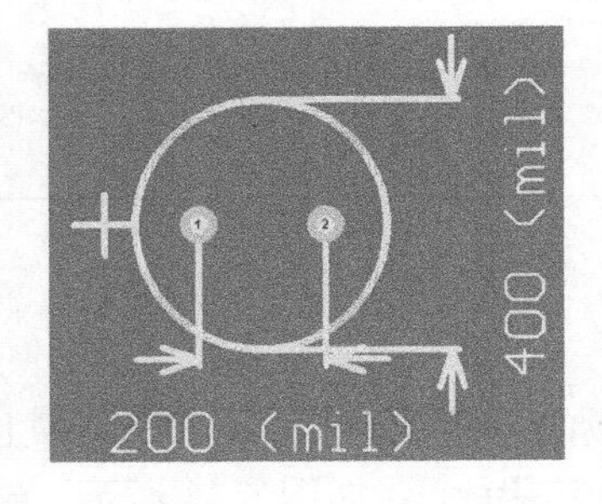

图 5.37　元件“RB-.2/.4”封装尺寸图

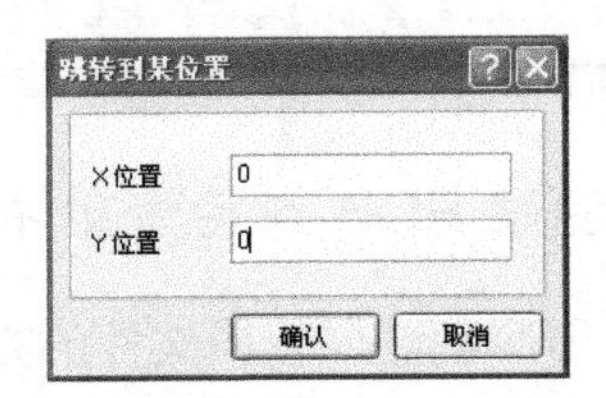

图 5.38　设置第一个焊盘放置坐标

（3）单击确认按钮，放置第一个焊盘，在光标呈浮动状态时，继续按键盘上的“J+L”组合键，按同样的方法设置第二个焊盘的坐标为（200，0），并放置焊盘。

（4）双击第一个焊盘，对焊盘的属性进行设置，如图5.39所示，焊盘的外径设置为“62mil”，内径设置为“28mil”，标识符设置为“1”。

（5）双击第二个焊盘，按同样的方法进行焊盘内、外径及名称编号的设置，完成后的效果图如图5.40所示。

（6）单击编辑(E)菜单，选择设定参考点(F)→中心(C)命令，设定中心设置为坐标原点。

（7）在板层标签中切换板层为“TopOverlay”，单击放置工具栏中的按钮，以坐标原点为圆心，以200mil为半径在顶层丝印层上画外轮廓，并设置轮廓线宽为“10mil”；再单击放置工具栏上的按钮，在元件左侧画两条“十”字形交叉线，交叉线的宽度为“10mil”，长度为“100mil”。完成后的效果图如图5.41所示。

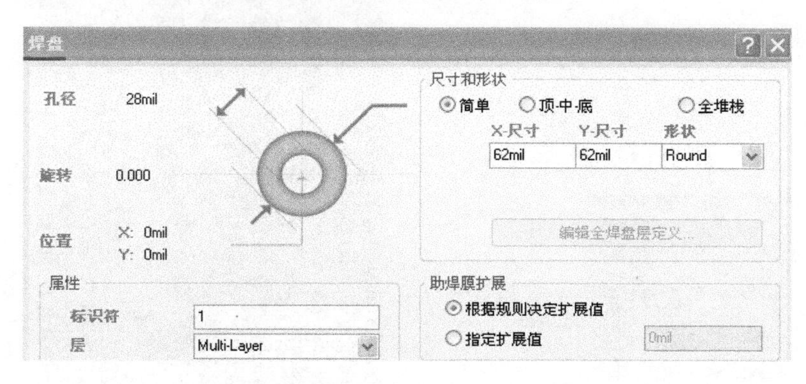

图5.39　设置焊盘尺寸

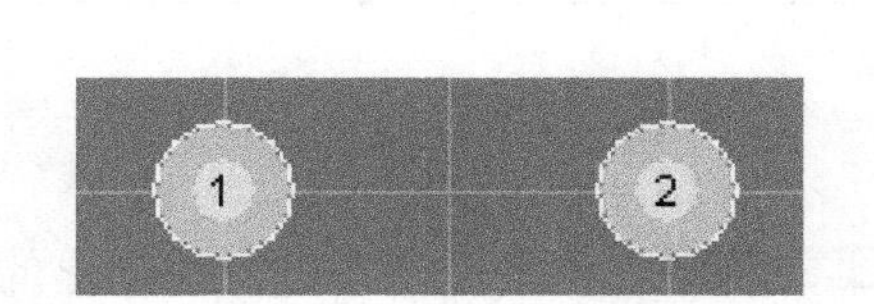

图5.40　完成焊盘属性设置

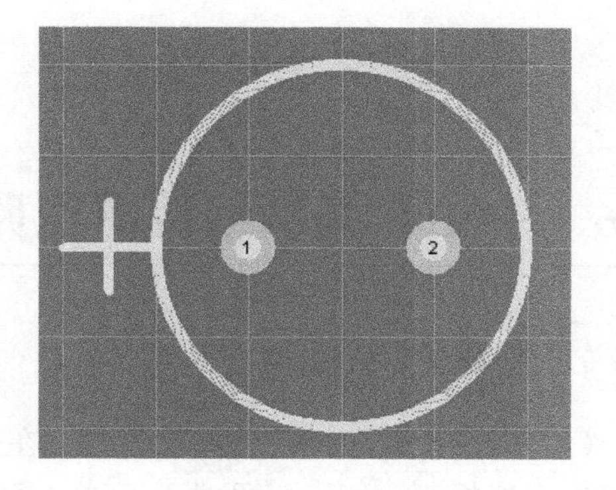

图5.41　完成“RB-.2/.4”元件封装

（8）在工作区左侧“PCB Library”面板的“元件”栏中单击鼠标右键，弹出如图5.42的快捷菜单，选择新建空元件(N)命令，新建一个空元件封装。参照步骤（1），将元件封装重新命名为“ZIF”。

（9）绘制“ZIF”元件的封装。“ZIF”元件封装尺寸如图5.43所示。图中所有轮廓线的宽度为“10mil”，从左上角逆时针起焊盘编号为1～40，焊盘外径X为“100mil”，Y为“75mil”，内孔径为“45mil”，焊盘之间的间距为“100mil”；焊盘1距元件外轮廓的横向距离为“175mil”，纵向距离为“450mil”。在创建封装时可根据封装图中各对象的相对位置，灵活变换坐标参考点。

（10）元件封装创建完毕后，单击按钮，保存元件。

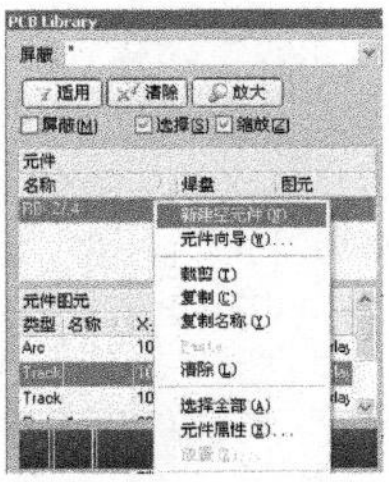

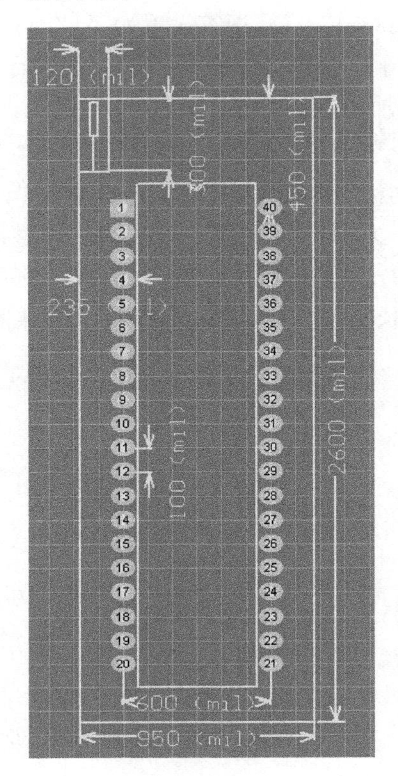

图 5.42　新建空元件

图 5.43　ZIF 元件封装尺寸图

5.6　SP100 微型编程器电路 PCB 图设计

5.6.1　新建 PCB 文件

（1）仿照创建原理图文件的方法，在 SP100微型编程器.PRJPCB 上单击鼠标右键，在弹出的快捷菜单中选择 追加新文件到项目中 (N)，再单击 PCB，新建一个 PCB 文件。

（2）单击工具栏的“保存”按钮，将 PCB 文件保存在“项目五 SP100 微型编程器设计”文件夹内，将文件命名为“SP100.PcbDoc”。

5.6.2　加载封装库文件

在绘制原理图时已经加载了几个集成库，本项目所需的封装均包含在已加载的集成库或者自己新建的“SP100.PcbLib”封装库文件中，因此这里无须再加载其他封装库文件。

5.6.3 设置 PCB 编辑器系统参数

（1）进入“SP100.PcbDoc”文件的编辑界面，单击菜单栏的 设计(D)，选择 PCB板选择项(O)... 命令，弹出“PCB 板选择项”对话框，如图 5.44 所示。

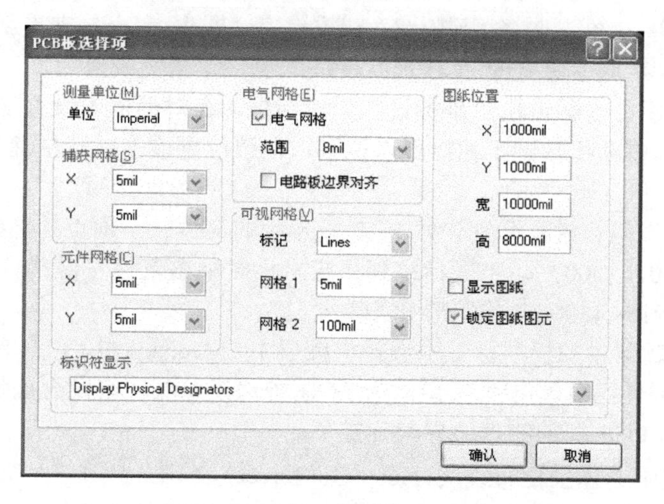

图 5.44 “PCB 板选择项”对话框

（2）在图 5.44 所示的“PCB 板选择项”对话框里将元件网格 X、Y 均设置成 5mil，其他项默认，单击 确认 按钮，退出“PCB 板选择项”对话框。

（3）单击 设计(D) 菜单，选择 PCB板层次颜色(L)... 命令，弹出“板层和颜色”对话框，如图 5.45 所示。在该对话框中设置信号层显示顶层和底层、机械层显示第一层、丝印层显示顶层、显示禁止布线层和焊盘层；设置显示飞线（Connections and From Tos）、在线 DRC 错误检查有效（DRC Error Markers）、显示可视网格 2（Visible Grid2）、显示焊盘孔（Pad Holes）、显示过孔（Via Holes）。所有设置完成后，单击 确认 按钮，退出“板层和颜色”对话框。

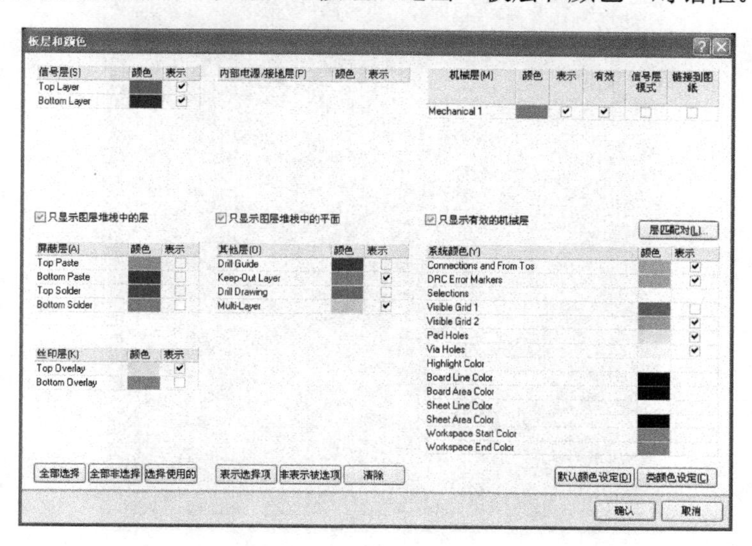

图 5.45 “板层和颜色”对话框

5.6.4 规划设置多层电路板

（1）单击 编辑（E）菜单，选择 原点（O）→ 设定（S）命令，此时光标变成“十”字形。在合适的位置单击鼠标左键，设置相对坐标原点。

（2）单击 设计（D）菜单，选择 PCB板形状（S）→ 重定义PCB板形状（R）命令，来重新定义 PCB 板形状。此时光标变成“十”字形，原有的 PCB 形状变成绿色，背景变成黑色。

（3）按“J+L”组合键，调出“坐标设置”对话框，在对话框中设置坐标为（0，0），再单击 确认 按钮，鼠标自动跳转到了相对原点位置。在该位置单击鼠标左键，确认 PCB 板形状的起点。

（4）再按“J+L”组合键，分别设置 PCB 板形状的其他三个顶点的坐标为（3000，0）、（3000，4500）、（0，4500），当鼠标跳到相应坐标时单击鼠标左键确认，通过上述步骤定义一个尺寸为 3000mil×4500mil 的矩形 PCB 板。

（5）在 PCB 编辑器中的板层标签中选择机械层 1（Mechanical 1），单击实用工具栏中的图标，在下拉工具栏中单击按钮，沿 PCB 外边沿绘制一个闭合区域，描出该 PCB 板的外形轮廓。这样，PCB 板的物理边界就确定了。

（6）在板层标签中选择禁止布线层（Keep-Out Layer），单击 放置（P）菜单，选择 禁止布线区（K）→ 导线（T）命令，在禁止布线层绘制一个封闭矩形。矩形在 PCB 板物理边界内部，且矩形的边界距 PCB 板的物理边界距离为 100mil，最终效果图如图 5.46 所示。这样，禁止布线层设置完毕，PCB 板的电气边界也就确定了。

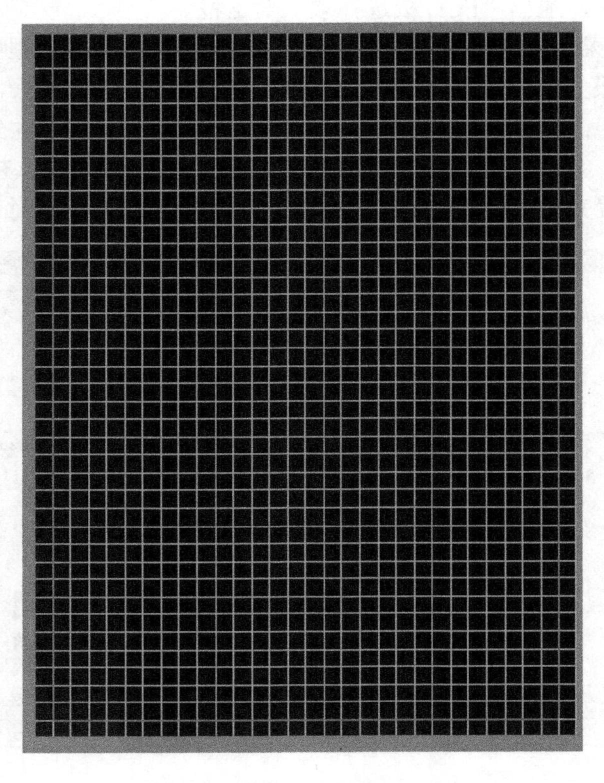

图 5.46　规划电路板的尺寸

5.6.5 加载网络表

（1）单击 设计(D) 菜单，选择 Import Changes From SP100微型编程器.PRJPCB 命令，弹出“工程变化订单（ECO）”对话框，如图 5.47 所示；单击 使变化生效 按钮，检查网络和元件封装是否都能装入。如果有网络或元件不能装入需检查和修改原理图，再重新生成网络表。确认没问题后单击 执行变化 按钮，装入网络表和元件封装，如图 5.48 所示。

（2）单击对话框右下角的 关闭 按钮，退出“工程变化订单（ECO）”对话框，网络表和元件封装便导入 PCB 文件，如图 5.49 所示。

5.6.6 元件布局

（1）删除各子电路模块的 Room 空间。

（2）如果元件都集中堆放在板中心，则需要先对元件进行自动布局。单击 工具(T) 菜单，选择 放置元件(L) → 自动布局(A)... 命令，弹出“自动布局”对话框，如图 5.50 所示。

工程变化订单（ECO）

修改

有效	行为	受影响对象		受影响的文档	检查	完成	消息
	Add Components(35)						
✔	Add	C1	To	SP100.PcbDoc			
✔	Add	C10	To	SP100.PcbDoc			
✔	Add	C2	To	SP100.PcbDoc			
✔	Add	C3	To	SP100.PcbDoc			
✔	Add	C4	To	SP100.PcbDoc			
✔	Add	C5	To	SP100.PcbDoc			
✔	Add	C6	To	SP100.PcbDoc			
✔	Add	C8	To	SP100.PcbDoc			
✔	Add	C9	To	SP100.PcbDoc			
✔	Add	D3	To	SP100.PcbDoc			
✔	Add	DS1	To	SP100.PcbDoc			
✔	Add	J1	To	SP100.PcbDoc			
✔	Add	L1	To	SP100.PcbDoc			
✔	Add	Q1	To	SP100.PcbDoc			
✔	Add	Q2	To	SP100.PcbDoc			
✔	Add	Q3	To	SP100.PcbDoc			
✔	Add	Q4	To	SP100.PcbDoc			
✔	Add	R1	To	SP100.PcbDoc			
✔	Add	R10	To	SP100.PcbDoc			
✔	Add	R11	To	SP100.PcbDoc			
✔	Add	R12	To	SP100.PcbDoc			

使变化生效　执行变化　变化报告(R)...　只显示错误　关闭

图 5.47　“工程变化订单（ECO）”对话框

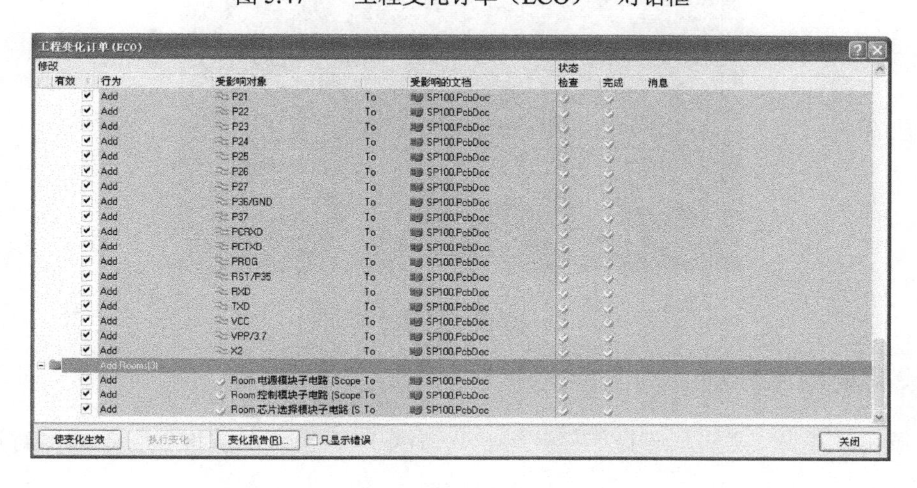

图 5.48　执行变化

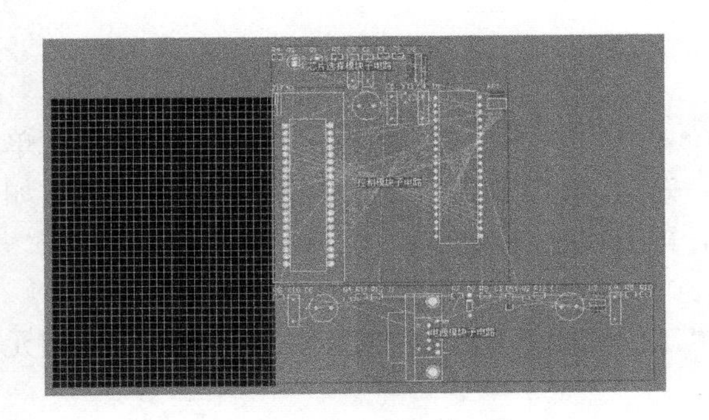

图 5.49　导入网络表和元件封装

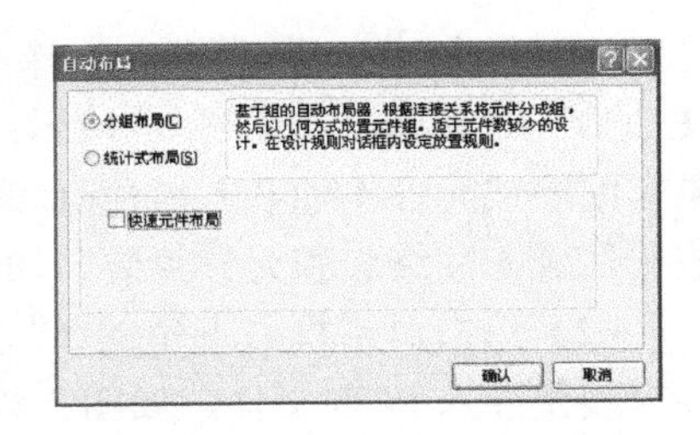

图 5.50　“自动布局”对话框

（3）单击 确认 按钮，进行分组自动布局，元件散开后需手工进行布局。根据元件间信号流的方向及相关布局原则对元件进行调整，布局完成后的效果图如图 5.51 所示。

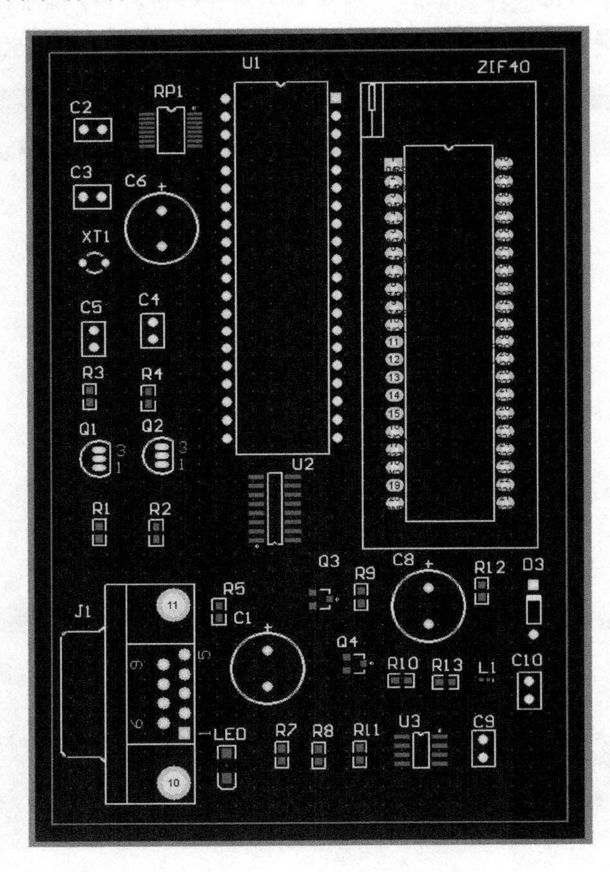

图 5.51　调整完成后的布局图

5.6.7　设置内电源分割

（1）单击 设计(D) 菜单，选择 层堆栈管理器(K)... 命令，弹出“图层堆栈管理器”对话框，如图 5.52 所示。

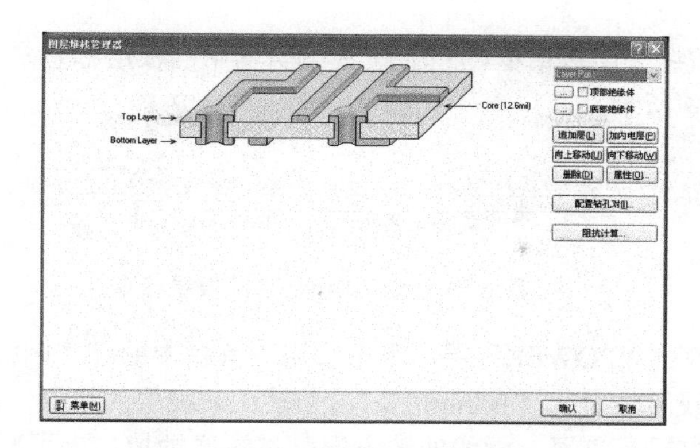

图 5.52 “图层堆栈管理器”对话框

（2）选中Top Layer，单击加内电层(P)按钮，添加两个内电层。再分别双击两个内电层，调出如图 5.53 所示的对话框，编辑其属性。将第一个内电层的名称设为“GND”，网络名选择“GND”；第二个内电层名称设为“POWER”，不设置网络连接。设置完毕后再将“POWER”和“GND”之间的绝缘层“Prepreg”设置为“5mil”，因为电源层和地之间的电位差不大，为了让电源层和地之间紧密耦合以减小干扰。设置完毕后的效果如图 5.54 所示。

（3）单击确认按钮，关闭对话框。单击设计(D)菜单，选择PCB板层次颜色(L)...选项，弹出“板层和颜色”对话框。可以看出此时对话框上多了两个内电层。将两个内电层选中，如图 5.55 所示。

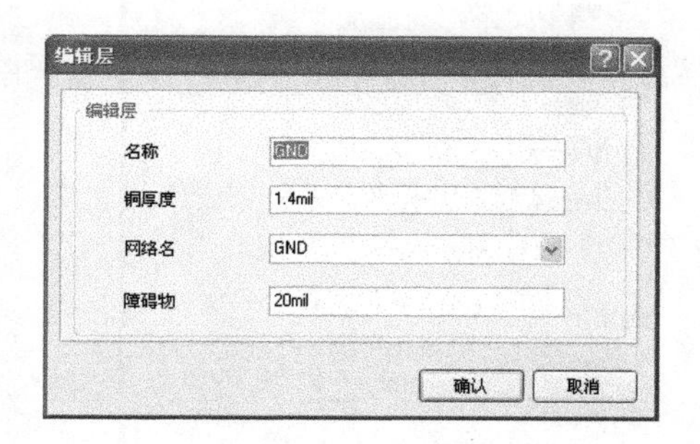

图 5.53 编辑内电层

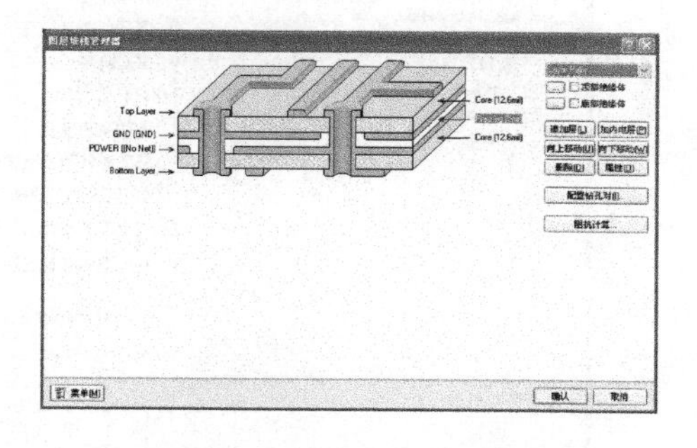

图 5.54 设置内电层后的效果

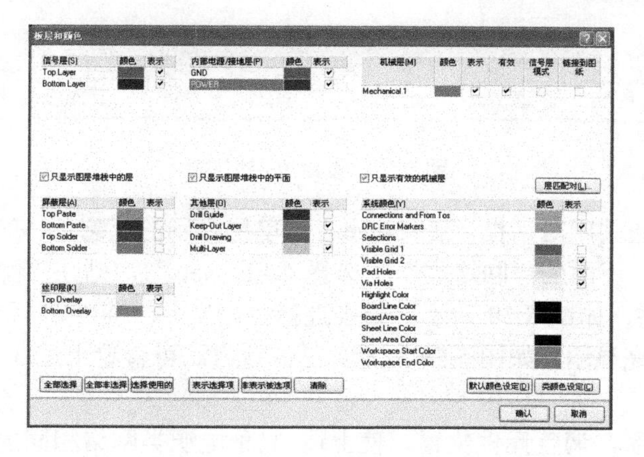

图 5.55 选中两个内电层

（4）单击确认按钮关闭对话框，此时 PCB 编辑器中的板层标签多了“GND”和“POWER”两个标签，如图 5.56 所示。

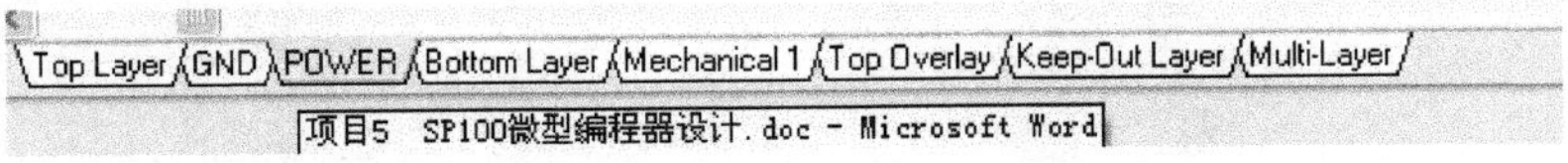

图 5.56 选中内电层后的板层标签

（5）将板层切换到“POWER”层，单击实用工具栏中的图标，在下拉工具栏中单击按钮绘制直线。设置线宽为“100mil”，沿着禁止布线层的线框，在“POWER”层上，画一个闭合线框。内电层是负层，画线的地方铜膜将被腐蚀掉，为了减小干扰，电源层的物理尺寸要比与之最近的地层物理尺寸小。

（6）单击工具(T)菜单，选择优先设定(P)...命令，在弹出的“优先设定”对话框中展开“Protel PCB”，选择其中的“Display”选项卡，在“Display”选项卡中选中“单层模式”复选框，如图 5.57 所示。

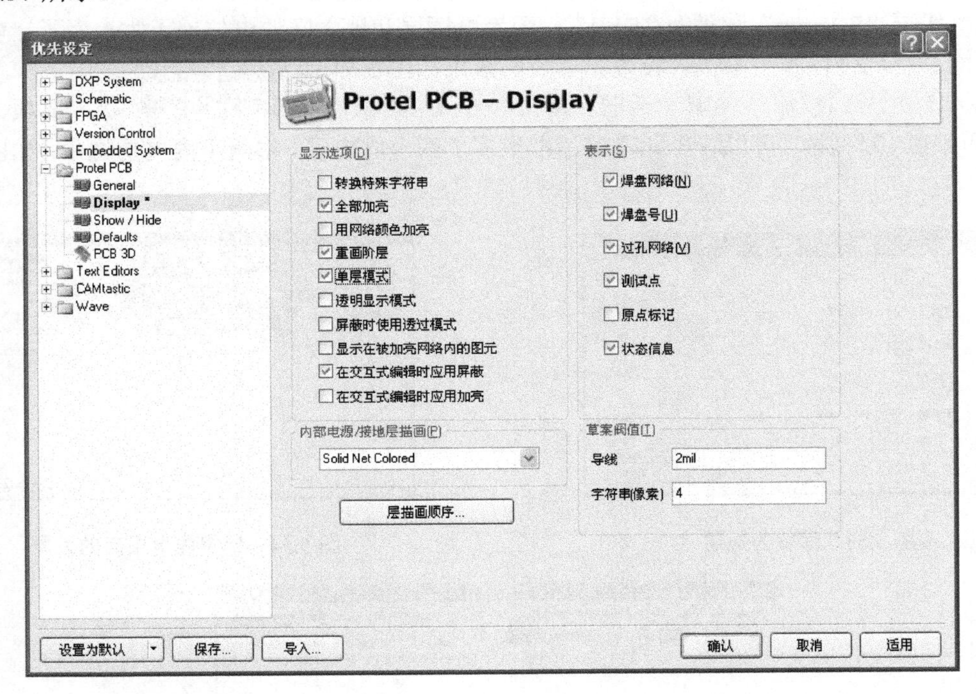

图 5.57 设定单层模式

（7）单击确认按钮关闭对话框。在“Power”层单层显示的状态下，在工作区左侧的“PCB”面板上选择“Nets”，下面的“网络类”中选择“All Nets”，则在“网络”栏中显示出了当前 PCB 板的全部网络，如图 5.58 所示。分别选择“+5V”、“12V”和“VCC”网络，系统自动将选中的网络高亮显示，如图 5.59 所示。通过该方法可查看上述 3 个网络在 PCB 板上的分布。

（8）根据网络关系，调整元件位置，使上述 3 种电源类网络相同的元件尽可能靠近放在同一区域内。

（9）元件调整完毕后，切换到“POWER”层，然后单击实用工具栏图标，在下拉工具栏中单击按钮绘制直线，选择线宽为“60mil”，画一个封闭区域将“+5V”网络焊盘尽可能包括在内，对内电层进行分割（在分割前，可先选中“+5V”网络，使其高亮显示）。

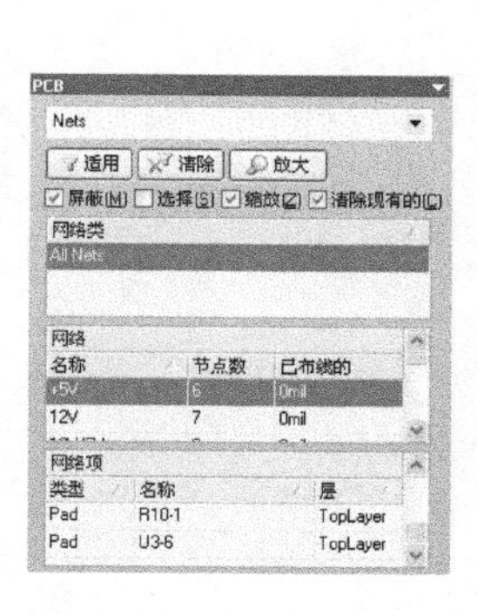

图 5.58　在 PCB 面板上选择网络

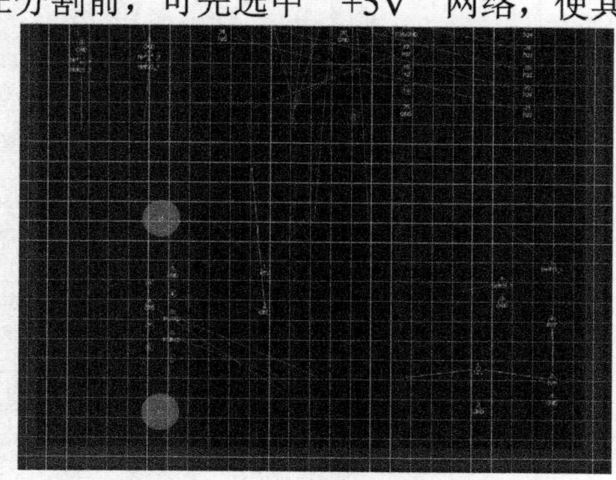

图 5.59　在 POWER 层高亮显示所选的网络

（10）分割完毕后，双击该分割区域，在弹出的“分割内部电源/接地层”对话框中，选择“连接到网络”为“+5V”，如图 5.60 所示。

（11）按同样的方法，分别对“12V”、“VCC”网络进行分割和网络连接设置。相邻分割区域的分割线可以重合，分割区域不可以重叠，如有个别焊盘无法包含到焊盘所属分割网络区域内，可在顶层或底层通过放置导线连接该焊盘到所属网络区域内的焊盘或过孔上。全部分割完毕后的 PCB 板如图 5.61 所示。

（12）绘制内电层“GND”的区域边框。因为“GND”内电层全部分配给了“GND”网络，所以不用进行分割。切换板层到“GND”层，单击实用工具栏图标，在下拉工具栏中单击按钮绘制直线，选择线宽为“60mil”，在板的四周画一个封闭区域，如图 5.62 所示。

（13）分割完毕后，将板层切换到顶层，撤销单层显示。

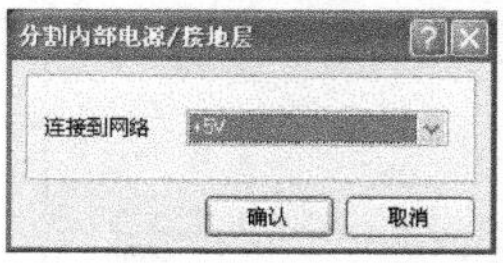

图 5.60　将分割区域连接至“+5V”网络

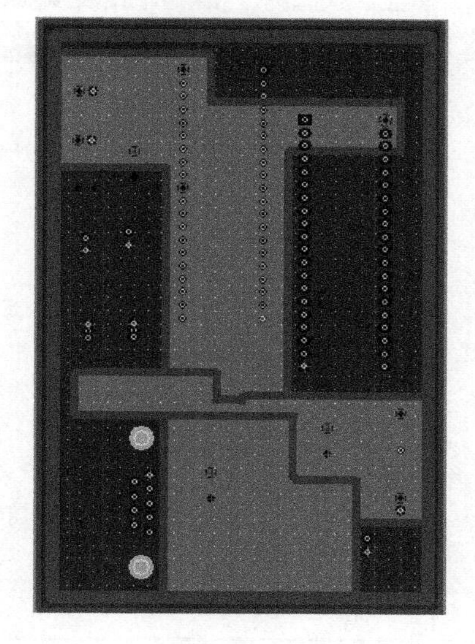

图 5.61　分割 POWER 层后的效果图

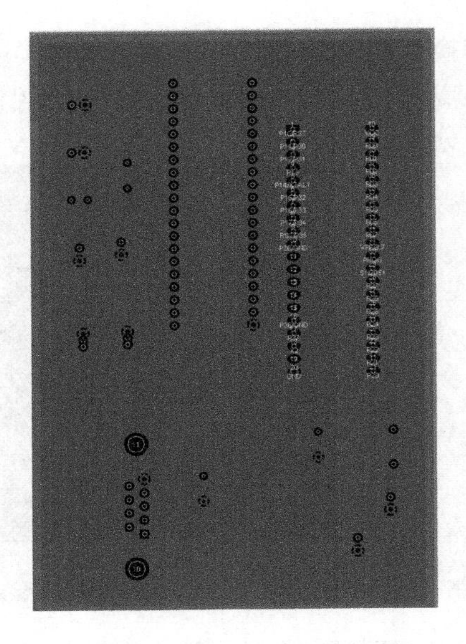

图 5.62　内电层 GND 边框图

5.6.8　设置 PCB 设计规则

（1）单击 设计(D) 菜单，选择 对象类(C)... 命令，弹出“对象类资源管理器”对话框，如图 5.63 所示。在“Net Classes”上单击鼠标右键，在弹出的菜单中选择 追加类(X)，则系统创建了一个名为“New Class”的类。在“New Class”类上单击鼠标右键，选择 重命名类(Z)，将该类重命名为“Power”，如图 5.64 所示。

（2）在“非成员”栏中选择“+5V”，再单击 > 将其选至“成员”栏内。同样将“12V”和“VCC”选至“成员”栏内，如图 5.65 所示。

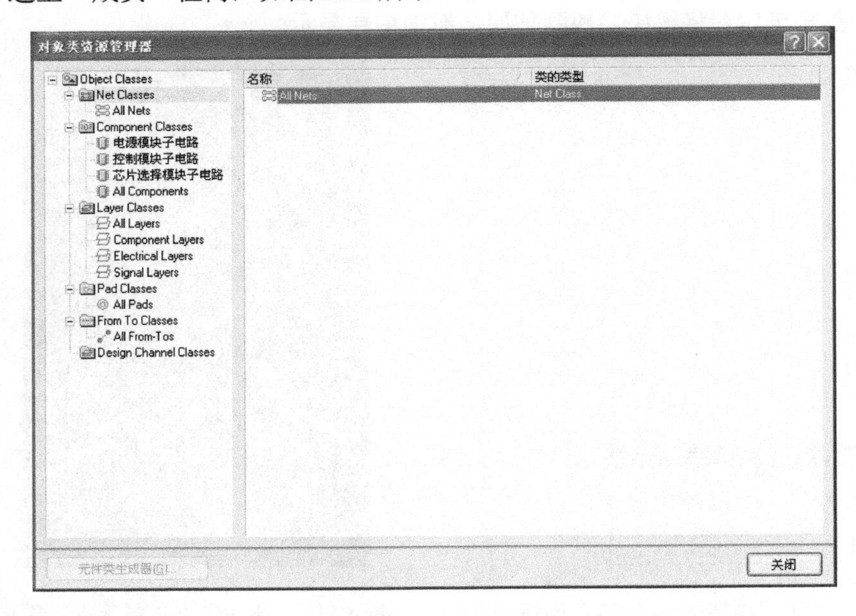

图 5.63　“对象类资源管理器”对话框

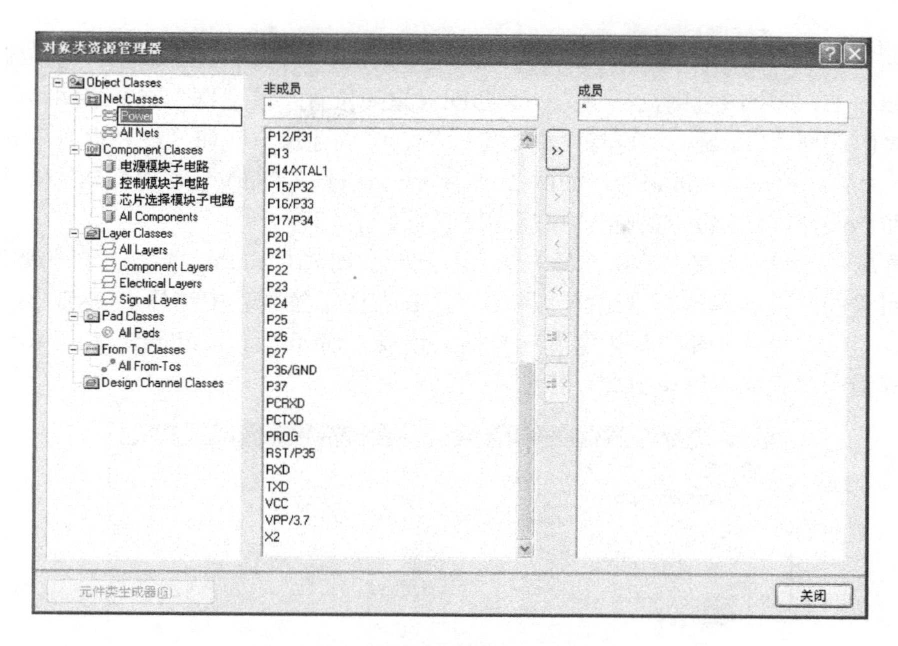

图 5.64　重命名网络类为“POWER”

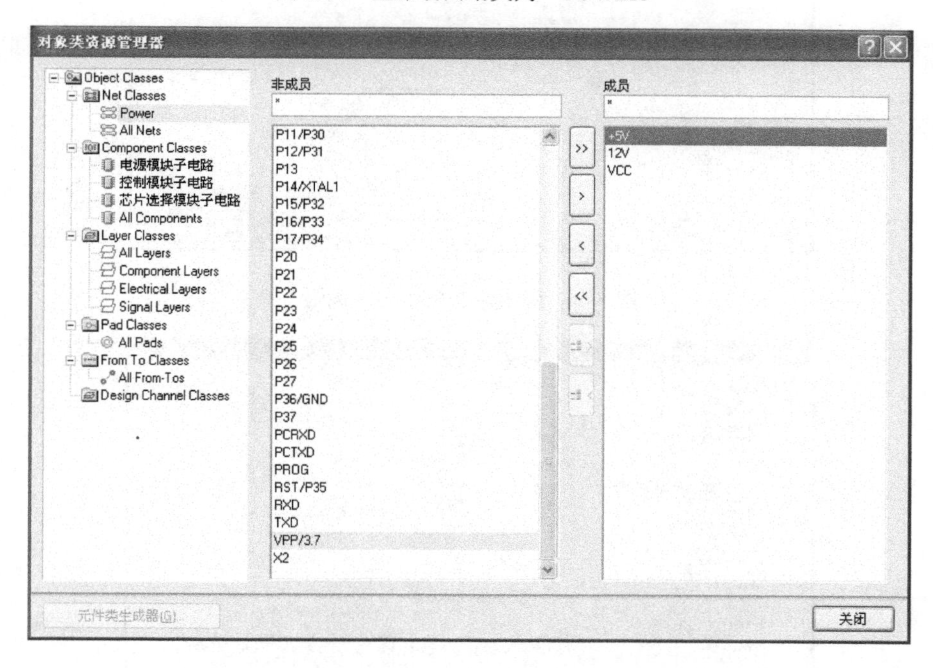

图 5.65　将“+5V”、“12V”和“VCC”网络加入“Power”网络类

（3）单击关闭按钮，回到 PCB 界面下，再单击设计(D)菜单，选择规则(R)...命令，弹出“PCB 规则和约束编辑器”对话框，展开左侧目录树的 Clearance 节点，在 Clearance 规则中，将最小安全间距设置为“8mil”，如图 5.66 所示；再单击 Routing 前面的+号与 Width 前面的+号。选中下面的 Width 规则，将“最小宽度”、“优选尺寸”和“最大宽度”分别设置成“5mil”、“10mil”和“40mil”，如图 5.67 所示。

（4）在 Width 节点上单击鼠标右键，在弹出的菜单中选择新键规则(X)...，则系统新建了一个规则 Width_1。选中该规则，在“第一个匹配对象的位置”单选框中选择“网络类”，在右侧下拉列表中选择“Power”，再将“最小宽度”、“优选尺寸”和“最大宽度”分别设置成“10mil”、“15mil”和“40mil”，如图 5.68 所示。这样，“+5V”、“12V”和“VCC”三个网络（即 Power 网络类）的线宽约束规则就设置好了。

（5）再在 Width 节点上单击鼠标右键，新建一个规则“Width_2”，选中该规则，在“第一个匹配对象的位置”单选框中选择“网络”，在右侧下拉列表中选择“GND”，再将“最小宽度”、“优选尺寸”和“最大宽度”分别设置成“10mil”、“20mil”和“40mil”。

（6）规则设置完成后，单击确认按钮，关闭对话框。

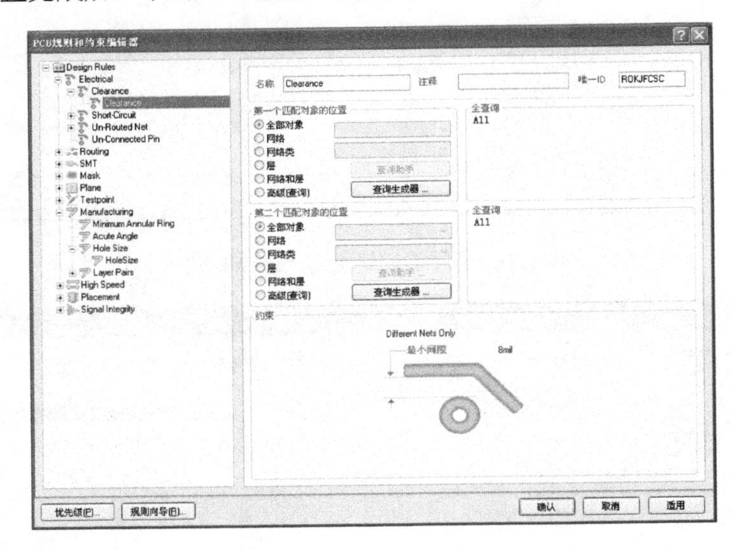

图 5.66　设置最小安全间距规则

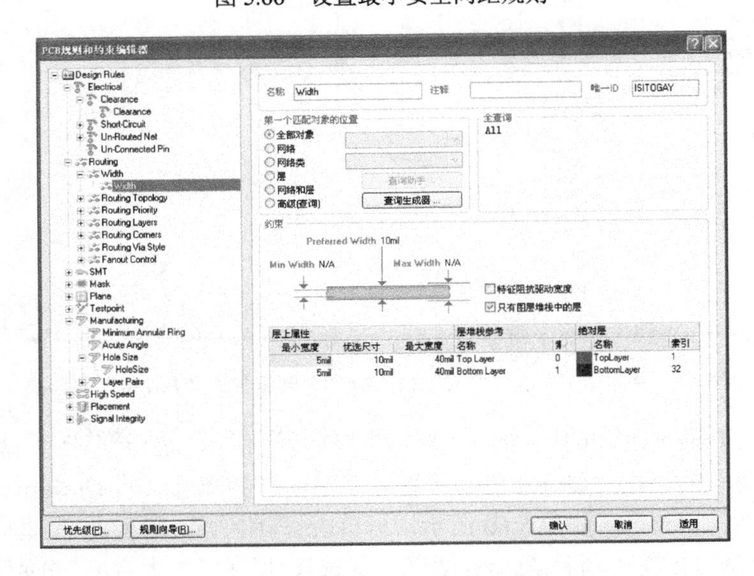

图 5.67　设置整个电路板的布线线宽规则

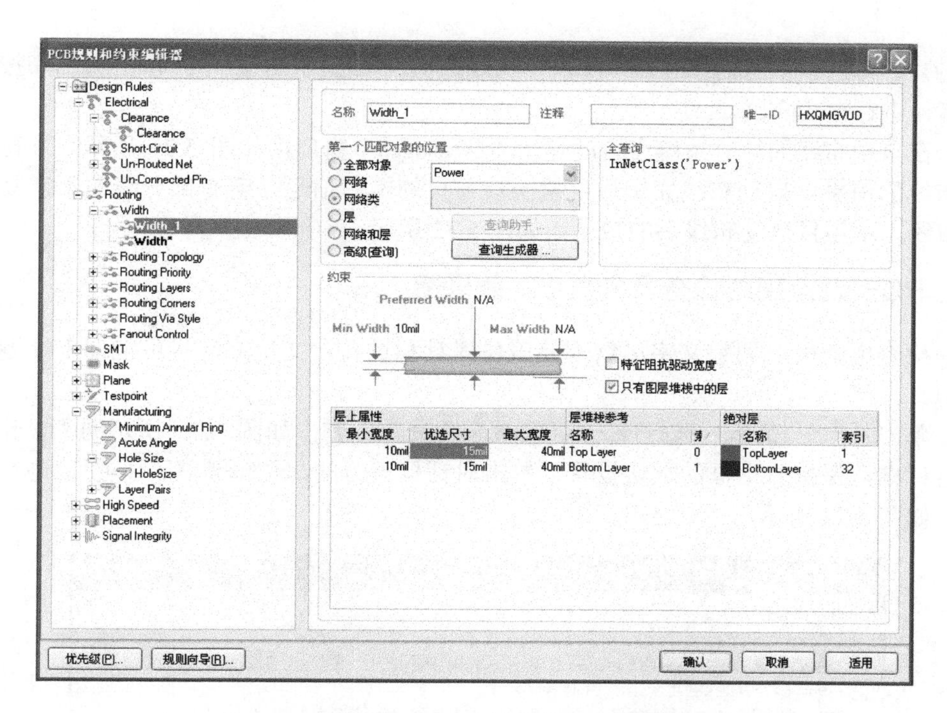

图 5.68　设置“POWER”网络类的布线线宽规则

5.6.9　进行 PCB 多层板布线

（1）将电路板切换到顶层，查看各表面贴装元件的“+5V”、“12V”、“VCC”及“GND”引脚的位置，单击放置工具栏上的按钮，在各表面贴装元件的上述引脚处画线，并在线的末端放置过孔，将引脚连接到相应的内电层上，如图 5.69 所示。

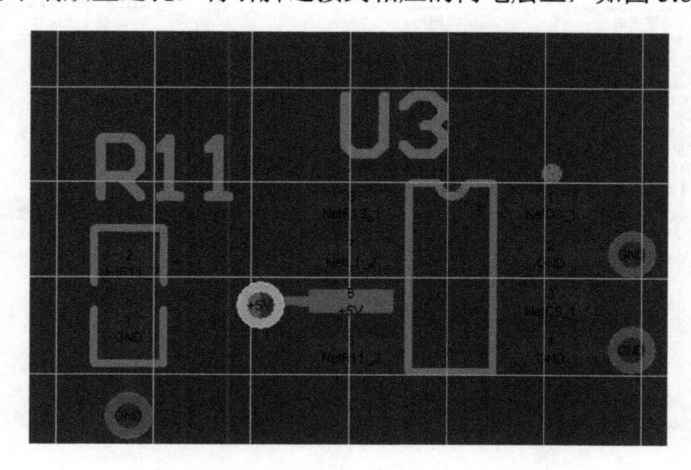

图 5.69　连接表面贴装元件焊盘至内电层

（2）单击 自动布线（A） 菜单，选择 全部对象（A）... 命令，弹出“Situs 布线策略”对话框。若该对话框的“布线设置报告”栏有错误或警告，则需要重新修改电路板或者修改布线规则，直到无错误为止。在“可用的布线策略”选项里选择“Default Multi Layer Board”（多层板默认布线策略），再选中下方的☑锁定全部预布线复选框，如图 5.70 所示。单击 Route All 按钮，对整个电路板进行自动布线。

（3）在自动布线的同时系统会自动弹出“Messages”窗口，如图 5.71 所示。该窗口会显示自动布线的信息。自动布线完毕后，检查该窗口的提示信息，若有部分线布不通则需要进行手工布线。本项目自动布线后的效果图如图 5.72 所示。

5.6.10 PCB 设计规则检查及浏览 3D 效果图

（1）检查电路板，调整文字尽量不要盖住焊盘和过孔，文字方向尽可能向上靠近元件，以便识别。

（2）单击 工具(T) 菜单，选择 设计规则检查(D)... 命令，弹出如图 5.73 所示的“设计规则检查器”对话框，保持对话框的默认设置，单击对话框下方的 运行设计规则检查(R)... 按钮，进行设计规则检查，如图 5.74 所示。

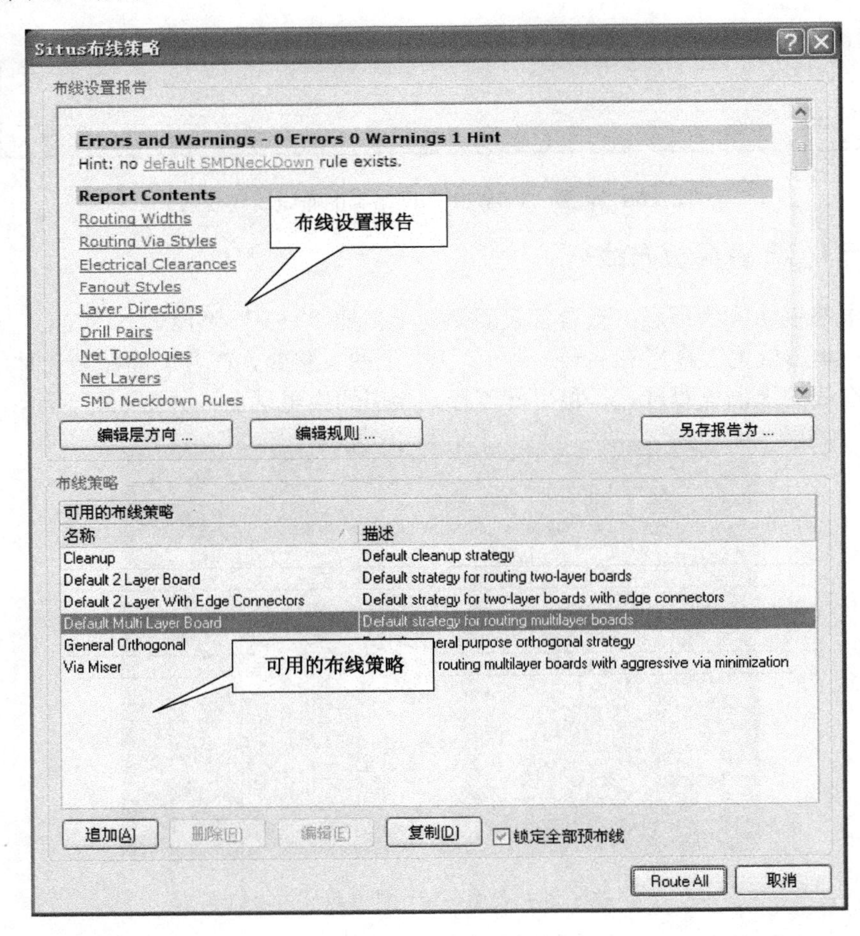

图 5.70　设置多层板布线策略

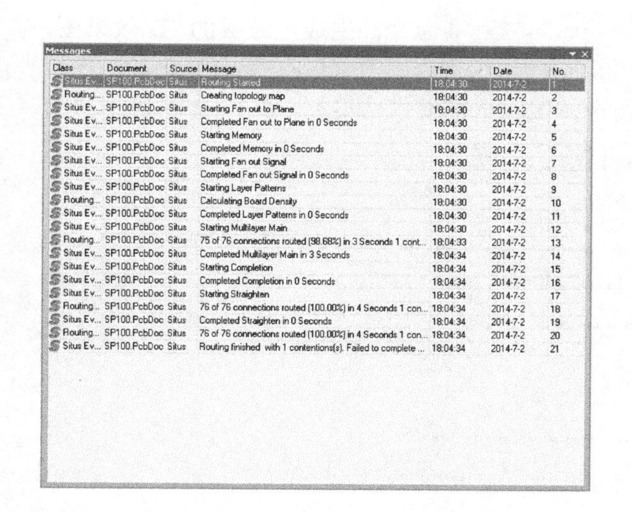

Messages

Class	Document	Source	Message	Time	Date	No.
Situs Ev...	SP100.PcbDoc	Situs	Routing Started	18:04:30	2014-7-2	1
Routing...	SP100.PcbDoc	Situs	Creating topology map	18:04:30	2014-7-2	2
Situs Ev...	SP100.PcbDoc	Situs	Starting Fan out to Plane	18:04:30	2014-7-2	3
Situs Ev...	SP100.PcbDoc	Situs	Completed Fan out to Plane in 0 Seconds	18:04:30	2014-7-2	4
Situs Ev...	SP100.PcbDoc	Situs	Starting Memory	18:04:30	2014-7-2	5
Situs Ev...	SP100.PcbDoc	Situs	Completed Memory in 0 Seconds	18:04:30	2014-7-2	6
Situs Ev...	SP100.PcbDoc	Situs	Starting Fan out Signal	18:04:30	2014-7-2	7
Situs Ev...	SP100.PcbDoc	Situs	Completed Fan out Signal in 0 Seconds	18:04:30	2014-7-2	8
Situs Ev...	SP100.PcbDoc	Situs	Starting Layer Patterns	18:04:30	2014-7-2	9
Routing...	SP100.PcbDoc	Situs	Calculating Board Density	18:04:30	2014-7-2	10
Situs Ev...	SP100.PcbDoc	Situs	Completed Layer Patterns in 0 Seconds	18:04:30	2014-7-2	11
Situs Ev...	SP100.PcbDoc	Situs	Starting Multilayer Main	18:04:30	2014-7-2	12
Routing...	SP100.PcbDoc	Situs	75 of 76 connections routed (98.68%) in 3 Seconds 1 cont...	18:04:33	2014-7-2	13
Situs Ev...	SP100.PcbDoc	Situs	Completed Multilayer Main in 3 Seconds	18:04:34	2014-7-2	14
Situs Ev...	SP100.PcbDoc	Situs	Starting Completion	18:04:34	2014-7-2	15
Situs Ev...	SP100.PcbDoc	Situs	Completed Completion in 0 Seconds	18:04:34	2014-7-2	16
Situs Ev...	SP100.PcbDoc	Situs	Starting Straighten	18:04:34	2014-7-2	17
Routing...	SP100.PcbDoc	Situs	76 of 76 connections routed (100.00%) in 4 Seconds 1 con...	18:04:34	2014-7-2	18
Situs Ev...	SP100.PcbDoc	Situs	Completed Straighten in 0 Seconds	18:04:34	2014-7-2	19
Routing...	SP100.PcbDoc	Situs	76 of 76 connections routed (100.00%) in 4 Seconds 1 con...	18:04:34	2014-7-2	20
Situs Ev...	SP100.PcbDoc	Situs	Routing finished with 1 contentions(s). Failed to complete ...	18:04:34	2014-7-2	21

图 5.71　自动布线时的信息窗口

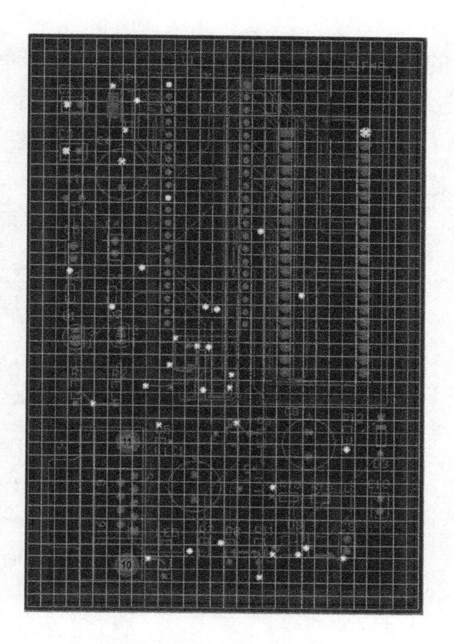

图 5.72　布线完成后的效果图

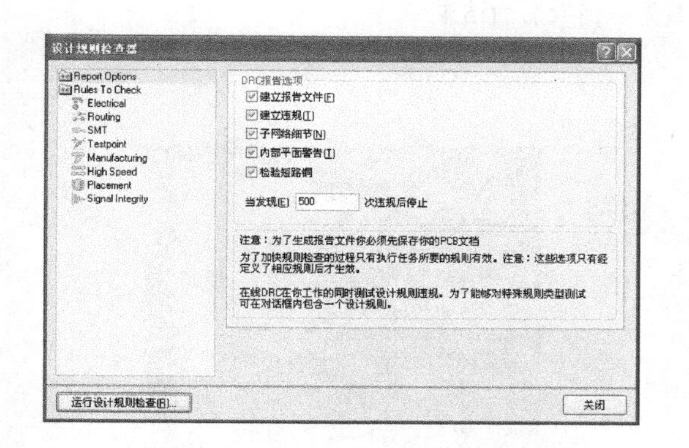

图 5.73　运行设计规则检查

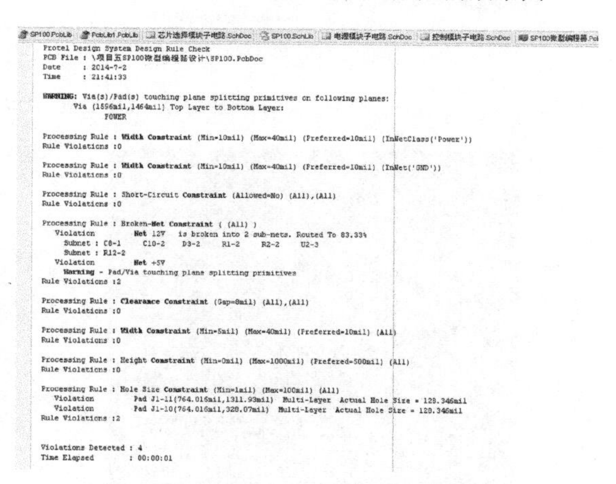

Protel Design System Design Rule Check
PCB File : \项目五SP100微型编程器设计\SP100.PcbDoc
Date : 2014-7-2
Time : 21:41:33

WARNING: Via(s)/Pad(s) touching plane splitting primitives on following planes:
Via (1596mil,1464mil) Top Layer to Bottom Layer:
POWER

Processing Rule : Width Constraint (Min=10mil) (Max=40mil) (Preferred=10mil) (InNetClass('Power'))
Rule Violations :0

Processing Rule : Width Constraint (Min=10mil) (Max=40mil) (Preferred=10mil) (InNet('GND'))
Rule Violations :0

Processing Rule : Short-Circuit Constraint (Allowed=No) (All),(All)
Rule Violations :0

Processing Rule : Broken-Net Constraint ((All))
Violation Net 12V is broken into 2 sub-nets. Routed To 83.33%
Subnet : C8-1 C10-2 D3-2 R1-2 R2-2 U2-3
Subnet : R12-2
Violation Net +5V
Warning - Pad/Via touching plane splitting primitives
Rule Violations :2

Processing Rule : Clearance Constraint (Gap=8mil) (All),(All)
Rule Violations :0

Processing Rule : Width Constraint (Min=5mil) (Max=40mil) (Preferred=10mil) (All)
Rule Violations :0

Processing Rule : Height Constraint (Min=0mil) (Max=1000mil) (Prefered=500mil) (All)
Rule Violations :0

Processing Rule : Hole Size Constraint (Min=1mil) (Max=100mil) (All)
Violation Pad J1-11(764.016mil,1311.93mil) Multi-Layer Actual Hole Size = 128.346mil
Violation Pad J1-10(764.016mil,328.07mil) Multi-Layer Actual Hole Size = 128.346mil
Rule Violations :2

Violations Detected : 4
Time Elapsed : 00:00:01

图 5.74　运行设计规则检查的结果

（3）可以看到电路板上有两个错误，其中一处错误是“+5V”及“12V”网络未连接好，还有一处错误是元件 J1 的两个焊盘孔径过大。检查电路板，发现第一处错误主要是这两个网络中部分表面贴装元件与内电层连接的过孔太靠近内电层的分割线导致，而第二处错误则是因为元件 J1 序号为 10 和 11 的焊盘尺寸超过了系统默认的 Hole Size 规则的最大值导致。

（4）修改错误，第一处错误需要调整“+5V”和“12V”网络中表面贴装元件焊盘和内电层进行连接的过孔位置并对二者重新连线，第二处错误不是电路板布局和布线的问题，可以通过修改规则来实现。单击 设计(D) 菜单，选择 规则(R)... 命令，弹出“PCB 规则和约束编辑器”对话框，单击 Manufacturing 前面的+号与 Hole Size 前面的+号，选择 Hole Size 规则，将其中的最大值改为“150mil”。

（5）再进行设计规则检查，发现错误已经排除，图 5.75 显示了排除错误后运行 DRC 检查的结果。再仔细检查电路板，对一些不合理走线用手工重新进行布线。最终的布线效果如图 5.76 所示。

（6）单击菜单栏的 查看（V）按钮，选择 显示三維PCB板（3）命令，生成电路板的 3D 效果图，如图 5.77 所示。

（7）单击 文件（F）菜单，选择 全部保存（L）命令，保存全部操作结果。

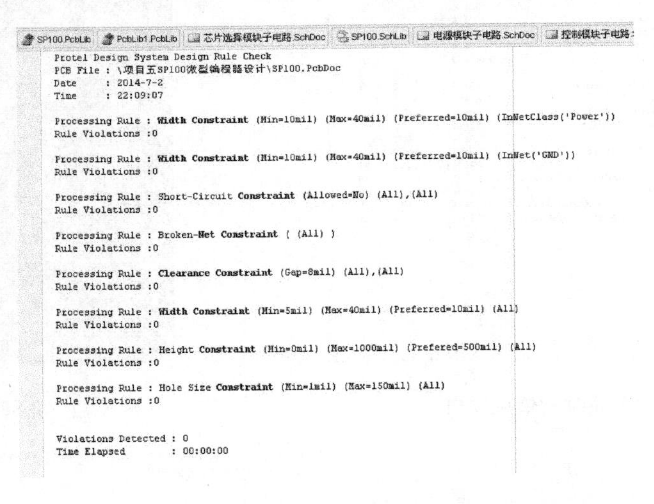

SP100.PcbLib | PcbLib1.PcbLib | 芯片选择模块子电路.SchDoc | SP100.SchLib | 电源模块子电路.SchDoc | 控制模块子电路

```
Protel Design System Design Rule Check
PCB File : \项目五SP100微型编程器设计\SP100.PcbDoc
Date     : 2014-7-2
Time     : 22:09:07

Processing Rule : Width Constraint (Min=10mil) (Max=40mil) (Preferred=10mil) (InNetClass('Power'))
Rule Violations :0

Processing Rule : Width Constraint (Min=10mil) (Max=40mil) (Preferred=10mil) (InNet('GND'))
Rule Violations :0

Processing Rule : Short-Circuit Constraint (Allowed=No) (All),(All)
Rule Violations :0

Processing Rule : Broken-Net Constraint ( (All) )
Rule Violations :0

Processing Rule : Clearance Constraint (Gap=8mil) (All),(All)
Rule Violations :0

Processing Rule : Width Constraint (Min=5mil) (Max=40mil) (Preferred=10mil) (All)
Rule Violations :0

Processing Rule : Height Constraint (Min=0mil) (Max=1000mil) (Prefered=500mil) (All)
Rule Violations :0

Processing Rule : Hole Size Constraint (Min=1mil) (Max=150mil) (All)
Rule Violations :0


Violations Detected : 0
Time Elapsed        : 00:00:00
```

图 5.75　DRC 错误检查排除错误后的结果

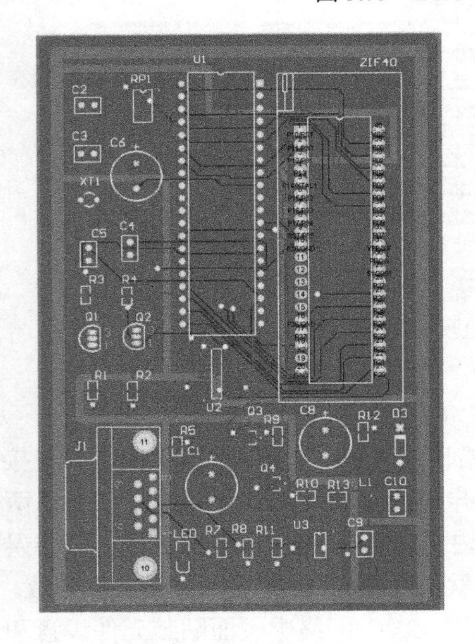

图 5.76　最终布线效果

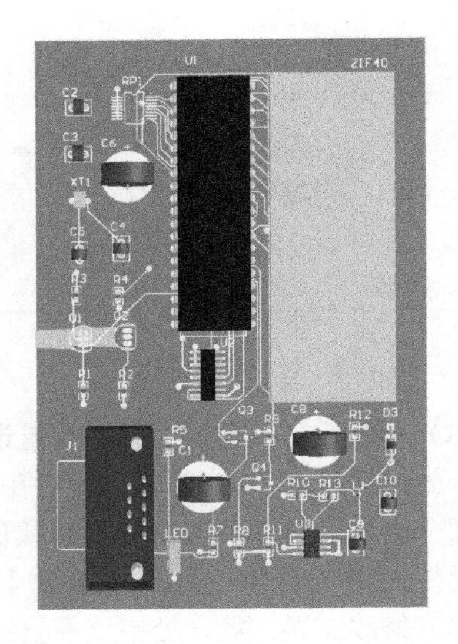

图 5.77　PCB 板 3D 效果图

5.6.11　生成 PCB 信息报表

到目前为止，PCB 板的绘制基本完成。PCB 板信息报表的作用是对 PCB 板上的元件网络和一般细节信息进行汇总报告。单击 报告（R）菜单，单击 PCB板信息（B）...，即可弹出“PCB 信息”

对话框。该对话框包括 3 个报告页，同时通过该对话框还可以生成 PCB 板信息报告文件。现分别介绍如下。

1．“一般”报告页

本项目生成的“一般”报告页如图 5.78 所示。该报告页里汇总了 PCB 板上各种图元的数量，例如弧线、填充、焊盘等。同时也报告了 PCB 板的尺寸信息和 DRC 违规的数量。

2．“元件”报告页

单击对话框的 元件 选项卡，即可切换到“元件”报告页，如图 5.79 所示。该页报告了 PCB 板上元件的统计信息，包括元件总数、各层次放置数及元件标号列表。

3．“网络”报告页

单击对话框的 网络 选项卡，即可切换到“网络”报告页，如图 5.80 所示。该页列出了电路板的网络信息，包括导入的网络总数及网络名称列表。单击该选项卡右下角的 电源/地(P)... 按钮，可弹出“内部电源/接地层信息”对话框，如图 5.81 所示。该对话框中列出了项目的内电层信息。本项目有 2 个内电层，分别是“GND”和“POWER”，因此该对话框相应的有 2 个选项卡。这两个选项卡分别列出了“GND”和“POWER”两个内电层所包含的网络及各网络的连接情况。

4．生成 PCB 板信息报告文件

单击 关闭 按钮关闭“内部电源/接地层信息”对话框，在“PCB 信息”对话框下单击 报告... 按钮可弹出“电路板报告”对话框，如图 5.82 所示。通过该对话框可以生成 PCB 板信息报告文件。在对话框的列表栏里可以选择要包含在报告文件里的内容。当 只有选定的对象(S) 复选框处于选中状态时，报告中只列出当前电路板已经处于选择状态下的图元信息。单击 全选择 按钮，会将复选框中的内容全部选中。

这里单击 全选择 按钮，再单击 报告... 按钮，系统生成一个名为“SP100.REP”的报告文件，通过该文件可查看当前电路板的详细信息，如图 5.83 所示。

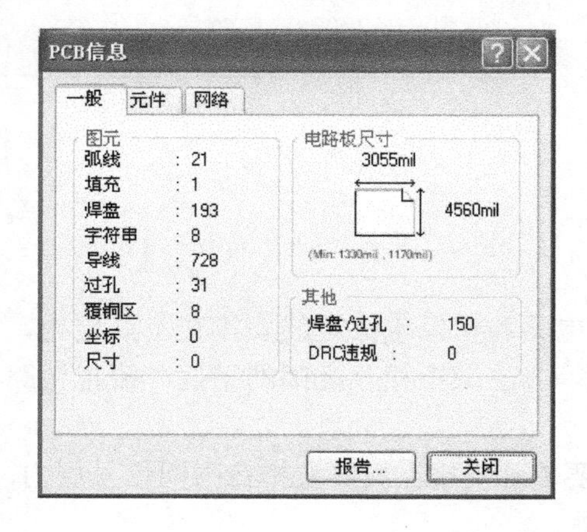

图 5.78　“一般”报告页

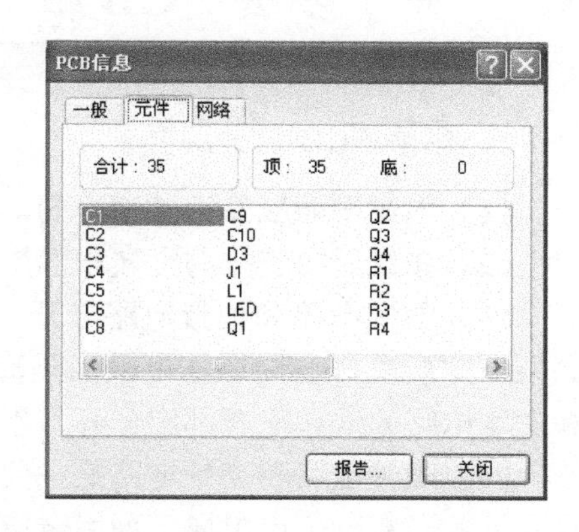

图 5.79　“元件”报告页

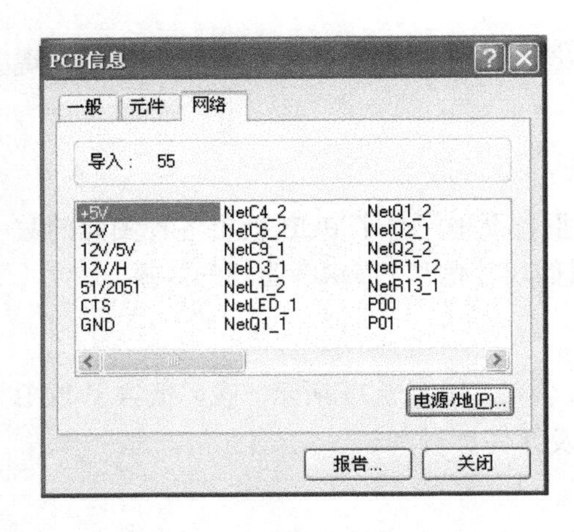

图 5.80 “网络”报告页

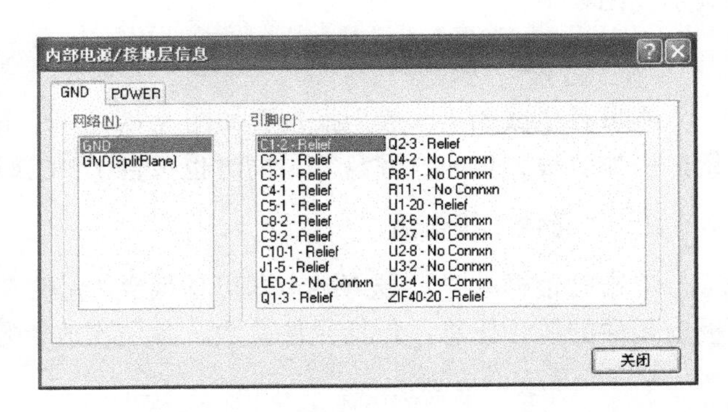

图 5.81 “内部电源/接地层信息”对话框

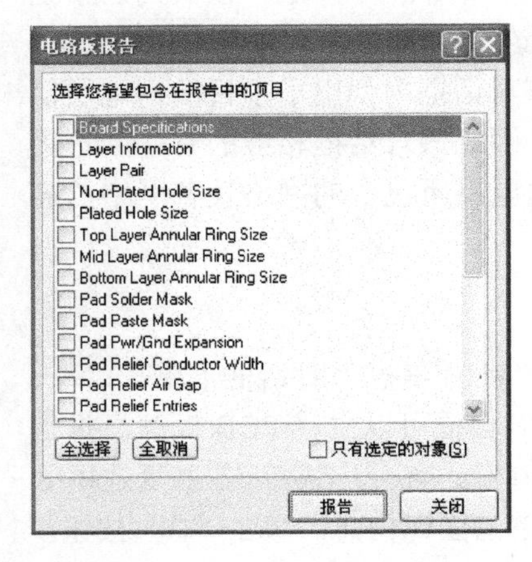

图 5.82 “电路板报告”对话框

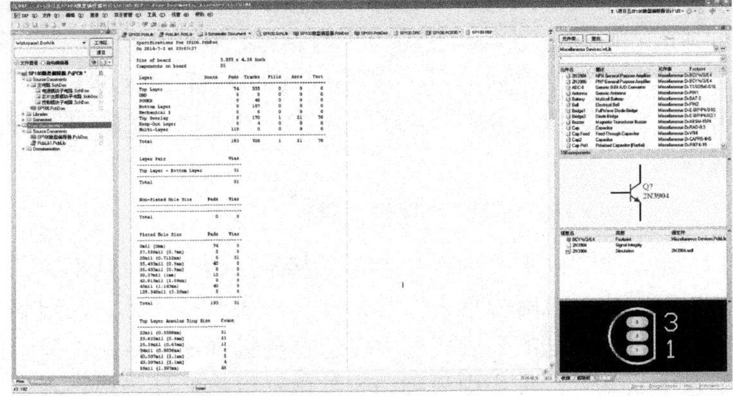

图 5.83 PCB 板信息表报告文件

5.7 关于多层 PCB 板

1. 多层 PCB 板分层要求

（1）电源平面应靠近接地平面，并且在接地平面下。

（2）布线层应安排与金属平面层相邻。

（3）数字电路和模拟电路分开，有条件时将数字电路和模拟电路走线安排在不同层内，如果一定要安排在同层，可采用隔离带，加接地线条等方法减小相互之间的干扰。模拟电路和数字电路的地和电源都应分开，不能混用。

（4）时钟电路和高频电路是主要的干扰源，一定要单独安排，最好安排在中间信号层内，且上下各布置一个内电层，利用金属平面屏蔽各种干扰。

（5）如果条件允许的话，多采用几个接地平面，将不同类型的地分布在不同的平面内。

（6）多层 PCB 板层叠结构参考如表 5.5 所示。

表 5.5 多层板层叠结构参考表

层数	电源	地	信号	1	2	3	4	5	6	7	8	9	10	11	12
4	1	1	2	S1	G1	P1	S2								
6	1	2	3	S1	G1	S2	P1	G2	S3						
8	1	3	4	S1	G1	S2	G2	P1	S3	G3					
8	2	2	4	S1	G1	S2	P1	G2	S3	P2					
10	2	3	5	S1	G1	P1	S2	S3	G2	S4	G3	S5			
10	1	3	6	S1	G1	S2	S3	G2	P1	S4	G3	S6			
12	1	5	6	S1	G1	S2	G2	S3	G3	P1	S4	G4	S5	G5	S6
12	2	4	6	S1	G1	S2	G2	S3	P1	G3	S4	P2	S5	G4	S6

注：S—Signal Layer 信号层；P—Power Layer 电源层；G—GND Layer 接地层。

2．多层 PCB 板布局要求

（1）元件功能模块的摆放要均匀，实现同一电路功能的元件应尽量靠近布置。

（2）使用同一电源和地网络的元件应尽量布置在一起，这样有利于通过内电层完成相互之间的电气连接。

（3）高低压元件之间应有足够的隔离带，电路板上的电气绝缘可按 200V/mm（即 5.08V/mil）计算。

（4）接口元件通常靠边放置，并用字符串（String）注明接口类型，注意接线引出的方向通常是远离电路板的。

（5）电源变换元件（DC/DC 器件和稳压芯片等）旁应留有足够的散热表面积和空间。

（6）所有元件的高度应不超过指定高度，摆放位置不超过指定区域。

（7）元件的引脚或参考点应放置在栅格上，既有利于连线，又整齐美观。

（8）滤波电容可放置在表贴芯片的背面，靠近芯片的电源和地引脚。

（9）元件或接插件第 1 引脚或标识方向的标志应在 PCB 上明显标出，不允许被器件覆盖。

（10）元件标号应紧靠元件边框放置，大小统一，方向整齐，不与过孔或焊盘重叠，不允许放置在元件焊装后被覆盖的区域。

3．多层 PCB 板布线要求

（1）内外电源隔离，无交叉走线的情况。

（2）走线不允许有锐角形式的拐角，与焊盘连接的线宽不允许超过焊盘大小。

（3）高频信号线、高速时钟线（晶振引出线）和复位线的线宽不小于 20mil，外部最好用地线包裹走线，与其他走线分隔开。

（4）敏感器件底部（电源变换器件、晶振器件和变压器件等）“Bottom Layer”层最好不要走线，以免被干扰。

（5）电源/地线应尽可能的粗。在布线空间允许的情况下，各类电源主线宽应不小于 50mil。

（6）非电源、低电压和低电流信号线宽 10～30mil，优选 12～20mil，在有足够空间的情况下尽可能宽。

（7）非电源、低电压和低电流信号线与线之间的距离推荐设置大于等于 10mil，电源线之间的距离大于等于 20mil。

（8）高电压、大电流信号线宽大于等于 40mil，线线之间的距离大于等于 30mil。

（9）过孔最小尺寸：外径 30mil，内径 20mil。优选：外径 40mil，内径 28mil。在进行顶层和底层之间的导线连接时，优先使用焊盘。

（10）在 PCB 内电层上不允许走任何信号线，内电层不同区域之间的间隔宽度应不小于 40mil。

（11）划分内电层隔离带时，注意走线不要覆盖焊盘或过孔。

（12）内电层的“Power Plane Connect style rule”项设置为“Conductor Width”=20mil，“Conductors”=4，“Expansion”=20mil，“Gap”=10mil。

（13）在“TopLayer”和“BottomLayer”层上需要铺设“Polygon”的，建议采用如下设置：“Grid Size”=10mil，“Track Width”=10mil，不允许留有死铜区域，并且要求与其他线路的间隔不小于 30mil。

（14）布线完毕后最好做泪滴焊盘处理，金属壳器件和模块外部应做接地处理。

5.8 小结与习题

1．小结

（1）原理图文件、原理图库文件、PCB 文件、PCB 封装库文件等的创建。
（2）元器件的绘制和属性设置。
（3）子电路图的绘制。
（4）按自底向上的方法，由子电路生成模块总图。
（5）连接主电路图中的各模块。
（6）项目电气规则检查。
（7）设计项目网络表的生成。
（8）PCB 封装的绘制。
（9）规划 PCB 板。
（10）导入网络表，布局元件。
（11）内电层的添加、网络设定及内电层的分割。
（12）连接焊盘到相应内电层区域。
（13）布线和 DRC 检查。
（14）PCB 板信息报告。

2．习题

（1）创建一个 PCB 项目，命名为“电针仪电路.PrjPCB”，采用自底向上的设计方法将图 5.84～图 5.87 所示的子图模块绘制为层次电路图，库里没有的元件自己创建，其中主电路图命名为“主电路.SchDoc”，绘制完成后生成网络表，网络表文件命名为“电针仪电路.NET”。

绘制项目的 PCB 图，要求如下。

① 电路板的长×宽为 5600mil×3000mil 以下（越小越好）；

② 安全间距为“8mil”，多层板，添加 2 层内电层，设置与顶层信号层相邻的内电层与 GND 网络相连，另一内电层要进行电源类分割，信号线宽为“15mil”，电源类网络线宽为“20mil”，地线网络线宽为“30mil”。采用手工和自动布线相结合完成布线。

③ 元件 HT6221 和元件 STC12C5052AD 的封装指定为“DIP-20”。新建一个封装库，命名为“IC.PcbLib”，创建“DIP-20”的封装。封装的焊盘尺寸要求 X、Y 均为“50”，空间为“32”，轮廓线宽度为“10mil”，其余尺寸如图 5.88 所示。

④ 根据实际绘图需要，集成库找不到的其他封装，自行在 IC.PcbLib 中创建。

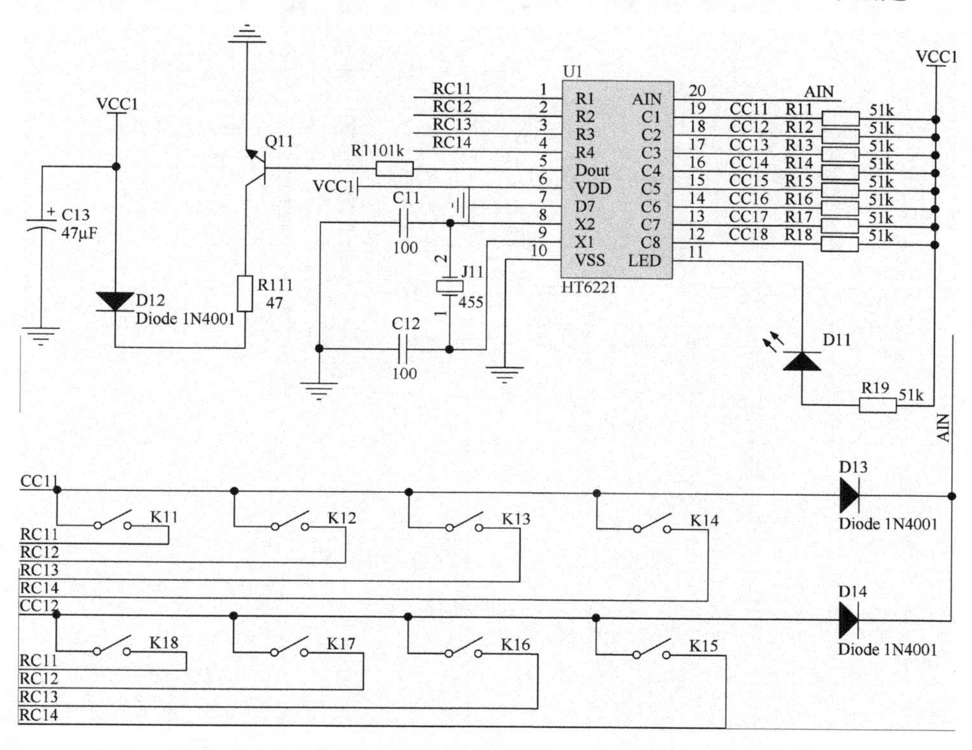

图 5.84　红外发射硬件电路

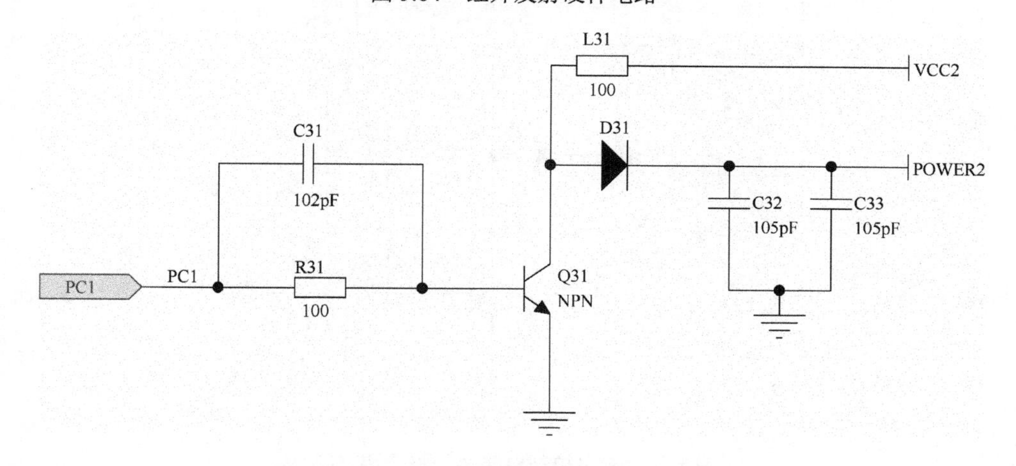

图 5.85　升压控制电路

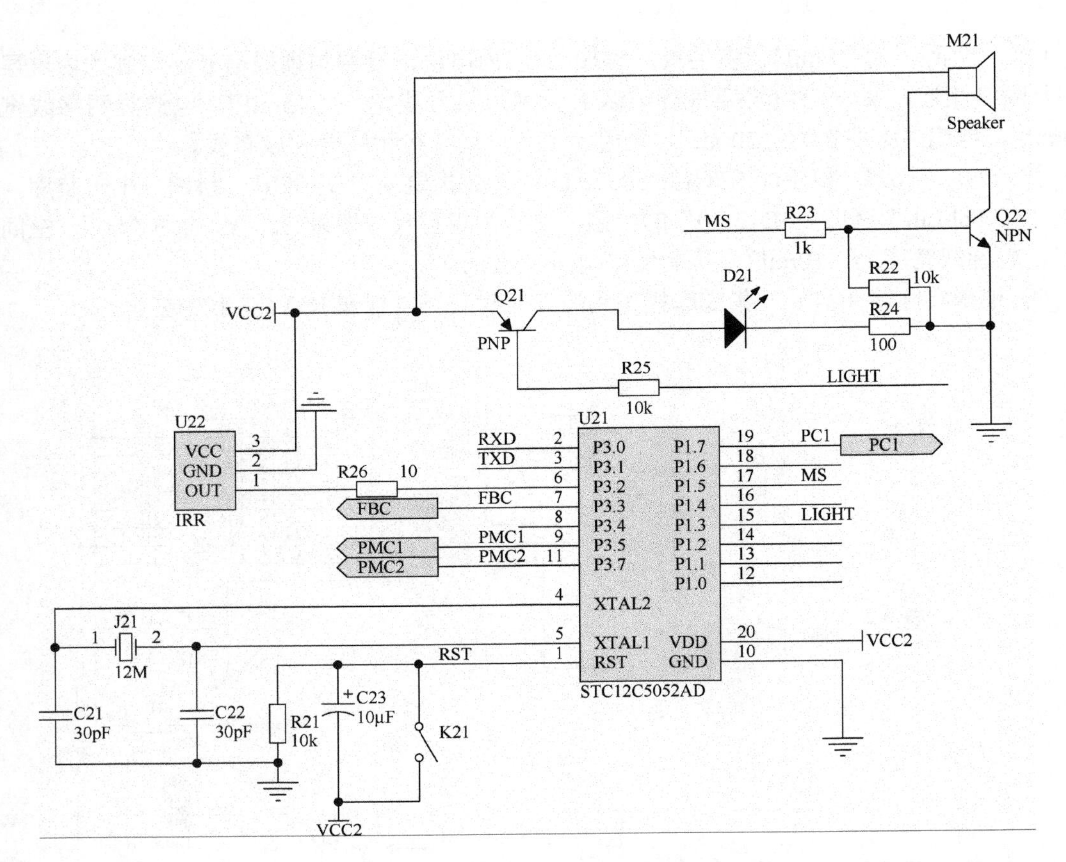

图 5.86　STC12C5052AD 处理电路

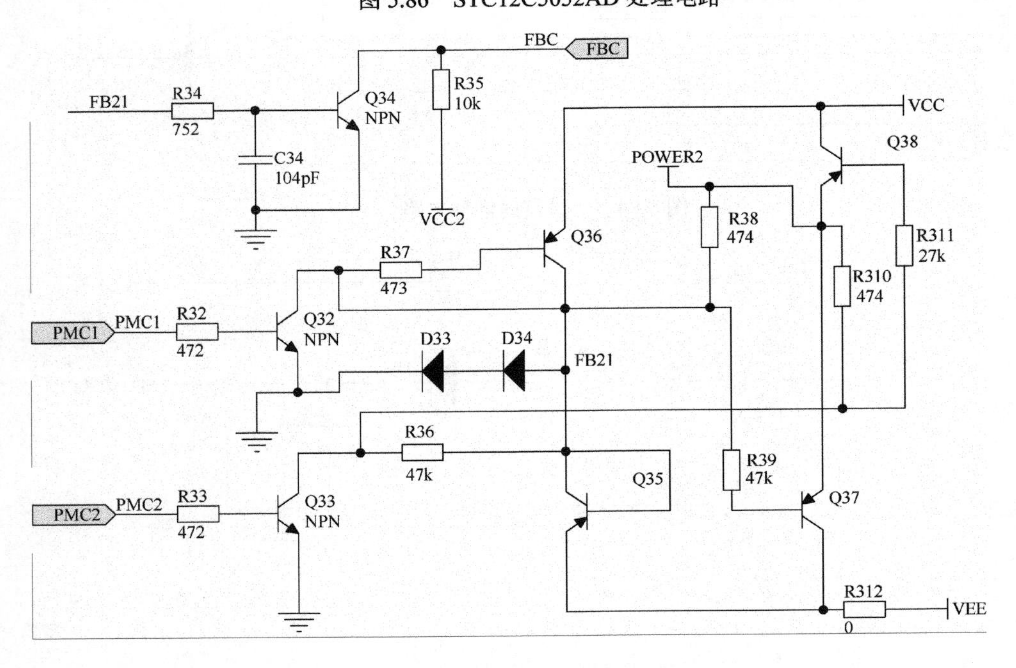

图 5.87　输出控制电路及开路检测电路

（2）创建一个 PCB 项目，命名为“电动车电路.PrjPCB”，采用自底向上的设计方法将图 5.89～图 5.92 所示的子图模块绘制为层次电路图，库里没有的元件自己创建，绘制完成后生成网络表，网络表文件命名为“电动车电路.NET”。

绘制项目的 PCB 图，要求如下。

① 电路板的长×宽自行定义（越小越好）；

② 安全间距为“8mil”，多层板，添加 2 层内电层，设置与顶层信号层相邻的内电层与 GND 网络相连，另一内电层要进行电源类分割，信号线宽为“10mil”，+5V、+15V 网络线宽为“20mil”，48V、48V-S 网络线宽为“25mil”，地线网络线宽为“30mil”。采用手工和自动布线相结合完成布线。

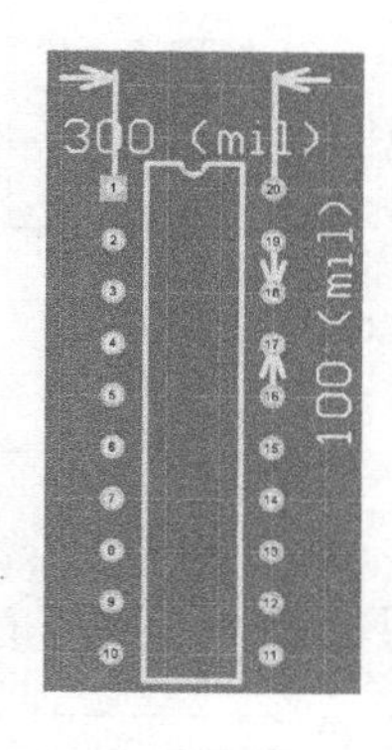

图 5.88 DIP-20 封装

③软件自带库中找不到的封装自行创建，其中活动插座封装焊盘要求 X=2.5mm，Y=2mm，Hole=1.1mm。

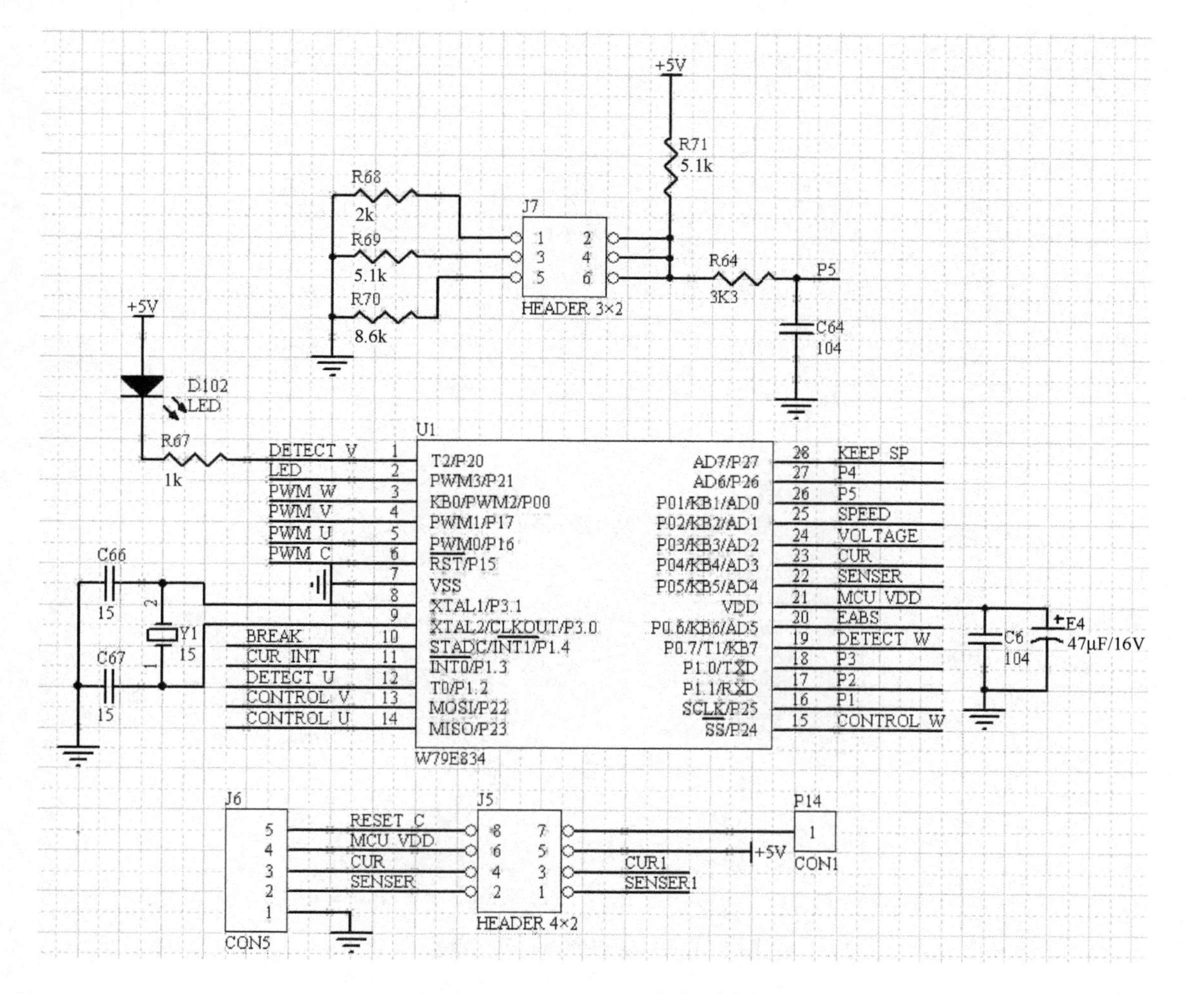

图 5.89 Control.SchDoc 子图模块

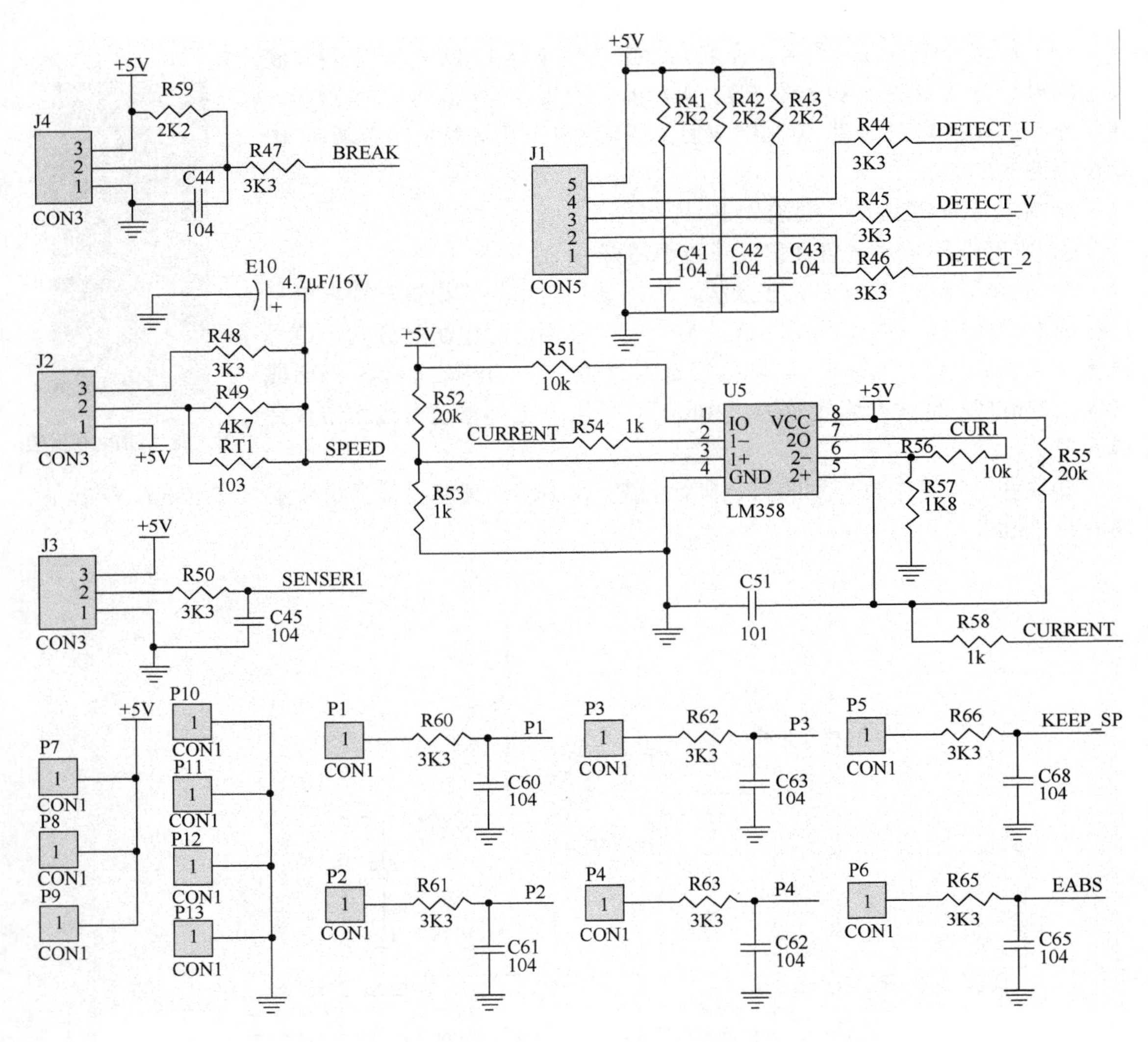

图 5.90　DETECT.SchDoc 子图模块

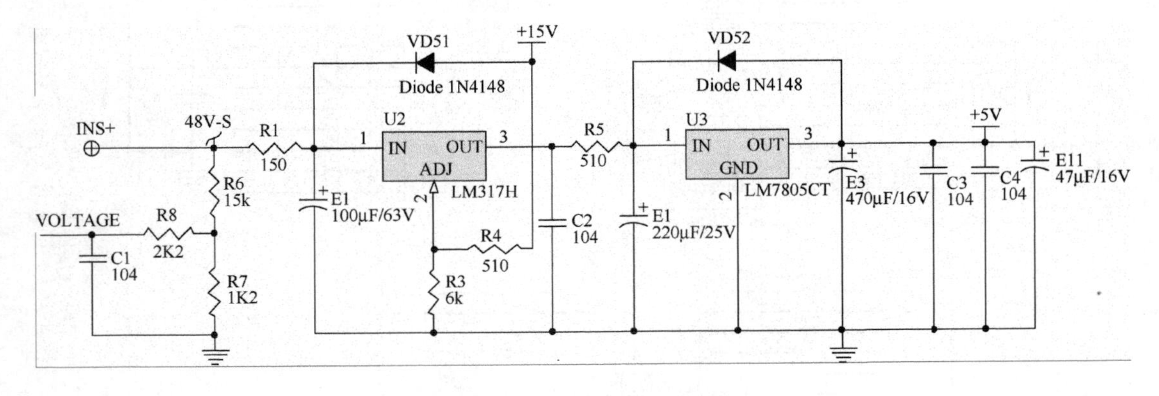

图 5.91　Power.SchDoc 子图模块

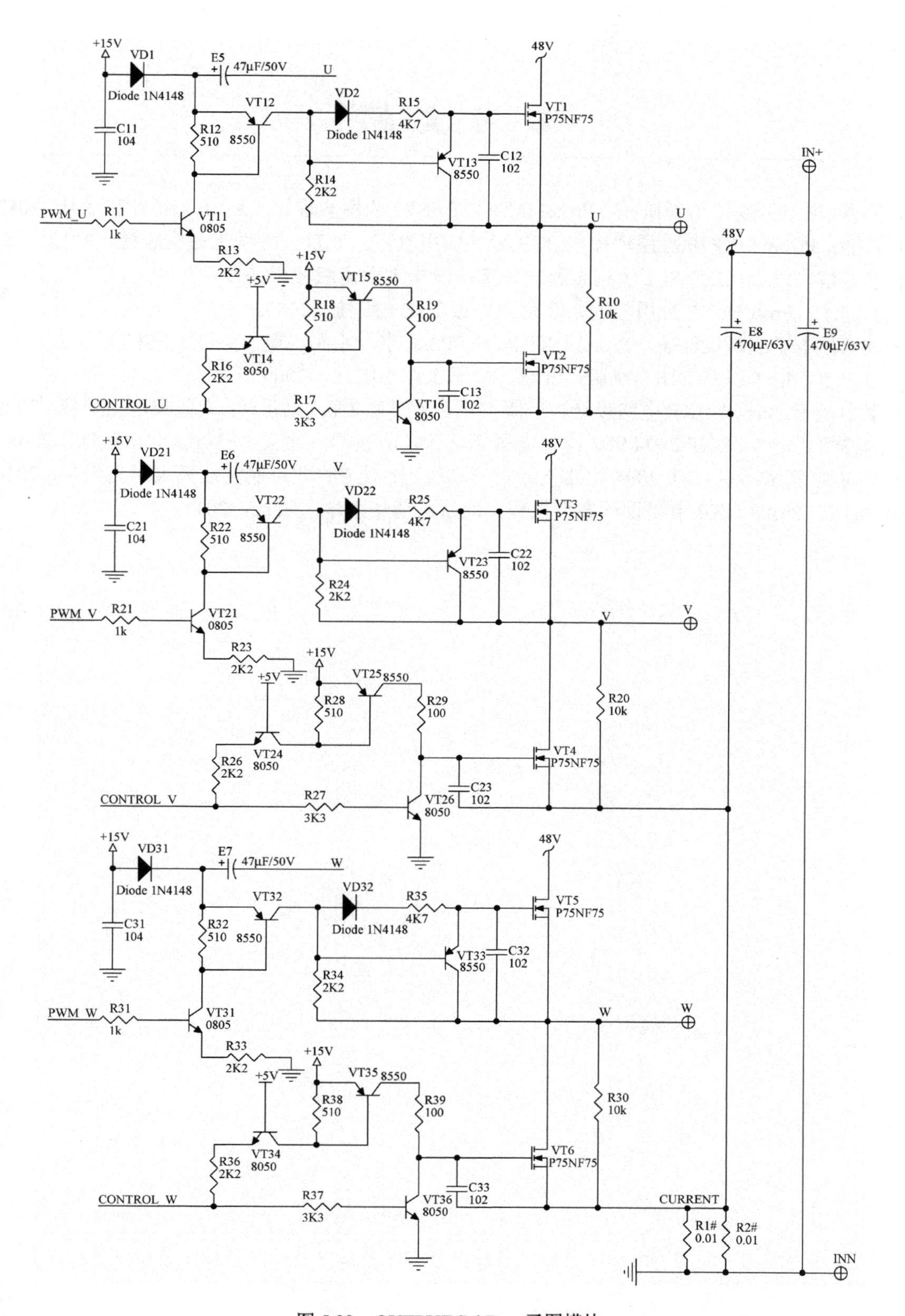

图 5.92 OUTPUT.SchDoc 子图模块

参 考 文 献

[1] 郭勇．电路板设计与制作——Protel DXP 2004 SP2 应用教程．北京：电子工业出版社，2013.

[2] 薛楠．Protel DXP2004 原理图与 PCB 设计实用教程．北京：机械工业出版社，2012.

[3] 李玉核．Protel DXP SP2 实用教程．北京：清华大学出版社，2012.

[4] 王廷才．Protel DXP 应用教程．北京：机械工业出版社，2009.

[5] 顾滨．电子线路设计——Protel DXP 2004 SP2.北京：水利水电出版社，2011.

[6] 孟祥忠．电子线路制图与制版．北京：电子工业出版社，2009.

[7] 李小坚等．Protel DXP 电路设计与制版实用教程（第 2 版）．北京：人民邮电出版社，2009.

[8] 陈兆梅．Protel DXP 2004 SP2 印制电路板设计实用教程．北京：机械工业出版社，2008.

[9] 李秀霞等．Protel DXP 2004 电路设计与仿真教程．北京：北京航空航天大学出版社，2010.

[10] 蔡霞．Protel DXP 电路设计案例教程．北京：清华大学出版社，2011.

反侵权盗版声明

举报电话：（010）88254396；（010）88258888
传　　真：（010）88254397
E-mail：　dbqq@phei.com.cn
通信地址：北京市万寿路 173 信箱
　　　　　电子工业出版社总编办公室
邮　　编：100036